JN056960

初学者への
ひらめき実例数学

― 幾何・代数・個数の処理 ―

石谷 茂 著

現代数学社

本書は1998年10月に小社から出版した
『数学ひとり旅　数学＝不思議発見』
を書名変更・リメイクし、再出版するものです。

ま え が き

この本はどこから読んでもよいのです．役に立つから学ぶには捉われることなく，面白いから読む，不思議だから読むであって欲しいと思います．数学とはもともとそのようにして成長して来たものです．

この本で取り挙げた問題は古典数学に属するものが大部分です．青少年の時代を通らないで成人になることは出来ないように，古典数学を通らないで現代数学を学ぶことは至難の技でしょう．いや，それは正しい学び方とは思いません．

現代数学は公理論と称する研究方法が確立していますが，その前数学とでも呼びたいような古典数学にはカオス的面白さが満ちています．それらのなかから，気の向くままに，私が気に入ったものを集めました．内容は幾何，代数，個数の処理などに傾よっています．微積分や確率に関するものは，次の機会に，まとめたいと思っています．

数学を学ぶ本当の楽しさは考えることにあります．パスカルの名言をまつまでもなく，人間は考える葦です．考えるには考えることをうながす素材が必要でしょう．問題を解くとき，実例を作ることを重視したのは，そのためです．「行き詰まったら実例に当たってみよ」が，本書を一貫する学び方です．

とりとめのないような本ですが，読者の役に立てば幸いです．

石谷　茂

もくじ

IV　2次行列の奥義

V　個数の処理の妙味

VI　複素数の意外な働き

I　幾何の不思議な定理

1．美しいモーレーの定理

どんな形でもよいから３角形をかき，その３つの内角を正確に３等分してみよ．３等分する直線の交点を図のように結ぶと正３角形が現れる．なんと不思議ではないか．いや，単純明解，図形の美しい性質で，**モーレーの定理**と一呼ばれ，多くの人に親しまれている．

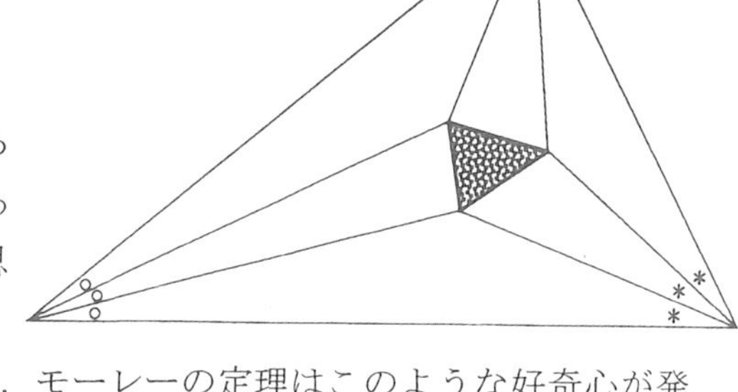

どんな３角形であっても，内角の２等分線は１点で交わる．これも不思議な性質であるが，現在では中学生でも常識であろう．２等分線にそんな性質があるなら，３等分線にも何か不思議な性質があるのではないか，と好奇心を抱くのは自然である．モーレーの定理はこのような好奇心が発見したものであろう．

> **モーレーの定理**
> 三角形の３つの内角の三等分線のうち辺に近いものの交点は正三角形の頂点になる．

証明はいろいろ知られているらしいが，くわしくは知らない．純粋の幾何的証明は特殊な技法の必要なものが多く，一般にやさしくない．三角法によるものは補助線もなく，すなおな感じがする．これだって，すでに誰かが試みていると思うが，それをさがす余裕があったら自力解明に使うことをすすめたい．

三角法による解法

もとの三角形を△ABC とし，内角の三等分線の作る三角形は図のように△XYZ とする．△XYZ が正三角形であることを証明するには，３辺が等しいことか，３角が 60°になることを示せばよいが，最初から直接示すのは無理であるから，周囲の三角形から手をつける．

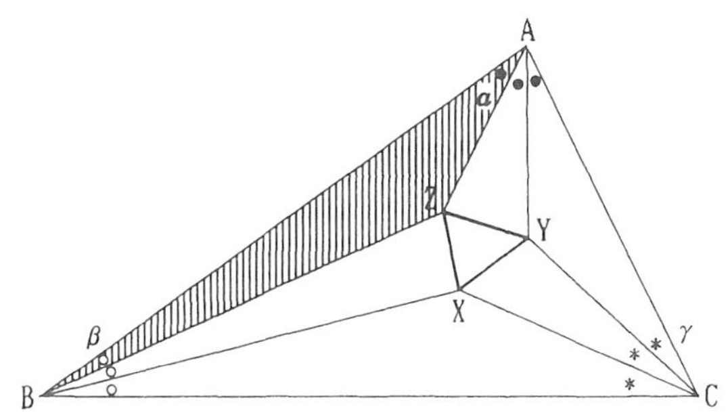

内角 A，B，C の大きさをそれぞれ 3α, 3β, 3γ で表すと $\alpha+\beta+\gamma=60^\circ$ である．△ABZ に目をつけ，正弦定理を用いる．

$$\angle \mathrm{AZB}=180^\circ-(\alpha+\beta)=\gamma+120^\circ$$

$$\mathrm{AZ}=\frac{\mathrm{AB}\sin\beta}{\sin(\gamma+120^\circ)}$$

さらに，△ABC の外接円の直径を d で表せば $\mathrm{AB}=d\sin 3\gamma$ であるから

$$\mathrm{AZ}=\frac{d\sin\beta\sin 3\gamma}{\sin(\gamma+120^\circ)}$$

もし可能ならば，この式を簡単にしたいと思うのが自然であろう．$\sin 3\gamma$ が $\sin(\gamma+120^\circ)$ で割り切れたらとは思うが，３倍角の公式

$$\sin 3\gamma=3\sin\gamma-4\sin^3\gamma$$

を眺めても，そんな予感は弱いが，不安を押しのけ，右辺の因数分解に取り組んでみる．

$$\begin{aligned}\sin 3\gamma &= \sin\gamma\,(3\cos^2\lambda - \sin^2\gamma)\\ &= \sin\gamma\,(\sqrt{3}\cos\gamma + \sin\gamma)(\sqrt{3}\cos\gamma - \sin\gamma)\\ &= 4\sin\gamma\sin(\gamma + 60^\circ)\sin(\gamma + 120^\circ)\end{aligned}$$

$\sin 3\gamma$ が $\sin(\gamma+60^\circ)$ と $\sin(\gamma+120^\circ)$ を因数に持つことが分かったのは大きな収穫である．これを AZ の式に用いて

$$\mathrm{AZ} = 4d\sin\beta\sin\gamma\sin(\gamma + 60^\circ)$$

同様にして AY も求められるが，計算を繰り返すような頭では頼りない．図形のもつ特徴…対称性に目をつけ，β と γ をいれかえればよいことに気づくようでありたい．

$$\mathrm{AY} = 4d\sin\gamma\sin\beta\sin(\beta + 60^\circ)$$

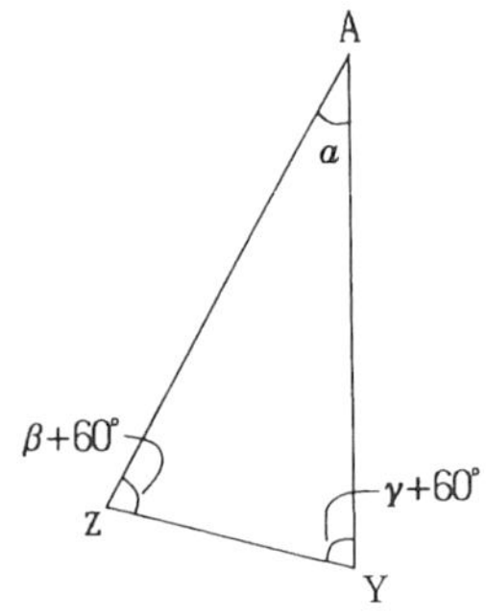

以上の２式から

$$\frac{\mathrm{AZ}}{\mathrm{AY}} = \frac{\sin(\gamma + 60^\circ)}{\sin(\beta + 60^\circ)}$$

これをみて△AYZ に目をつけ，正弦定理を連想し，次の２つを導くのは少々乱暴であろう．

$$\angle \mathrm{AYZ} = \gamma + 60^\circ$$
$$\angle \mathrm{AZY} = \beta + 60^\circ$$

実は，この結論は正しいのであるが，推論過程の吟味は後へ回し，ここでは正しいものとして先へ進むことにする．

△AYZ に正弦定理を用いて，

$$\frac{\mathrm{YZ}}{\sin\alpha} = \frac{\mathrm{AZ}}{\sin(\gamma + 60^\circ)}$$

これに AZ の式を代入すると $\sin(\gamma + 60^\circ)$ が消えて

$$\mathrm{YZ} = 4d\sin\alpha\sin\beta\sin\gamma$$

全く同様にして ZX，XY が求められるが，その必要はない．なぜかというと，この式は α, β, γ について全く平等な式，つまり α, β, γ についての対称式だからである．この事実と△ABC の記号 A，B，C のつけ方の対称性とから，ZX，XY も YZ と全く同じ式になると推測してよい．したがって△XYZ は３辺が等しく，正三角形である．

不安な推論のあと始末

吟味を保留しておいた課題は，次の定理になる．

正弦定理の逆

△ABC において

$$\frac{b}{c} = \frac{\sin\beta}{\sin\gamma}$$

ならば $\angle \mathrm{B} = \beta$，$\angle \mathrm{C} = \gamma$ である．

ただし $\beta \geqq 0,\ \gamma \geqq 0,\ \beta + \gamma = 180^\circ - \angle A$

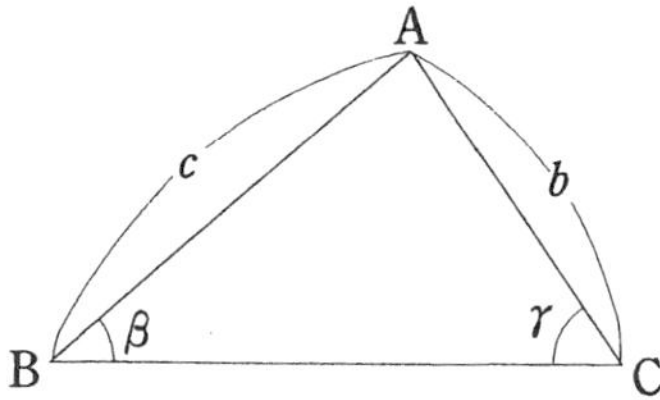

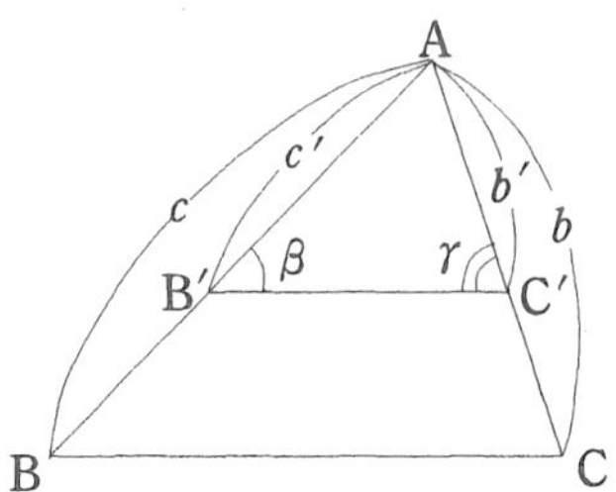

この定理は正弦定理の逆とみられる．証明はやさしいようで補助線に気付かないと，意外にむずかしい．

辺 AB，AC 上にそれぞれ点 B′，C′ をとり

$$\angle \mathrm{AB'C'} = \beta$$

となるようにすれば

$$\beta + \angle \mathrm{AC'B'} = 180^\circ - \angle A$$

これと仮定とから

$$\angle \mathrm{AC'B'} = \gamma$$

△AB′C′ に正弦定理を用いて

$$\frac{b'}{c'} = \frac{\sin\beta}{\sin\gamma}$$

これと仮定とから

$$\frac{b}{c} = \frac{b'}{c'}$$

したがって B′C′ は BC に平行であるから $\angle B$ は β に等しく，$\angle C$ は γ に等しい．以上により，証明の中に残して来た不安は消えたことになる．

幾何的解法の奥の手

奥の手というのは普通は余り使わない．万策尽きてやむなく使う．幾何にもそんな証明法として**相似法**というのがある．

モーレーの定理でみると，与えられた三角形を $A_0B_0C_0$ とするとき，これに相似で，しかも内角の３等分の作る三角形が正三角形であるような三角形 ABC を何んらかの手順で作る方法である．

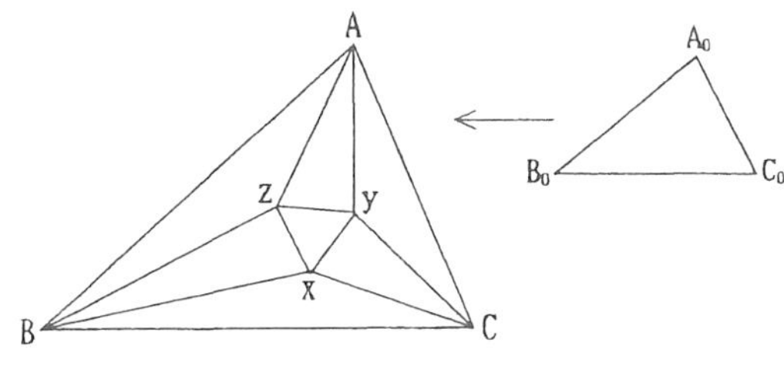

新しく作る図Ω

しかし，「何んらか手順」の意味は単純でない．△ABC に関する図全体をΩで表すと，次の手順を考慮しなければならない．

（ⅰ）Ωのみたす条件を明かにする．

（ⅱ）その条件からΩの作図に用いるものを選択する．

（ⅲ）選択した条件によってΩを作図する．

（ⅳ）完成したΩは，残りの条件をみたすことを証明する．

次に相似法の実例によって理解を深めてほしい．

×　　　　　　　　×

これから示す相似法では，先の証明で知った角の大きさを用いる．残念ながら，そこが，うしろめたいところ．

最初に１辺の長さ a の正三角形 XYZ を作る．その位置も a の大きさも任意でよい．

もとの三角形 $A_0B_0C_0$ の $\angle A_0$, $\angle B_0$, $\angle C_0$ の３分の１をそれぞれ α, β, γ とする．線分 YZ を１辺とする△AYZ を次の条件をみたすように，△XYZ の外側に作る．

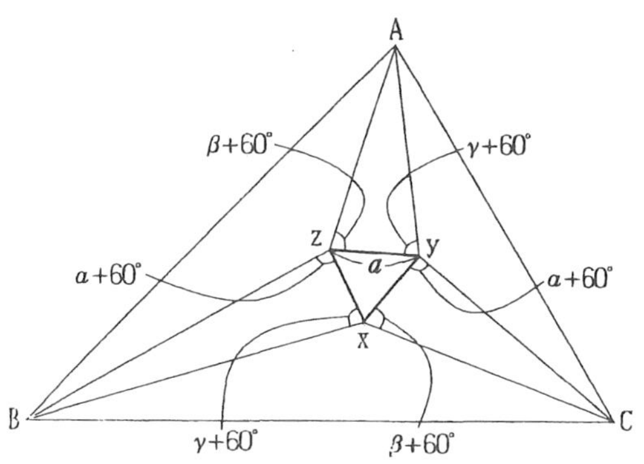

$$\angle \mathrm{AZY} = \beta + 60^\circ,\ \angle \mathrm{AYZ} = \gamma + 60^\circ$$

ZX，XY を１辺とする△BZX，△CXY も同様に，図に示したように作る．

次に A，B，C を結んで△ABC を作る．

この図が，次の条件をみたすことを示すことができれば，相似法は成功する．

(1) $\angle \mathrm{YAZ} = \angle \mathrm{CAY} = \angle \mathrm{BAZ} = \alpha$

(2) $\angle \mathrm{ZBX} = \angle \mathrm{ABZ} = \angle \mathrm{CBX} = \beta$

(3) $\angle \mathrm{XCY} = \angle \mathrm{BCX} = \angle \mathrm{ACY} = \gamma$

これらのうちで，式の左端の角は，大きさの計算がやさしい．

$$\begin{aligned}\angle \mathrm{YAZ} &= 180^\circ - (\beta + 60^\circ) - (\gamma + 60^\circ)\\ &= 60^\circ - \beta - \gamma = \alpha\end{aligned}$$

$\angle \mathrm{ZBX} = \beta$, $\angle \mathrm{XCY} = \gamma$ も同様．次に△AYZ と△BXZ に正弦定理を用いて

$$\mathrm{AZ} = \frac{a\sin(\gamma + 60^\circ)}{\sin\alpha},\ \mathrm{BZ} = \frac{a\sin(\gamma + 60^\circ)}{\sin\beta}$$

ここで△ABZ に，先に補充した正弦定理の逆を用いると

$$\angle \mathrm{ZAB} = \alpha,\ \angle \mathrm{ZBA} = \beta$$

その他も同様であるから(1)，(2)，(3)は成り立つ．

2．これが閉形定理だ

美しい定理というよりは不思議な定理．「ホントにそうなるのかなあ……」と疑いたくなるような円の性質を紹介しよう．

大きな円の中に小さな円をかき，2円の間に，2円に接する円を，次々と外接するようにつめてゆき，最後の円が，最初の円に外接し，ぴったりと納まったとする．もし，このようになったとすれば，同様な円のつめ込み方は，任意の位置からはじめても常に可能である．

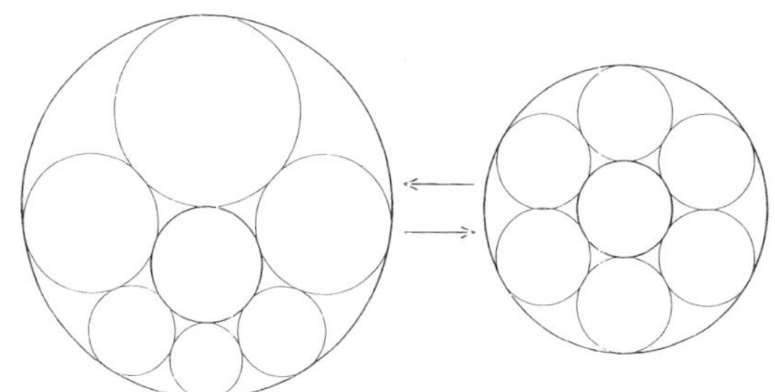

「定理は分かったが図はかけないよ」といった悲鳴が聞こえて来そうである．図をかくうまい方法を説明するだけでも容易でない．まして証明となれば…いや，御安心あれ．ほんの少しの予備知識で十分な証明がある．そのアイデアは変換によって，簡単な図形に変える方法．どんな変換がよいか．定理は円に関するもの．円に縁の深い変換といえば反転が思い出される．

反転という名の変換

中心は O で半径は r の円を定めておく．任意の点 P に対し，半直線 OP をひき，その上に点 P′ をとり

$$\mathrm{OP} \cdot \mathrm{OP}' = r^2$$

となるようにする．このときPにP′を対応させる変換が反転で，はじめの定円を反転の円，Oを反転の中心，rを反転の半径という．

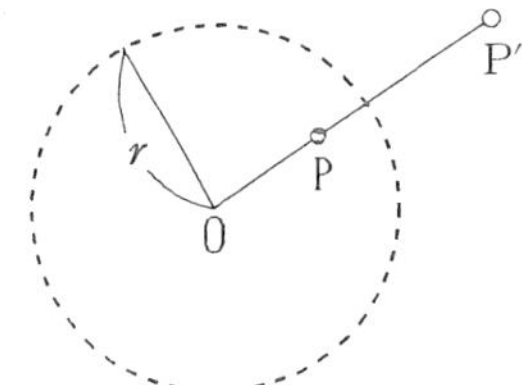

定義の式からわかるように，Pが反転の円Oの中にあればP′は円の外にあり，Pが円の外にあればP′は円の中にあり，Pが円上にあればP′はPと一致し，不動である．Pが中心Oと一致すればP′は求まらないから，Oを除いておく．Oは除いたとしても，PがOに近づくときP′はOから限りなく遠ざかるという極限的状況は無視すべきでない．とにかく，反転によって円Oの中と外とが完全に入れかわることは忘れないでほしい．

×　　　　　　　　　×

反転を座標で調べるため，変換の式を求めてみる．Oを原点にとり，Pの座標を(x, y)，P′の座標を(x', y')とおくと

$$x' = kx, \quad y' = ky$$

とおくことができる．この式を①に代入すれば

$$k(x^2 + y^2) = r^2$$

したがって

$$x' = \frac{r^2 x}{x^2 + y^2}, \quad y' = \frac{r^2 y}{x^2 + y^2}$$

式は簡単なほどよい．理論的取り扱いのときは長さの単位は任意でよいから，反転の半径rを単位1にとった式

$$x' = \frac{x}{x^2 + y^2}, \quad y' = \frac{y}{x^2 + y^2} \qquad ②$$

を用いることが多い．

反転で円はどう変わる

円の方程式の一般形は

$$a(x^2+y^2)+2gx+2fy+c=0, \quad (a \neq 0) \qquad ③$$

これに反転②を行うと

$$c(x^2+y^2)+2gx+2fy+a=0 \qquad ③'$$

不思議なことに，a と c を入れかえたものが現れた．③は $a=0$ の場合を許せば直線になるので，直線が何に移るかも読みとれよう．とにかく，２式を眺めているだけで，次の結論が得られる．ここで像とあるのは，反転によって作られた図形のことで，図形③’は図形③の像である．

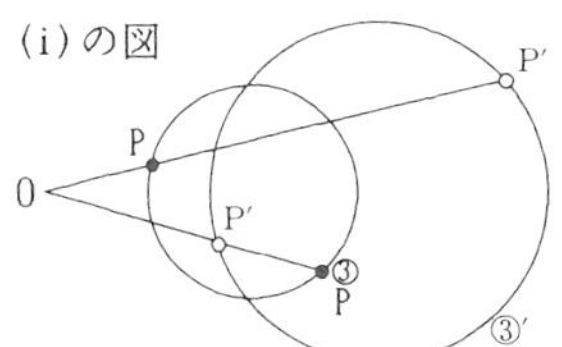

（ⅰ）反転の中心を通らない円の像は，反転の中心を通らない円である．

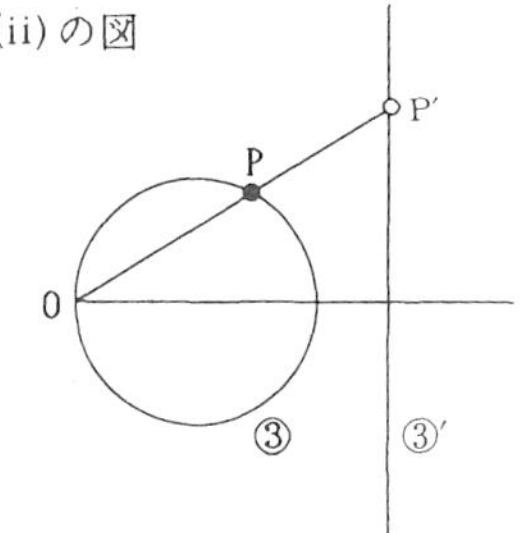

（ⅱ）反転の中心を通る円の像は，反転の中心を通らない直線である．

（ⅲ）反転の中心を通らない直線の像は，反転の中心を通る円である．

（ⅳ）反転の中心を通る直線の像は，その直線自身である．つまり，反転の中心を通る直線は不動である．

（ⅱ）の図は③と③’をいれかえれば（ⅲ）の図になる．

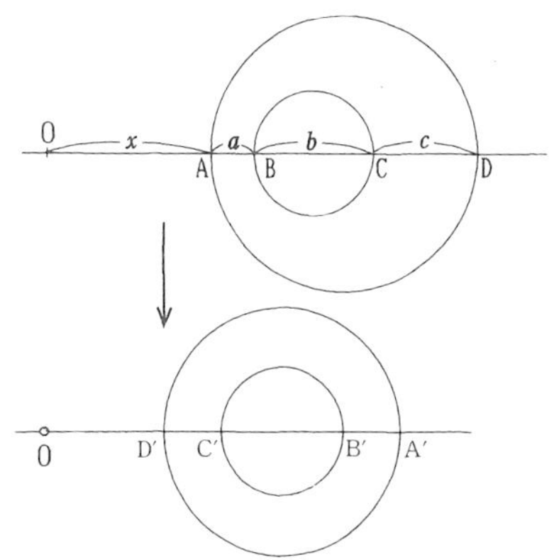

同心円に反転するには？

最初に挙げた不思議な定理は，円を円に，しかも大小２つの円は同心円に変えることができれば，証明は済んだも同然である．なぜなら，同心円では，その２

円の間につめる円は，どこから書きはじめようと同じであるからである．そこで，２つの円を同心円に変える反転があり得るのかどうかを調べてみたい．それには反転の中心があるかどうかを調べればよい．

２円が中心を通る直線と交わる点を順にA，B，C，Dとし，$\mathrm{AB}=a$，$\mathrm{BC}=b$，$\mathrm{CD}=c$で表す．

ただし，同心円でないからaとcは等しくない．$c>a$と仮定しておく．この２円を同心円にかえる反転があったとすれば，反転の中心はもとの２円の中心線上にあるから，その点をOとし，$\mathrm{OA}=x$とおく．反転によってA，B，C，DがそれぞれA', B', C', D'に移ったとすると，

$$\mathrm{OA}\cdot OA'=1,\quad \mathrm{OB}\cdot OB'=1,\ \cdots\cdots$$

したがって

$$\mathrm{OA}'=\frac{1}{x},\quad \mathrm{OB}'=\frac{1}{x+a},\quad \mathrm{OC}'=\frac{1}{x+a+b},\quad \mathrm{OD}'=\frac{1}{x+a+b+c}$$

反転によって２円が同心円に変わるための条件は$\mathrm{A'B'}=\mathrm{C'D'}$，これを上の４式で表せば，次の等式ができる．

$$\frac{1}{x}-\frac{1}{x+a}=\frac{1}{x+a+b}-\frac{1}{x+a+b+c}$$

分母を払い整理すれば

$$(c-a)x^2-2a(a+b)x-a(a+b)(a+b+c)=0$$

となって２次方程式になる．

この解が実数ならば反転の中心があり，したがって反転そのものが存在することになる．そこで判別式の符号をみる．

$$\begin{aligned}D&=a^2(a+b)^2+a(c-a)(a+b)(a+b+c)\\&=ac(a+b)(b+c)>0\end{aligned}$$

２つの実根をもつから，反転の中心は２つある．

3．こんな閉形定理もある

円に内接する三角形 PQR をかき，円上の任意の点 P′ から PQ に平行な弦 P′Q′ をひき，Q′ から QR に平行な弦 Q′R′ をひき，さらに R′ から RP に平行な弦 R′P″ をひいても P″ は P′ と一致せず，三角形を作らない．

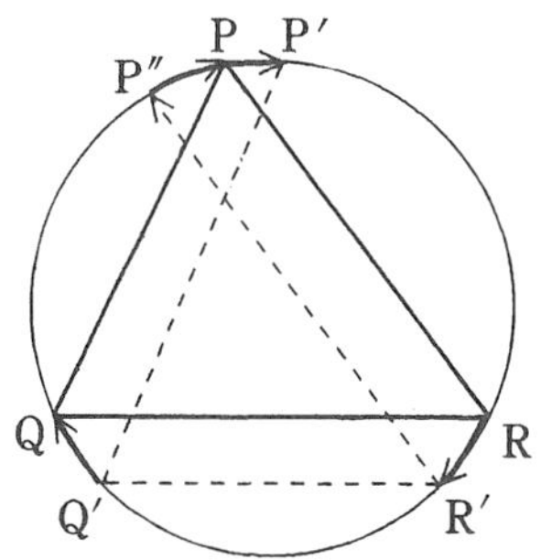

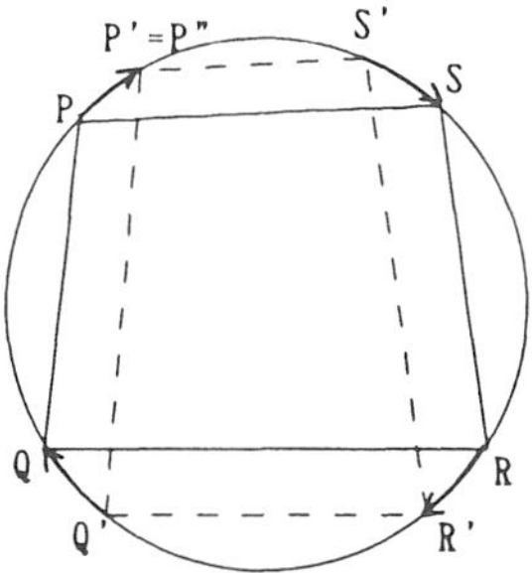

ところが内接４角形 PQRS について同様のことを試みると，閉じて内接４角形 P′Q′R′S′ ができる．おや，不思議と思うが，理由はまことに簡単である．円には次の性質があるためとわかる．

> **円の平行弦の定理**　円の弦 PQ と P′Q′ が平行ならば
>
> 弧 PP′ ＝弧 QQ′

定理と呼ぶほどのものではないが，馬鹿にしてはいけない．弧の向きが PP′ と QQ′ とは反対である．向きも含めて考えれば，結論は

弧 PP′ ＝弧 Q′Q

とするのが正しい.

弧の正しい表し方によると，三角形のときは

$$弧\,\mathrm{PP'} = 弧\,\mathrm{Q'Q} = 弧\,\mathrm{RR'} = 弧\,\mathrm{P''P}$$

となってP″はP′と一致しない．四角形のときは

$$弧\,\mathrm{PP'} = \cdots = 弧\,\mathrm{S'S} = 弧\,\mathrm{PP''}$$

となってP″はP′に一致する.

さらに一般に，変数が奇数の多角形では閉じないが，偶数の多角形では閉じることも分かってしまう.

楕円においては？

以上で知った円に関する4角形の性質には特に名はないが，かりに円に内接する4角形の閉形定理と呼んでおこう.

この閉形定理の図を他の平面上へ平行投影を行うと，円は一般には楕円に変わるが，平行線は平行線のままである．したがって，楕円でも同様の性質のあることが分かる.

> **楕円での閉形定理**　楕円に内接4角形PQRSがあるとき，楕円上の任意の点P′から出発してPQ，QR，RS，SPに平行に，楕円上で屈折しながら進めば閉じて4角形P′Q′R′S′ができる.

証明は平行投影により楕円を円に戻せばよいが，このような方法は証明らしくないと思う方のおることを考慮し，楕円で直接証明してみる.

この定理の手近かな証明はPQ，QR，RSの方向を一定とすると，SPの方向も一定になることを示すものである.

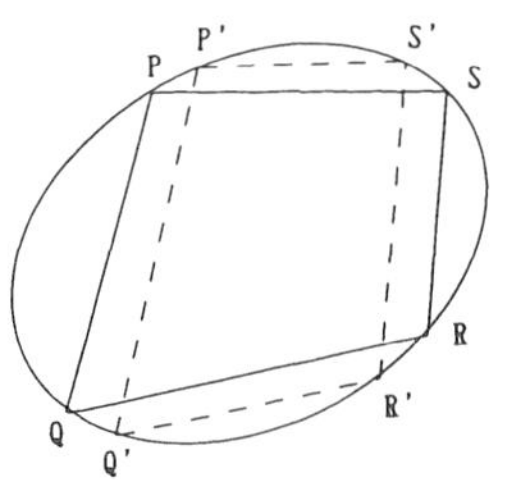

パラメータ表示 $x = a\cos\theta,\ y = b\sin\theta$ を用いてみる．4点P，Q，R，Sのパラメータをそれぞれ $\alpha, \beta, \gamma, \delta$ とすれば

$$\text{PQの傾き} = \frac{b\sin\alpha - b\sin\beta}{a\cos\alpha - a\cos\beta}$$
$$= \frac{2b\cos\dfrac{\alpha+\beta}{2}\sin\dfrac{\alpha-\beta}{2}}{-2a\sin\dfrac{\alpha+\beta}{2}\sin\dfrac{\alpha-\beta}{2}}$$
$$= -\frac{b}{a}\cot\frac{\alpha+\beta}{2}$$

この式の値が一定とすると$\alpha+\beta$も一定となるから$\alpha+\beta=\phi_1$（一定）とおく．

まったく同様にして，QR，RSが一定であることから$\beta+\gamma=\phi_2$（一定），$\gamma+\delta=\phi_3$（一定）となり，さらに

$$\alpha+\delta=(\alpha+\beta)+(\gamma+\delta)-(\beta+\gamma)$$
$$=\phi_1+\phi_3-\phi_2 \quad （一定）$$

$\alpha+\delta$が一定ということは

$$PS\text{の傾き} = -\frac{b}{a}\cot\frac{\alpha+\delta}{2}$$

が一定ということである．

双曲線においては

楕円で成り立つなら双曲線でも成り立つのではないかと欲を出してみる．図を正しくかくのが難しいから実例で調べるのには限界がある．楕円に倣いパラメータ表示を用いた計算に頼ってみる．

楕円のパラメータ表示$x=a\cos\theta,\ y=a\sin\theta$に対応する双曲線のパラメータ表示といえば

$$x=a\cos\theta,\ \ y=a\tan\theta$$

である．P, Q,$\cdots$のθの値を$\alpha,\ \beta,\cdots$としてみると

$$PQの傾き = \frac{b(\tan\alpha - \tan\beta)}{a(\sec\alpha - \sec\beta)}$$
$$= \frac{b\cos\frac{\alpha-\beta}{2}}{a\sin\frac{\alpha+\beta}{2}}$$

この値が一定であったとしても，楕円のときのような推論が展開できない．失敗の巻きであった．

第２のパラメータ表示ではどうか．双曲線の方程式の標準形は

$$\left(\frac{x}{a}+\frac{y}{b}\right)\left(\frac{x}{a}-\frac{y}{b}\right)=1$$

と因数分解できる．そこで

$$\frac{x}{a}+\frac{y}{b}=t \quad とおくと \quad \frac{x}{a}-\frac{y}{b}=\frac{1}{t}$$

この２式を x，y について解いて

$$x=\frac{a}{2}\cdot\frac{t^2+1}{t},\ \ y=\frac{b}{2}\cdot\frac{t^2-1}{t}$$

P,Q,R,S のパラメータを t_1，t_2，t_3，t_4 とすると，前と同様の計算により

$$PQの傾き = \frac{b(t_1t_2+1)}{a(t_1t_2-1)}$$

この式の値が一定ならば t_1t_2 も一定になるから $t_1t_2=k_1$（一定）とおいてみる．QR，RP の傾きが一定であることから $t_2t_3=k_2$（一定），$t_3t_4=k_3$（一定），そこで

$$t_1t_4=\frac{(t_1t_2)(t_3t_4)}{t_2t_3}=\frac{k_1k_3}{k_2} \qquad （一定）$$

t_1t_4 が一定ということは SP の傾き一定ということ・この方法は成功した．

どのパラメータ表示を用いるかによって，失敗と成功が左右されるとは

奇妙である.

放物線の場合は式が簡単. P, Q,… の x 座標を x_1, x_2, … とすると

$$\text{PQの傾き} = \frac{ax_1^2 - ax_2^2}{x_1 - x_2} = a(x_1 + x_2)$$

$x_1 + x_2 = k_1$, $x_2 + x_3 = k_2$, $x_3 + x_4 = k_3$ から

$x_1 + x_4 = k_1 + k_3 - k_2$ (一定)

この推論は楕円のときにそっくり.

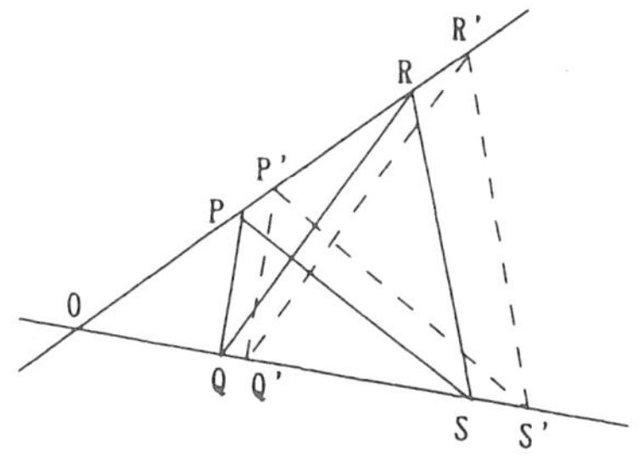

本来の2次曲線はすんだ. 残っているのは2次曲線が2直線に退化した場合である.

この場合はねじれた4角形で試みるとぴったり閉じて閉形定理が成り立つ. 証明はいたって簡単. 比例線によればよい.

三角形において

内接三角形を作り, 以上と同様のことを試みるが閉じそうもない. 2回まわればどうかと試みるが閉じそうもない. しかし, 円の場合には2回まわれば閉じる. 三角形を2回まわれば6角形の場合と同じ状況になるからである.

そこで, 次の課題は三角形の場合, 閉じるための条件を見つけることである.

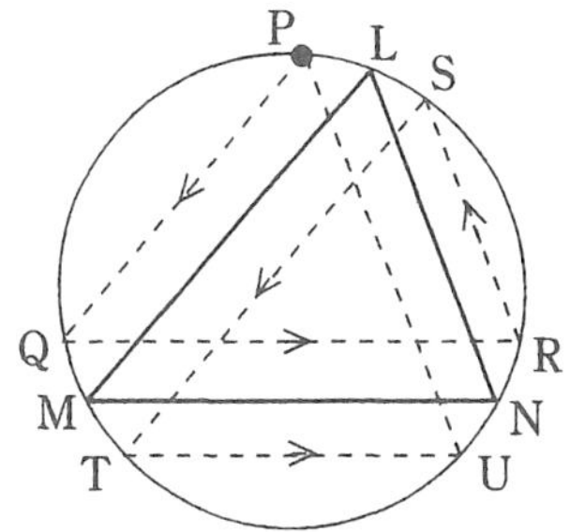

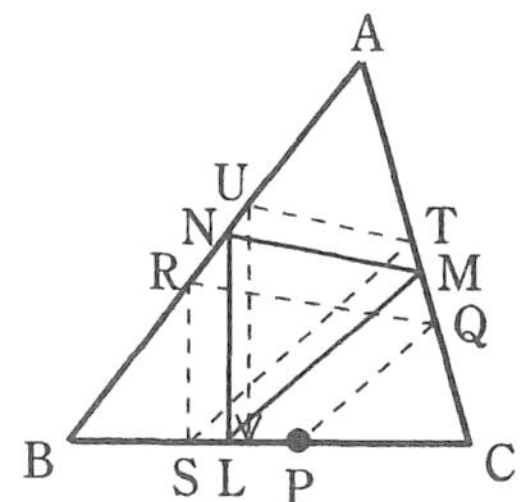

三角形 ABC に内接三角形 LMN を作っておく．BC 上の点 P から出発し三角形 LMN の辺に平行に進んで Q，R，S，S，T，U と２回まわり最後にぴったりと P に戻ったとする．このとき，もとの三角形 LMN の満たす条件をさっぐてみる．

図の太字３線分 SP，QT，UR に注目して，次の比を眺めてほしい．

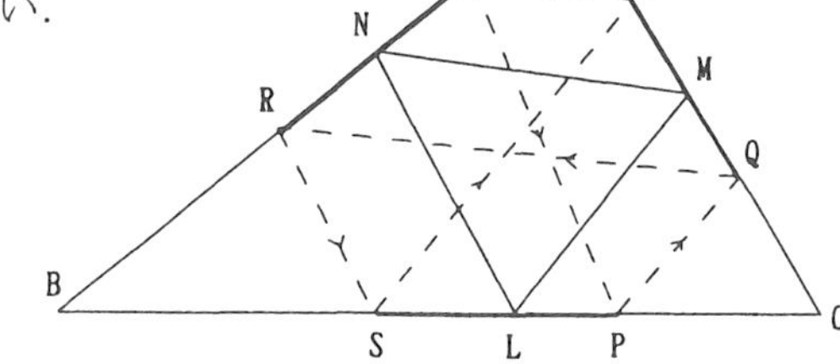

LM // PQ // ST から

$$\frac{\mathrm{CM}}{\mathrm{CL}}=\frac{\mathrm{CQ}}{\mathrm{CP}}=\frac{\mathrm{QT}}{\mathrm{PS}}$$

MN // TU // QR から

$$\frac{\mathrm{AN}}{\mathrm{AM}}=\frac{\mathrm{AU}}{\mathrm{AT}}=\frac{\mathrm{UR}}{\mathrm{TQ}}$$

NL // RS // UP から

$$\frac{\mathrm{BL}}{\mathrm{BN}}=\frac{\mathrm{BS}}{\mathrm{BR}}=\frac{\mathrm{SP}}{\mathrm{RU}}$$

これらの３式の両端をそれぞれかける，線分の向きも考慮して簡約を行うと

$$\frac{\mathrm{CM}}{\mathrm{CL}}\cdot\frac{\mathrm{AN}}{\mathrm{AM}}\cdot\frac{\mathrm{BL}}{\mathrm{BN}}=-1, \qquad \therefore\ \frac{\mathrm{BL}}{\mathrm{LC}}\cdot\frac{\mathrm{CM}}{\mathrm{MA}}\cdot\frac{\mathrm{AN}}{\mathrm{NB}}=1$$

この式はチェバの定理によれば，AL，BM，CN が１点で交わることを表している．

> **三角形での閉形定理**　△ABC と点 O があるとき，AO，BO，CO が BC，CA，AB と交わる点を L，M，N とする．辺 BC 上の任意の点から出発し，△LMN の辺に次々と平行に進み，△ABC の周で屈折して２回まわると，閉じた折れ線ができる．

逆の証明がまだすんでいない．読者におませしよう．

点 O として，例えば，三角形 ABC の重心を選べば，この三角形の辺に平行に進む特殊な場合になる．P の位置によって回路も変わる．

P を BC の延長上にとると回路はまともな 6 角形となって意表をつく．

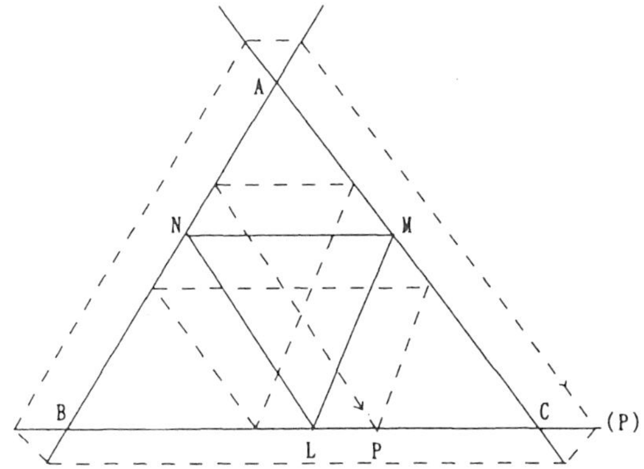

4．シュタイナーの等式

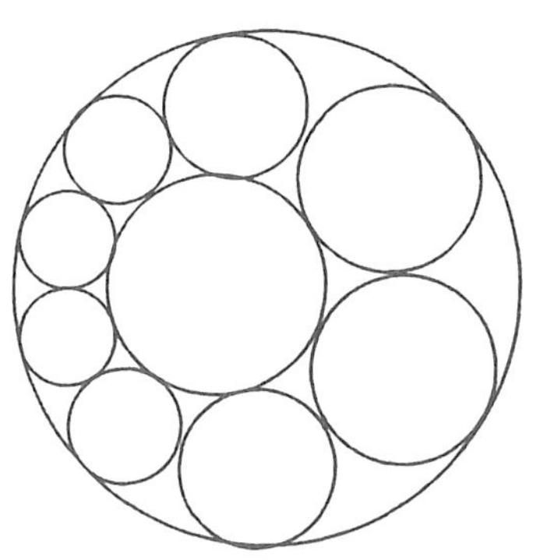

図を見れば思い出すものがあろう．あの有名な閉形定理である．大小２つの円の間に，図のように円がはまるならば，円をどこから書きはじめてもやっぱりはまる．なんと不思議な図であろう．読者は図を見て楽しむが，筆者は製図用の原稿を用意しなければならない．こんな不思議な図がそう簡単に描けるはずはない．大小２つの円を用意するだけでは済まない．中心間の距離も重要であり，直観の天才といえどもお手上げであろう．いや，ご安心あれ．有難い定理がある．その名は**シュタイナーの等式**である．

$$(R-r)^2-4Rr\tan^2\frac{\pi}{n}=d^2$$

Rは大きい円の半径，rは小さい円の半径，dは２円の中心距離，nは２円の間につめた円の個数である．不思議な図の正体が，この美しい等式に隠されているとは一層不思議である．

×　　　　　　　　　　×

この美しい等式に頼れば図を描く手掛りがつかめよう．まだ証明の済んでいない等式に頼るのは気がひけるが，等式の評価の一助と思えば気が楽である．半径$R, r\ (R>r)$は自由に選ぶことも許されない．$d^2\geqq 0$から，

$$(R^2-r^2)-4Rr\tan^2\theta \geqq 0, \quad \left(\theta=\frac{\pi}{n}\right)$$

$R,\ r$ について整理して

$$\left(\frac{R}{r}\right)^2-2(1+2\tan^2\theta)\frac{R}{r}+1\geqq 0$$

左辺は意外とスマートに因数分解される．

$$\left(\frac{R}{r}-\frac{1+\sin\theta}{1-\sin\theta}\right)\left(\frac{R}{r}-\frac{1-\sin\theta}{1+\sin\theta}\right)\geqq 0$$

$\dfrac{R}{r}>1$ を考慮して解けば

$$\frac{R}{r}\geqq\frac{1+\sin\theta}{1-\sin\theta}$$

大小２円の間につめ込む円の数を，たとえば $n=8$ とすると

$$\sin\theta=\sin\frac{\pi}{8}=\sin 22^{\circ}30'$$

数表か関数電卓によれば，この値は 0.3827 であるから

$$\frac{R}{r}\geqq 2.2399$$

R と r はこれを満たすように選べばよい．たとえば $R=40(\mathrm{mm})$，$r=17(\mathrm{mm})$ と選んだとする．d は元の等式に戻って求める．

$$d^2=(40-17)^2-4\cdot 40\cdot 17\cdot\tan^2\frac{\pi}{8}$$

$\tan^2\dfrac{\pi}{8}$ の値は数表か関数電卓に頼る．

$$d^2\approx 62.248,\quad d\approx 7.9\approx 8\ (\mathrm{mm})$$

d は近似値ではあるが，図を描くには十分な精度である．

先の図の原稿はこれらの数値をもとにしたもの．２円の間にはめ込む円は目分量による試行錯誤でどうにか描いた．描き終ったとき肩の凝りがジューンと来た．ぶらりと街へ出てブレンドコーヒーを一杯，そのおいしかったことよ．

等式の証明の準備

閉形定理の証明には，大小２円の中心線上の点を中心とする反転を用い，２円を同心円に映した．このことから考えて，シュタイナーの等式の証明にも，同様の反転の効果が期待される．しかし，その道は険しい．式をこね回しているうちに，どうにか成功はしたものの気が晴れない．エレガントな証明を求めて更に頑張る．名案は意外と身近なところにあった．

等式を次のように書きかえてみよ．

$$\frac{(R-r)^2-d^2}{4Rr}=\tan^2\frac{\pi}{n}$$

つめ込む円の個数 n を固定しておけば，右辺は一定であるから，左辺も一定であろう．っまり，右辺の式は先の反転を行っても不変なのではないか，いや，必ずそうなるはずとの予感‥‥‥その予感は正しかった．

半径 R, r の２円の中心距離を d とする．中心線 g の点Ｏを中心とする反転によって移した２円の半径を R_0, r_0，中心距離を d_0 とすると，次の等式が成り立つ．

$$\frac{(R-r)^2-d^2}{4Rr}=\frac{(R_0-r_0)^2-d_0}{4R_0r_0}$$

図が混み入っているから，２つに分けて式を作る．Ｏを原点にとり，半径 R, r の円が g と交わる点の座標をＡ，Ｂ，Ｃ，Ｄとすれば

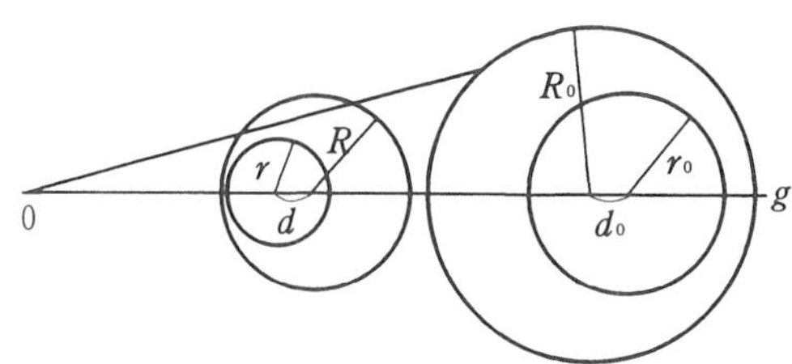

$$R = \frac{B-A}{2},\quad r = \frac{D-C}{2}$$
$$d = \frac{A+B}{2} - \frac{C+D}{2}$$

これらの式から

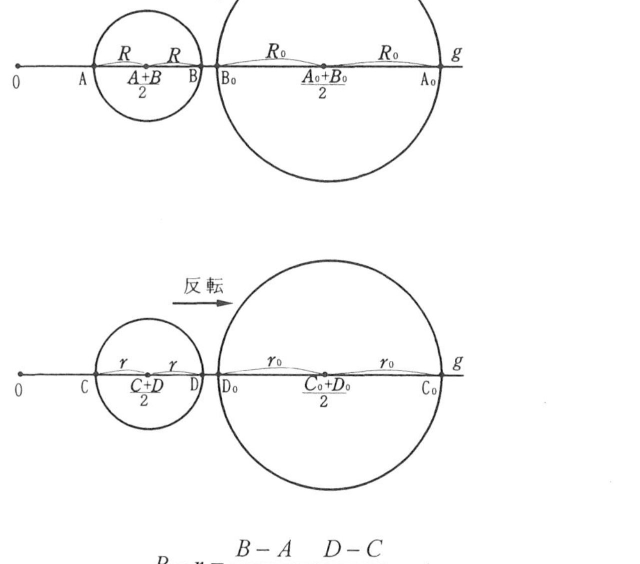

$$R - r = \frac{B-A}{2} - \frac{D-C}{2}$$
$$R - r + d = B - D$$
$$R - r - d = C - A$$

$$\therefore \frac{(R-r)^2 - d^2}{4Rr} = \frac{(B-D)(C-A)}{(B-A)(D-C)} \qquad ①$$

次に，O を中心とする半径 k の反転によって A，B，C，D がそれぞれ A_0, B_0, C_0, D_0 に移ったとし，さらに，移った円の半径を R_0, r_0，中心距離を d_0 とする．以上と全く同様にして

$$\frac{(R_0 - r_0) - d_0^2}{4R_0 r_0} = \frac{(B_0 - D_0)(C_0 - A_0)}{(B_0 - A_0)(D_0 - C_0)} \qquad ②$$

反転の定義によって

$$A_0 = \frac{k^2}{A},\ B_0 = \frac{k^2}{B},\ C_0 = \frac{k^2}{C},\ D_0 = \frac{k^2}{D}$$

これらの式を②の右辺に代入し，簡単にすれば①の右辺に一致する．したがって①と②の左辺は等しい．

等式の証明

もし，反転の中心Oと半径kを適当に選ぶことによって$d_0 = 0$，すなわち同心円に移すことが可能とすれば

$$\frac{(R - r)^2 - d^2}{4Rr} = \frac{(R_0 - r_0)^2}{4R_0 r_0} \qquad ③$$

となるから，さらに右辺の式が$\tan^2 \dfrac{\pi}{n}$に等しいことが分かれば証明は終る．

残された課題は次の２つ．

課題１　③の右辺は$\tan^2 \dfrac{\pi}{n}$に等しいか．

課題２　同心円に移すことは可能か．

×　　　　　×

課題１の検討点

点Nを中心とする半径R_0，r_0の２つの同心円の間にn個の円をはめ込むことができたとする．はめ込んだ円の半径x，そのうちの２円P，Qの接点をTとすると

$\angle \mathrm{PNT} = \dfrac{\pi}{n}$, $\mathrm{PT} = x$, $\mathrm{PN} = R_0 - x$

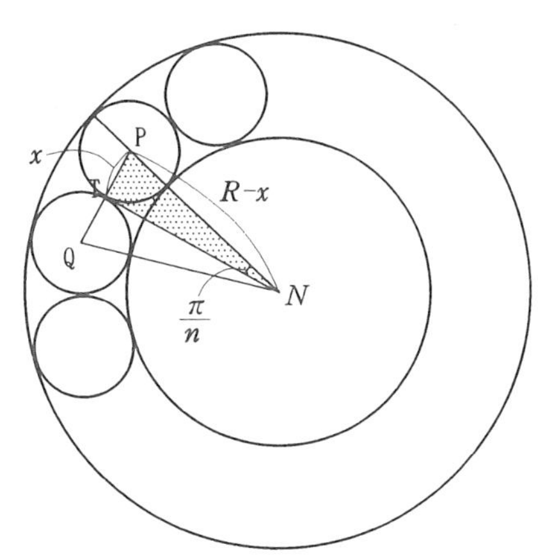

$$\therefore (R_0 - x)\sin\frac{\pi}{n} = x$$

さらに $R_0 - r_0 = 2x$

２式から x を消去して

$$\sin\frac{\pi}{n} = \frac{R_0 - r_0}{R_0 + r_0}$$

この式を

$$\tan^2\frac{\pi}{n} = \frac{\sin^2\frac{\pi}{n}}{1 - \sin^2\frac{\pi}{n}}$$

に代入し，簡単にすれば，

$$\tan^2\frac{\pi}{n} = \frac{(R_0 - r_0)^2}{4R_0 r_0}$$

課題２の検討

半径 R，r の２円の中心の座標を x，y として，これらの実数値が求まることを示せばよい.

図を参考にしながら

$$\begin{cases} A = x - R,\ B = x + R \\ C = y - r,\ D = y + r \end{cases} \quad ①$$

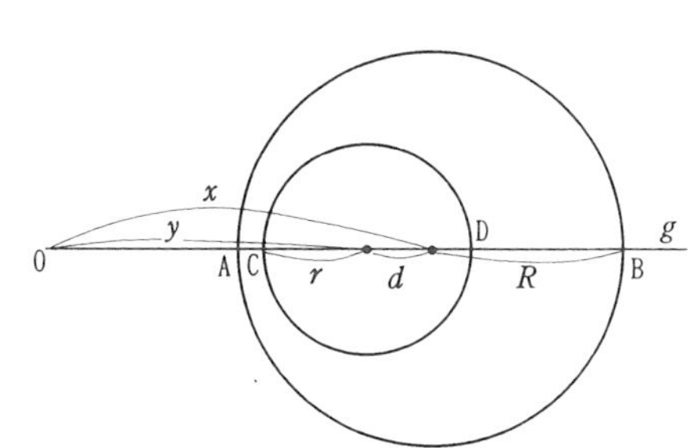

もし $d_0 = 0$ になったとすると

$$\frac{A_0 + B_0}{2} = \frac{C_0 + D_0}{2}$$

これを A，B，C，D で表すと

$$\frac{A + B}{2AB} = \frac{C + D}{2CD}$$

①の式を代入して

$$y(x^2 - R^2) = x(y^2 - r^2)$$

さらに $y = x - d$ を代入して

$$dx^2 - (d^2 + R^2 - r^2)x + R^2 d = 0$$

この方程式が実数の解を持つことの証明は読者におまかせしよう．

等角写像の応用

同心円へ移す方法を視覚的に理解したいというなら，反転の等角性を用いればよい．

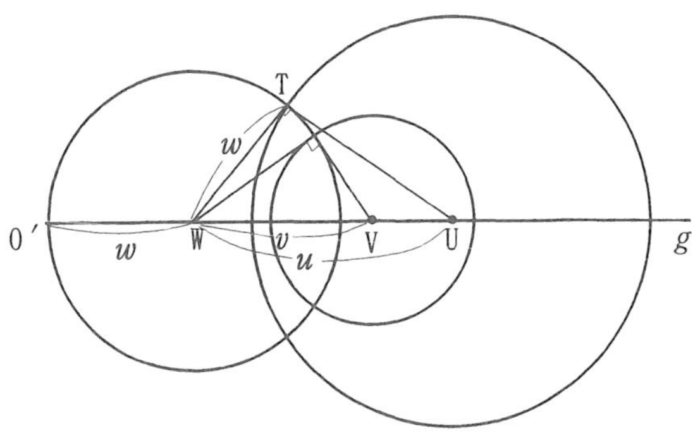

反転によって円の交角，一般に曲線の交角が変らないことを知っているとする．

半径 R, r の円の中心を U, V とし，中心線 g 上に中心をおき，2円 U, V に直交する円の中心を W とする．円 W が g と交わる点の1つを O′ とすると，O′ を中心とする反転によって，2円 P, Q は同心円に移る．さて，その理由は……．

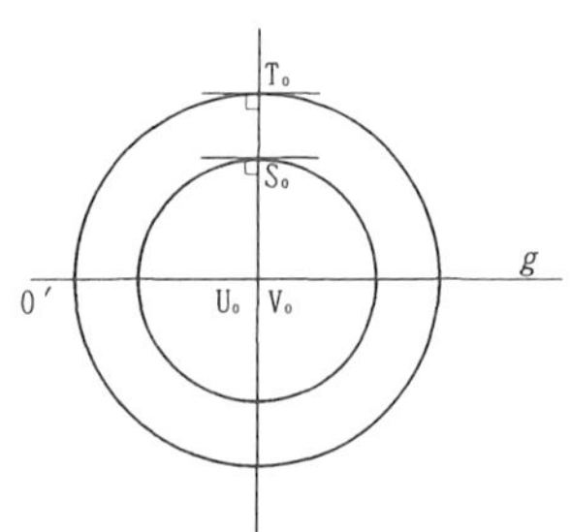

O′ を中心とする反転によって，2円 U, V

は円に移るが，円 W は g に垂直な直線に移ることに注目しよう．しかも反転の等角性により，像の直線は像の２円に直交する．ということは，像の２円は同心円になること．

× ×

ここで求めた点 O′ は先に計算で求めた点 O と一致するはず．

図のように線分の長さを表してみよ．円 U，V が円 W に直交することから

$$\begin{cases} u^2 - w^2 = R^2, \ \ v^2 - w^2 = r^2 \\ u - v = d, \ \ u + w = x \end{cases}$$

これらの４式から u，v，w を消去して x についての方程式を導いてみよ．前に求めたものと同じならば O′ は O に一致する．確めるのは読者におまかせしよう．

× ×

さて，シュタイナーはどんな証明を試みたのであろう．知りたいところではあるが，残念なことに資料が手許にない．

5．垂足三角形奇談

垂足三角形というのは慣用によれば，三角形において頂点から対辺に下ろした３つの垂線の足を結ぶ三角形のことである．しかし，ここでは意味を広げ，任意の一点 P から三角形の３辺またはその延長上に下ろした垂線の足を結ぶ三角形を P の垂足三角形とよぶことにし，その面積を S_{P} で表すことにする．

この垂足三角形の面積を用いることによって，古典的幾何の重要な定理がいくつか解明される．

小手しらべ

三角形 ABC において，１点 P から３辺 BC，CA，AB に下ろした垂線の足をそれぞれ L，M，N で表すことにする．

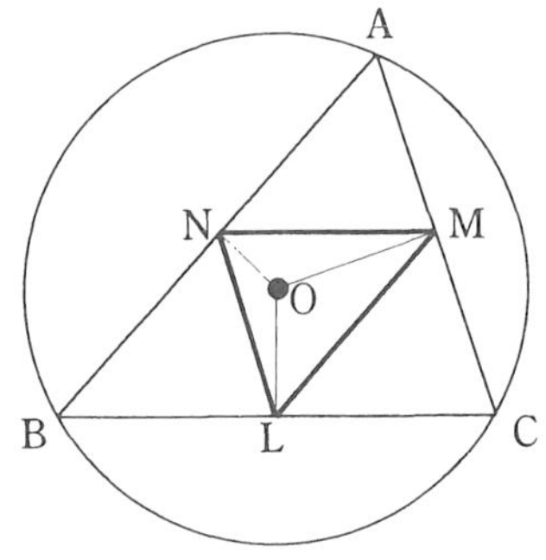

外心の場合はいたって簡単である．L，M，N は３辺の中点であるから△LMN は△ABC の面積の４分の１である．したがって，△ABC の面積を S，外心を O とすれば

$$S_{\mathrm{O}} = \frac{S}{4}$$

内心の場合もやさしい．内心を I，内接円の半径を r とする．

△LMN は１を頂点とする３つの三角形に分割される．

$$S_{\mathrm{I}} = \triangle\mathrm{IMN} + \triangle\mathrm{INL} + \triangle\mathrm{ILM}$$

$$= \frac{r^2}{2}(\sin A + \sin B + \sin C)$$

△ABC の外接円の半径を R とすると $a = 2R\sin A$ などとなるから

$$S_{\mathrm{I}} = \frac{r^2}{4R}(a+b+c)$$

ところが一方

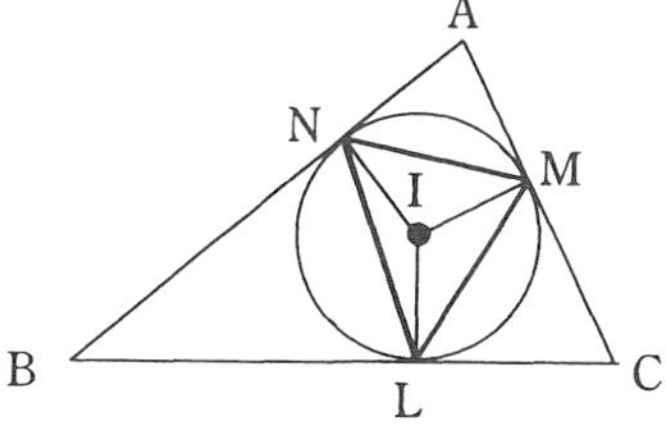

$$S = \triangle\mathrm{IBC} + \triangle\mathrm{ICA} + \triangle\mathrm{IAB}$$
$$= \frac{r}{2}(a+b+c)$$

以上の２式から $a+b+c$ を消去して

$$S_{\mathrm{I}} = \frac{r}{2R}S$$

いずれ役に立つときが訪れる．それまで忘れずに….

一般の垂足三角形の面積

任意の点 P の垂足三角形の面積 S_{P} は，点 P の位置によって変わるから，三角形 ABC に関する量 a，b，c，A，B，C，その他 S，R，r のみで表すことはできない．S_{P} を表す式を発見するのは容易ではない．結論を先に挙げ証明を試みよう．

定理　△ABC の外心を O，外接円の半径を R，面積を S とし，P と O の距離を δ とすれば，P の垂足三角形の面積は次の式で示される．

$$S_{\mathrm{P}} = \frac{S}{4R^2}(R^2 - \delta^2)$$

証明は解析幾何によるもの，ベクトルの外積によるものなど種々考えられるが，ここでは幾何らしいものでゆきたい．

∠LMN＝ θ とおくと，

$$S_{\mathrm{P}} = \frac{1}{2}\mathrm{MN} \cdot \mathrm{ML}\sin\theta$$

$\mathrm{MN} = \mathrm{AP}\sin A$，$\mathrm{ML} = \mathrm{CP}\sin C$ であるから

$$S_{\mathrm{P}} = \frac{1}{2}\mathrm{AP} \cdot \mathrm{CP}\sin\theta\sin A\sin C$$

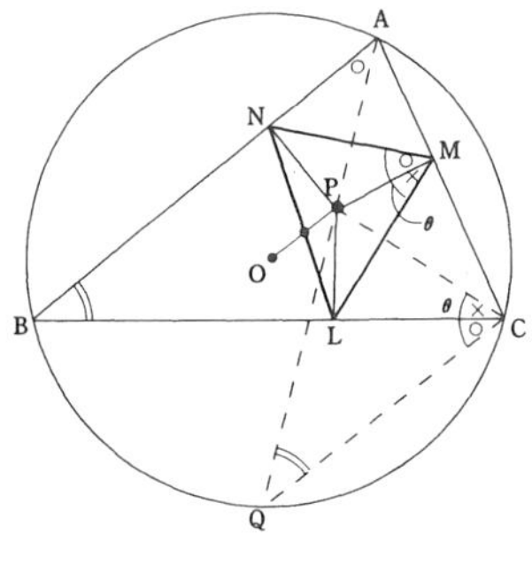

直線 AP と外接円との交点を Q とし，C と P，C と Q を結べば，△CPQ において

$$\angle\mathrm{PQC} = \angle\mathrm{B} \qquad \angle\mathrm{PCQ} = \theta$$

ただし点 P の位置により∠B，θ がその補角に代わることもある．

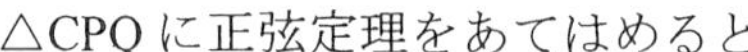

△CPQ に正弦定理をあてはめると

$$\frac{CP}{\sin B} = \frac{PQ}{\sin\theta},\quad CP\sin\theta = PQ\sin B$$

これを S_{P} の式に代入すれば

$$S_{\mathrm{P}} = \frac{1}{2}\mathrm{AP} \cdot \mathrm{PQ}\sin A\sin B\sin C$$

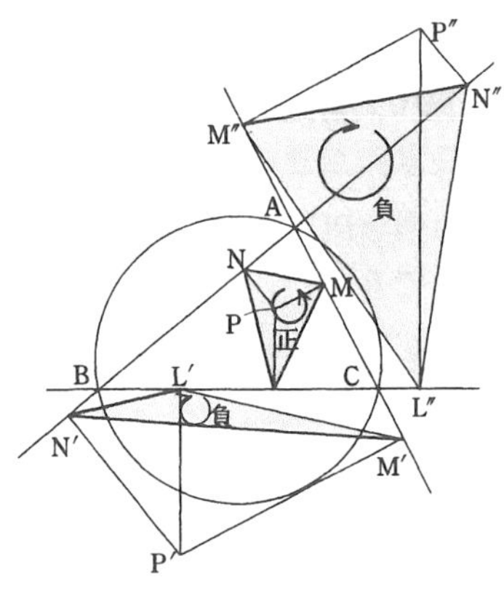

一方，方べきの定理によれば

$$\mathrm{AP} \cdot \mathrm{PQ} = \left|R^2 - \delta^2\right|$$

また，$S = 2R^2\sin A\sin B\sin C$ したがって

$$S_{\mathrm{P}} = \frac{S}{4R^2}\left|R^2 - \delta^2\right|$$

× ×

面積に符号を付ければ絶対値の記号を取り去ることができる．△LMN の周上を

$$\mathrm{L} \to \mathrm{M} \to \mathrm{N}$$

の順に回るとき，時計の針の回転と反対になるなら面積を正，時計の針の回転と同じなら面積を負と定めるのが慣例である．

この慣例に従ってみると，P が外接円の中にあるときは$S_{\mathrm{P}} > 0$，P が外接円の外にあるときは$S_{\mathrm{P}} < 0$，P が外接円上にあるときは$S_{\mathrm{P}} = 0$となっているので，絶対値の記号を取り去った式が成り立ち合理的である．

$$S_{\mathrm{P}} = \frac{S}{4R^2}(R^2 - \delta^2)$$

S_{P}からシムソン線の定理へ

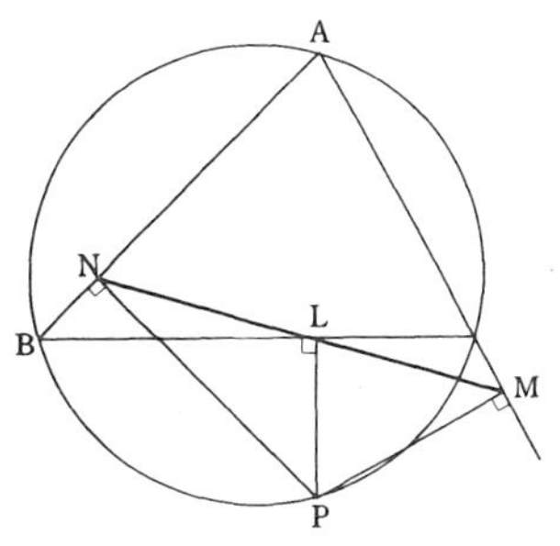

S_{P}の値でもっとも興味を引くは0の場合である．△LMN の面積が 0 というこは，三角形がつぶれて線分になること，見方を変えれば3点 L, M, N は1直線上にあることで，シムソン線の定理がおのずから導かれる．

> **シムソン線の定理**　三角形の外接円上の点から３辺へ下ろした垂線の足は１直線上にある．
>
> この逆も成り立つ．

定理の１直線 LMN にはシムソン線の名があり，初等幾何では有名であった．いや，過去形ではなく「有名である」というべきか．

S_{P}からオイラーの等式へ

S_{P}の値でもう一つ注意を引くのは，P が外心 O と一致した場合で，このときS_{P}は最大値$S/4$になる．この事実は初めに導いた通りである．

S_{P}にはこの他にも重要なものがあるが，気づく人は少ない．前に「いずれ役に立っときが訪れる」と予言めいたことを述べたのを思い出していただきたい．それは内心Ｉの場合であった．

Ｐが I に一致したとすると

$$S_{\mathrm{I}} = \frac{S}{4R^2}(R^2 - \mathrm{OI}^2)$$

これと前に知った結果とから

$$\frac{S}{4R^2}(R^2 - \mathrm{OI}^2) = \frac{rS}{2R}, \quad \mathrm{OI}^2 = R^2 - 2Rr$$

有名なオイラーの等式が現れた．

オイラーの定理　三角形の外接円の中心を O，半径を R とし，内接円の中心を I，半径を r とすれば，次の等式が成り立つ．

$$\mathrm{OI}^2 = R^2 - 2Rr$$

6. 方巾の定理を拡張する

〜カルノーの定理への道〜

円は２次曲線のうちで特殊なものである．したがって，２次曲線で成り立つ性質は必ず円でも成り立つが，逆に円で成り立っても２次曲線では成り立たないものがある．しかし円で成り立つ性質の中には，適当に修正することによって２次曲線でも成り立つようにできるものがある．その一例として円の方巾の定理を取り挙げてみる．

> 点Pを通る２直線が円と交わる点をA，BおよびC，Dとすれば
> $$PA \cdot PB = PC \cdot PD$$
> である．この逆も成り立っ．

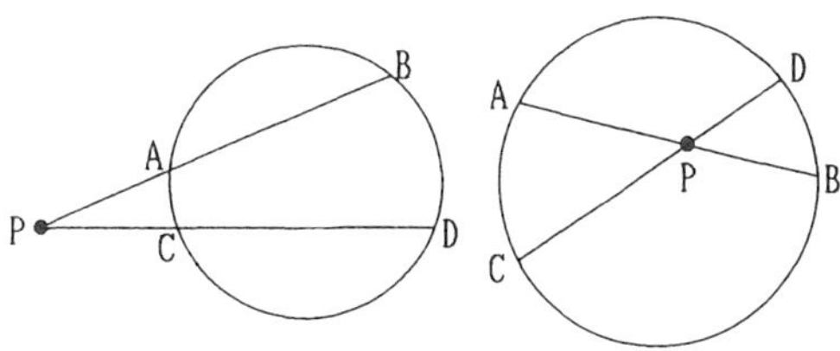

正確には線分PA，PBなどに向きを考慮しなければならない．PAとPBが同じ向きならばPCとPBも同じ向き，前者が反対向きならば後者も反対向き，と補えば完全である．

２次曲線への拡張

方巾の定理の２次曲線への拡張は，方程式によるのがやさしい．その方程式の一般形は慣用に従い，次のように表す．

$$f(x,\ y) = ax^2 + 2hxy + by^2 + 2gx + 2fy + c = 0 \qquad ①$$

点 $\mathrm{P}(x_0,\ y_0)$ を通る直線 g_1 の方程式としてはパラメータ表示

$$\begin{cases} x = x_0 + r\cos\theta_1 \\ y = y_0 + r\sin\theta_1 \end{cases} \qquad ②$$

を用いると，PA，PB を求めるのに都合がよい．

②を①に代入した式は r についての２次方程式になるから

$$lr^2 + mr + n = 0$$

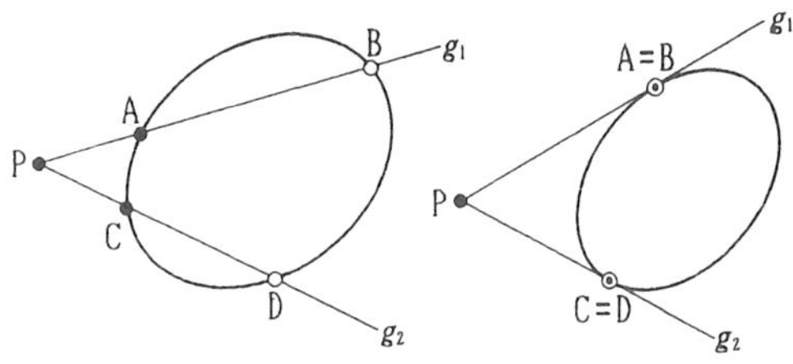

とおく．ただし

$$l = a\cos^2\theta_1 + 2h\cos\theta_1\sin\theta_1 + b\sin^2\theta_1$$
$$n = f(x_0,\ y_0)$$

m は必要ないから省く

直線 g_1 が２次曲線と交わる点を A, B とすると，符号を考慮した長さ PA, PB は先の方程式の解であるから，解と係数の関係によって

$$\mathrm{PA}\cdot\mathrm{PB} = \frac{n}{l}$$

l は角 θ_1 含むから θ_1 の関数とみて $l(\theta_1)$ で表すことにすれば

$$\mathrm{PA}\cdot\mathrm{PB}=\frac{f(x_0,\ y_0)}{l(\theta_1)}$$

点 P を通る第 2 の直線 g_2 が 2 次曲線と交わる点を C，D とし，g_2 の方向角を θ_2 とすれば，同様の式が成り立つ．

$$\mathrm{PC}\cdot\mathrm{PD}=\frac{f(x_0,\ y_0)}{l(\theta_2)}$$

以上の 2 式から $f(x_0,\ y_0)$ を消去すれば次の等式が得られる．これが方巾の定理の拡張である．

$$\frac{\mathrm{PA}\cdot\mathrm{PB}}{\mathrm{PC}\cdot\mathrm{PD}}=\frac{l(\theta_2)}{l(\theta_1)}$$

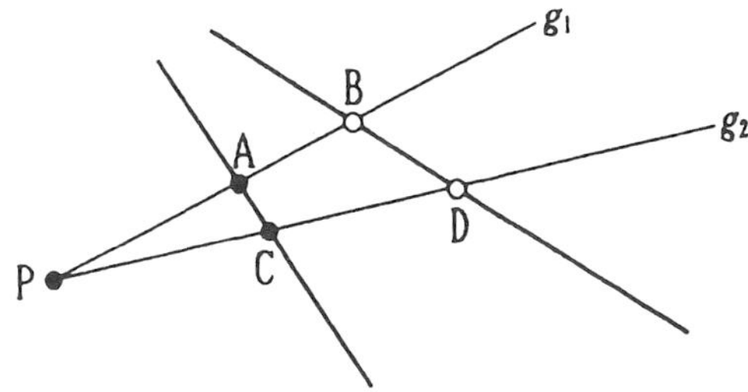

右辺は θ_1，θ_2 を含むが x_0，y_0 は含まない．したがって右辺は 2 直線の方向によって定まる実数で，P の位置には関係がない．

なお，2 直線が接する場合には，定理の式で A＝B または C＝D とおけばよい．また，方程式 $f(x,\ y)=0$ の左辺が 1 次因数の積に分解されるときは 2 直線を表す．しかし，2 直線も 2 次曲線の仲間であることに変わりはなく，定理はあてはまる．

幾何らしい姿にかえる

定理の式が θ_1, θ_2 の関数を含むことは，解析幾何としては不自然でないが，幾何らしい式としては物足りない．そのために姿をかえたのが次の定理とみてよい．

> Oを中心とする楕円に点Pからひいた2つの割線をPAB，PCDとし，これらの割線に平行な半径をそれぞれOQ，ORとすれば，次の式が成り立つ．
>
> $$\frac{PA \cdot PB}{PC \cdot PD} = \frac{OQ^2}{OR^2}$$

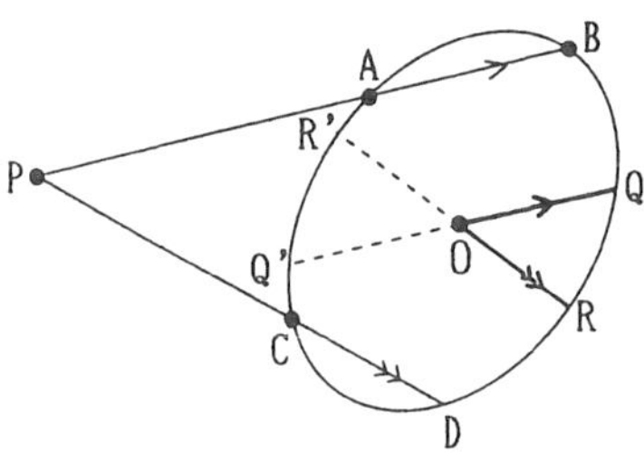

この定理は双曲線でも成り立つ．要するに中心があればよいのだから有心2次曲線に関する定理である．

証明はやさしい．割線PAB，PCDの方向角をそれぞれ θ_1, θ_2 とすると

$$\frac{PA \cdot PB}{PC \cdot PD} = \frac{l(\theta_1)}{l(\theta_2)}$$

仮定によるとOQはPABに平行で，ORはPCDに平行であるから，OQの方向角は θ_1，ORの方向角は θ_2 である．OQとORの延長が楕円と交わる点をそれぞれQ′, R′とするとQQ′, RR′も割線であることに変わりはない．したがって方巾の定理の拡張は成り立つ．

$$\frac{\mathrm{OQ}^2}{\mathrm{OR}^2}=\frac{\mathrm{OQ}\cdot\mathrm{OQ}'}{\mathrm{OR}\cdot\mathrm{OR}'}=\frac{l(\theta_2)}{l(\theta_1)}$$

以上の２式から，定理の式が導かれる．

カルノーの定理へ

拡張した方巾の定理の応用にふさわしいのは，次のカルノーの定理である．

> 三角形 ABC の辺 BC，CA，AB と２次曲線との交点を P，S；Q，T；R，U とすれば，次の式が成り立つ．
>
> $$\frac{\mathrm{BP}\cdot\mathrm{BS}}{\mathrm{CP}\cdot\mathrm{CS}}\times\frac{\mathrm{CQ}\cdot\mathrm{CT}}{\mathrm{AQ}\cdot\mathrm{AT}}\times\frac{\mathrm{AR}\cdot\mathrm{AU}}{\mathrm{BR}\cdot\mathrm{BU}}=1$$
>
> この等式が成り立てば，辺上の６点 P，S，Q，T，R，U を通る２次曲線がある．

この定理で２次曲線と辺との交点は，辺の延長上にあってもよく，線分の向きを考慮してある．

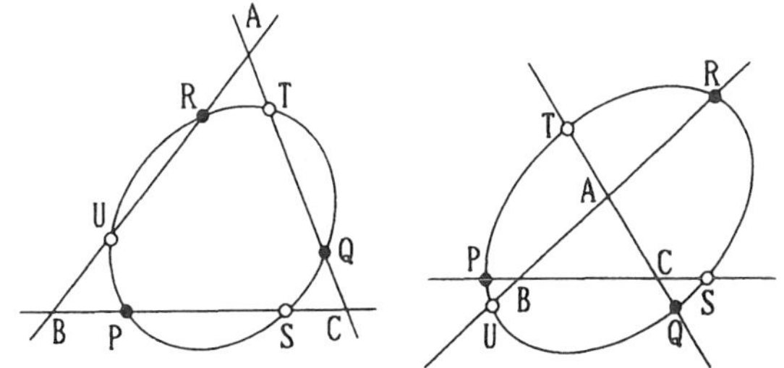

辺 BC，CA，AB の方向角をそれぞれ $\theta_1, \theta_2, \theta_3$ とすれば

$$\frac{\mathrm{BP}\cdot\mathrm{BS}}{\mathrm{BR}\cdot\mathrm{BU}}=\frac{l(\theta_3)}{l(\theta_1)},\quad\frac{\mathrm{CQ}\cdot\mathrm{CT}}{\mathrm{CP}\cdot\mathrm{CS}}=\frac{l(\theta_1)}{l(\theta_2)},\quad\frac{\mathrm{AR}\cdot\mathrm{AU}}{\mathrm{AQ}\cdot\mathrm{AT}}=\frac{l(\theta_2)}{l(\theta_3)}$$

これらの３式の両辺をかけると，右辺の積は明らかに１である．左辺は分母の線分の順序をかえれば定理の式と一致する．逆の証明はやさしい．２次曲線は５点で定まることを用いればよい．読者の課題としよう．

三角形に接する楕円

カルノーの定理の式は少々大げさであるが応用はいろいろあって，重宝である．

> 例１　△ABC の３辺 BC，CA，AB に２次曲線が接する点を P，Q，R とすれば，３つの直線 AP，BQ，CR は１点で交わる．
> 逆も成り立つ．

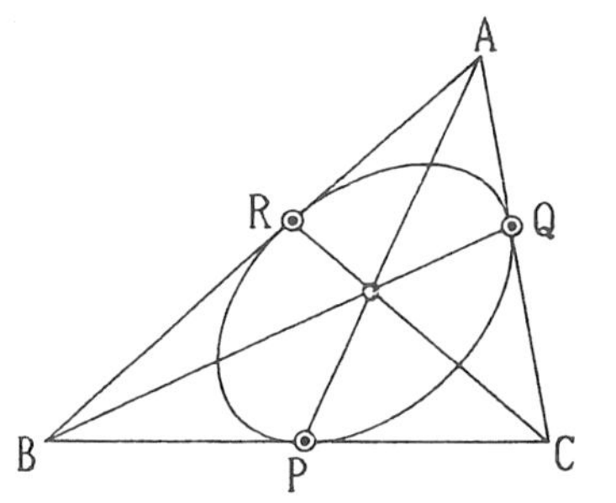

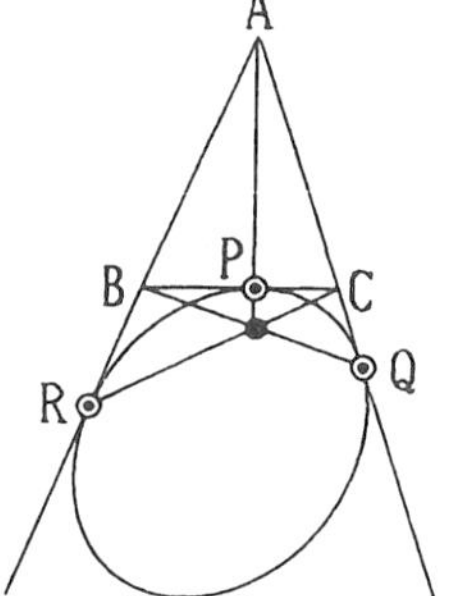

２次曲線が特に円の場合は三角形の内接円または傍接円に関する周知の定理である．

カルノーの定理の図で，楕円が三角形に接したとすると，P と S，Q と T，R と U はそれぞれ一致する．したがって，定理の等式から

$$\frac{BP^2}{CP^2}\cdot\frac{CQ^2}{AQ^2}\cdot\frac{AR^2}{BR^2}=1$$

平方に開いて

$$\frac{BP}{CP}\cdot\frac{CQ}{AQ}\cdot\frac{AR}{BR}=\pm 1$$

この式をみて，チェバの定理やメネラウスの定理を思い浮かべない人は幾何を学ぶ人に非ずというところか．右辺の符号を吟味しなければならない，たとえば楕円が三角形に内接するときはP，Q，Rは辺上にあるから，BPとCP，CQとAQ，ARとBRは異符号であるから

$$\frac{BP}{CP}\cdot\frac{CQ}{AQ}\cdot\frac{AR}{BR}=-1$$

さらに書きかえると，分数の符号が変わり

$$\frac{BP}{PC}\cdot\frac{CQ}{QA}\cdot\frac{AR}{RB}=1$$

これでチェバの定理が当てはまり，AP，BQ，CRは1点で交わる．

楕円が三角形の1辺に接し，他の2辺の延長で接するときも同様である．

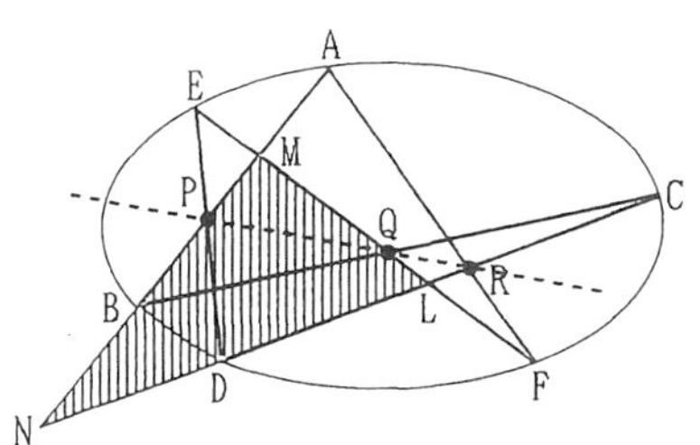

パスカルの定理へ応用

> 2次曲線上に頂点のある任意の6辺形ABCDEFの3組の対応辺ABとDE，BCとEF，CDとFAが交わるならば，これらの交点P，Q，Rは1直線上にある．

拡張した方巾定理の重要な応用は2次曲線に関するパスカルの定理の証明である．

2次曲線には制限がない．楕円，放物線，双曲線，あるいは2直線でもよい．6辺形も凸でなくてよい．凹であっても，また，次の図のように辺

と辺が交わり合ってもよいというのだから，実に素晴らしいではないか.

証明はどんな2次曲線にも当てはまるものを選ぶのが望ましい．メネラウスの定理の力を借りてみよう.

辺は6つあるから，1つとびの選び方は2通りある．そのうち，たとえばAB，CD，EFを選び，この3直線の作る三角形LMNに目をつける．残りの辺によって定まる3直線BC，DE，FAは△LMNを切っているからメネラウスの定理を用いられる.

$$\frac{\mathbf{LQ}}{\mathbf{QM}}\cdot\frac{\mathrm{MB}}{\mathrm{BN}}\cdot\frac{\mathrm{NC}}{\mathrm{CL}}=-1$$
$$\frac{\mathrm{LE}}{\mathrm{EM}}\cdot\frac{\mathbf{MP}}{\mathbf{PN}}\cdot\frac{\mathrm{ND}}{\mathrm{DL}}=-1$$
$$\frac{\mathrm{LF}}{\mathrm{FM}}\cdot\frac{\mathrm{MA}}{\mathrm{AN}}\cdot\frac{\mathbf{NR}}{\mathbf{RL}}=-1$$

これらの3式の両辺の積を作る．右辺は−1である．左辺はP，Q，Rを含む分数を左端に集め，残りはLを含むもの，Mを含むもの，Nを含むものに分類整理する.

$$\frac{\mathbf{LQ}}{\mathbf{QM}}\cdot\frac{\mathbf{NR}}{\mathbf{RL}}\cdot\frac{\mathbf{MP}}{\mathbf{PN}}\times\left(\frac{\mathrm{LE}\cdot\mathrm{LF}}{\mathrm{LC}\cdot\mathrm{LD}}\cdot\frac{\mathrm{MA}\cdot\mathrm{MB}}{\mathrm{ME}\cdot\mathrm{MF}}\cdot\frac{\mathrm{NC}\cdot\mathrm{ND}}{\mathrm{NA}\cdot\mathrm{NB}}\right)=-1$$

ここで，（　）の中の式をじっくり眺めてごらん．楕円が3角形LMNの3辺と交わったときのカルノーの定理の等式そのものである．したがって（　）の中の式は1に等しく，上の等式から次の簡単な等式が導かれる.

$$\frac{\mathrm{LQ}}{\mathrm{QM}}\cdot\frac{\mathrm{NR}}{\mathrm{RL}}\cdot\frac{\mathrm{MP}}{\mathrm{PN}}=-1$$

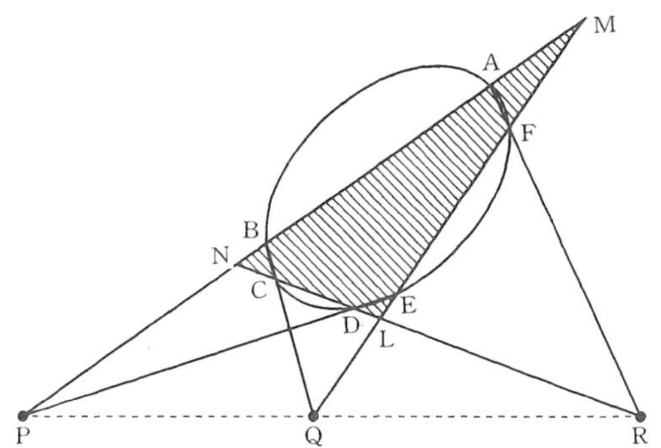

△LMN にメネラウスの定理をあてはめて３点 P，Q，R は１直線上にある．

7．蝶の問題の正体

蝶の問題——文学的というべきか，平安調というべきか，数学に珍しい名である．才女の清少納言といえども，こんな問題を知るはずはない．とにかく，問題を紹介しよう．

> **例１**　円の弦 ZZ′ の中点 M を通る２つの弦を AB，CD とし，直線 AD，BC が直線 ZZ′ と交わる点をそれぞれ X, X′ とすれば，M は XX′ の中点である．

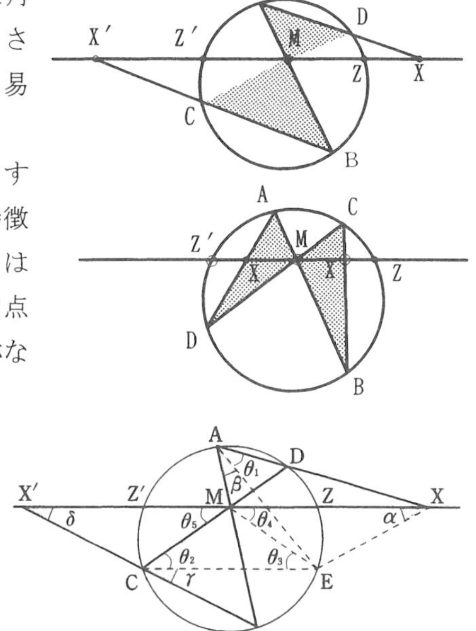

ご覧のように，太線の２つの三角形の部分が蝶の姿を連想させる．さて，この証明は連想にふさわしく易しいだろうか．

補助線を引かずに幾何的に証明するのは難しそうである．図形の特徴に目をつける．仮定によれば M は ZZ′ の中点，さらに M が XX′ の中点になるとすれば，M について対称な図形が頭に浮かぶ．M を通り ZZ′ に垂直な直線 g を対称軸と想定し g について対称な補助線をつくるつもりで…．

C から ZZ′ に平行線をひき円と再び交わる点を E とすれば

$\theta_1 = \theta_2 = \theta_3 = \theta_4$，したがって4点 A，M，E，X は1つの円上にあるから $\alpha = \beta$，しかるに $\beta = \gamma = \delta$，これから先は△XME と△X′MC に目につけばよい．

$$\alpha = \delta,\ \theta_4 = \theta_5,\ \mathrm{ME} = \mathrm{MC}$$
$$\triangle \mathrm{XME} = \triangle \mathrm{X'MC}$$

XM = X′M，M は XX′ の中点である．

このほかの着想による証明は読者の楽しみとして残しておこう．

× ×

例1で AB と CD が限りなく近づけば，割線 AD，BC は接線に姿をかえ，次の問題になる．

> **例2**　円の弦 ZZ′ の中点 M を通る弦 AB の A，B における接線が直線 ZZ′ と交わる点をそれぞれ X，X′ とすれば，M は XX′ の中点である．

蝶は羽をたたんだことなるが，別の三角形に目を向ければ蝶らしい姿が見える．証明は例1よりは易しい．証明は読者にお任せし，補助線を示すにとどめる．

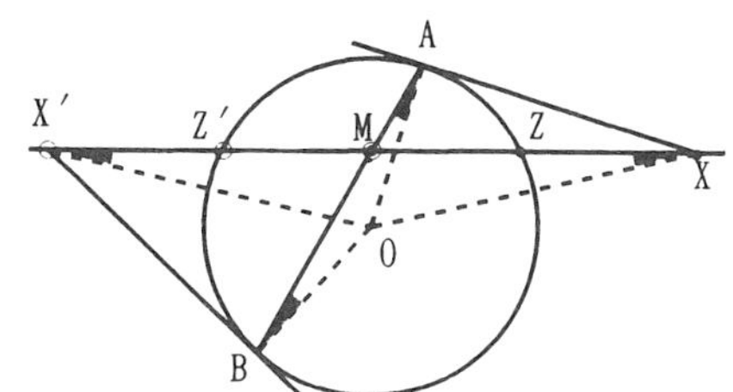

一般化への第一歩

例1の直線 AB，CD が M を通るのではなく，M から等距離にある点 Y，Y′ を通ることに変えると，一般化の第一歩の問題に変わる．

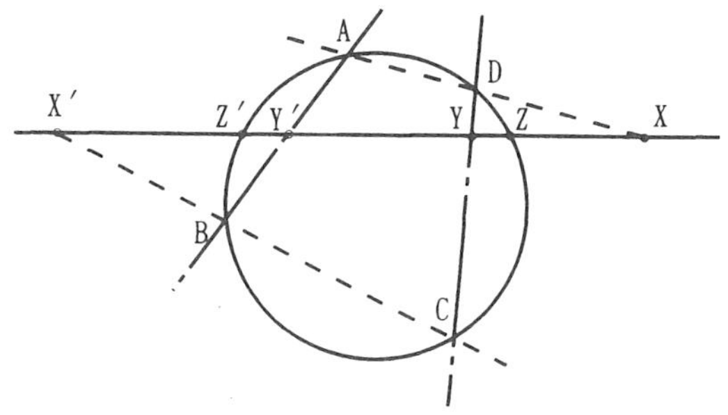

しかし，蝶が姿を消すのは淋しい．

> **例３**　円の弦 ZZ′ の中点を M とし，直線 ZZ′ 上に M から等距離の点 Y, Y′ を通る割線 AB，CD を引き，割線 AD，BC が直線 ZZ′ と交わる点をそれぞれ X, X′ とすれば，M は XX′ の中点である．

証明は例１，例２と大差ないから省き，目標の一般化を目指そう．

蝶に代わって舞台に登場するのは２次曲線である．２直線は２次曲線の特別な場合とみられるし，円も同様である．しかも，これらの２次曲線は４点 A，B，C，D を通ることに注目されたい．

特別なものを一般かして２次曲線にかえてみる．つまり４点 A，B，C，D を通る２次曲線群を考え，これと１直線 l との交点を対応させる．

図のように対応

$$X \to X',\quad Y \to Y',\quad Z \to Z', \cdots$$

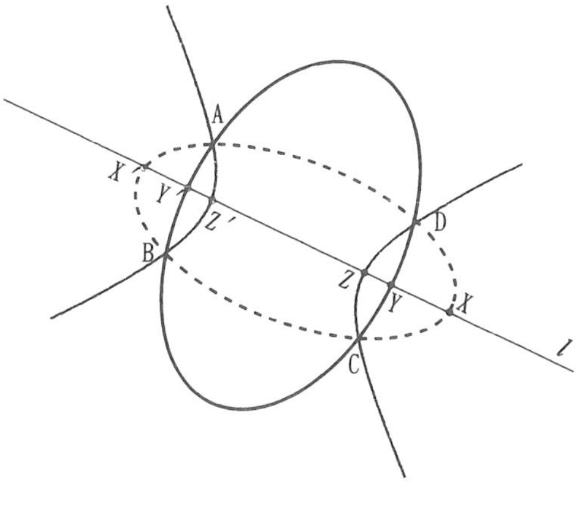

を考えると１つの変換になる．この変換の内容を明らかにすれば，その特別な場合である蝶の問題もおのずから明らかになる．変換の正体を知る手近な方法は，対応点の関係を表す式を導くものである．

４点 A，B，C，D を通る直線を

$$\begin{cases} AB: f_1 = 0 \\ CD: f_2 = 0 \end{cases} \qquad \begin{cases} BC: f_3 = 0 \\ AD: f_4 = 0 \end{cases}$$

$$f_i = a_i x + b_i y + c_i \quad (i = 1, 2, 3, 4)$$

とすれば，４点を通る２次曲線は次の式で表される．

$$\lambda f_1 f_2 + \mu f_3 f_4 = 0,\ (\lambda,\ \mu) \neq (0,\ 0) \qquad ①$$

直線 l を x 軸に選んでおけば，l とこの２次曲線の交点 X, X′ の座標 α, α' は，①において $y=0$ とおいた次の方程式の解になる．

$$\lambda(a_1 x + c_1)(a_2 x + c_2) + \mu(a_3 x + c_3)(a_4 x + c_4) = 0$$

これを x について整理したものを

$$f(x) = Lx^2 + Mx + N = 0 \qquad ②$$

とおく．ただし

$$\begin{cases} L = \lambda a_1 a_2 + \mu a_3 a_4 \\ M = \lambda(a_1 c_2 + a_2 c_1) + \mu(a_3 c_4 + a_4 c_3) \\ N = \lambda c_1 c_2 + \mu c_3 c_4 \end{cases}$$

解と係数の関係から

$$\alpha + \alpha' = -\frac{M}{N},\ \ \alpha\alpha' = \frac{N}{L}$$

２式の右辺は λ，μ についての１次の同次分数式であるから，この２式から λ，μ を消去するのはやさしい．その結果は

$$c\alpha\alpha' - a(\alpha + \alpha') - b = 0 \qquad ③$$

あるいは，α' について解いて

$$\alpha' = \frac{a\alpha + b}{c\alpha - a} \quad (a^2 + bc \neq 0) \qquad ④$$

α' は α の１次の分数式であらわされているから，α に α' を対応させる変換は１直線上における**射影変換**である．しかも③をみると α と α' の対称式であるから，α が α' に移れば α' は α に移る．つまりこの変換 f は２度繰り返せばもとへ戻る．恒等変換を e で表せば

$$f^2 = e$$

このように２度繰り返すともとへ戻る変換を一般に**対合**という．

１直線上の射影変換の一般形は

$$\alpha' = \frac{a\alpha + b}{c\alpha + d} \qquad (ad - bc \neq 0)$$

であるが，対合のときはαがα'に移ると同時にα'はαに移るのであるから，上の式と同時に次の式も成り立つ．

$$\alpha = \frac{a\alpha' + b}{c\alpha' + d}$$

２式の分母を払って差をとると

$$(a + d)(\alpha' - \alpha) = 0$$

$\alpha' = \alpha$とは限らないから$a + d = 0$，したがって対合のときの射影変換は④と一致する．

> **デザルグの対合定理**　４点を通る２次曲線が１直線と交わる点をX, X′とすればX → X′は射影変換で，かつ対合である．

この対合の対応点の作図

１次変換の対応の様子をもっと具体的に知るには③を書き換えてみればよい．

<u>$c \neq 0$のとき</u>

$$\alpha\alpha' - \frac{a}{c}(\alpha + \alpha') - \frac{b}{c} = 0$$

$$\left(\alpha - \frac{a}{c}\right)\left(\alpha' - \frac{a}{c}\right) = k \left(k = \frac{a^2 + bc}{c^2}\right)$$

直線l上で，座標が$\frac{a}{c}$の点をPとすると

$$\mathrm{PX} \cdot \mathrm{PX'} = k \quad (一定)$$

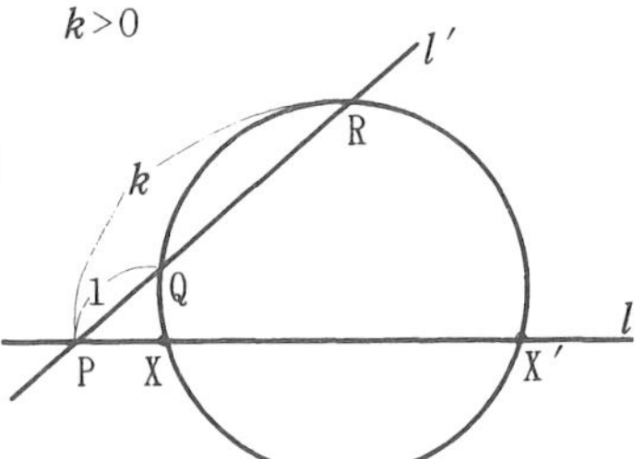

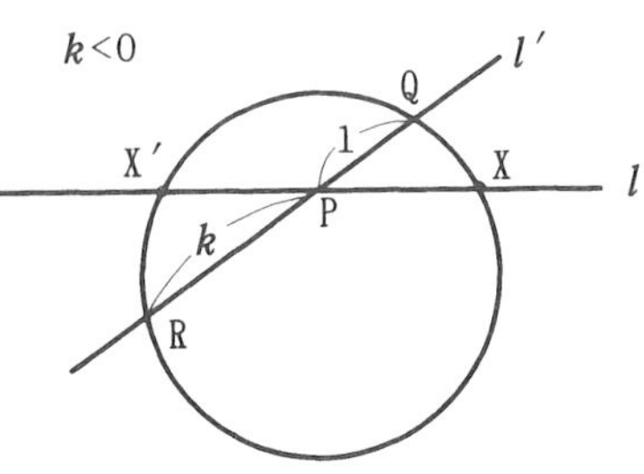

この式は円の方べきの定理と結びつく．したがって，対応点は円を用いた初等幾何の作図でもとめられる．その様子は図を見て理解されたい．

k の値が不明のときは，２組の対応点を与えられれば，この変換は定まる．２組の対応点を Y, Y′ および Z, Z′ とする．Y, Y′ を通る円と Z, Z′ を通る円を交わるように書き，交点を Q，R とする．Q，R を通り，l と交わる任意の円を描き，l との交点を X, X′ として X′ に X を対応させれば求める射影変換になる．

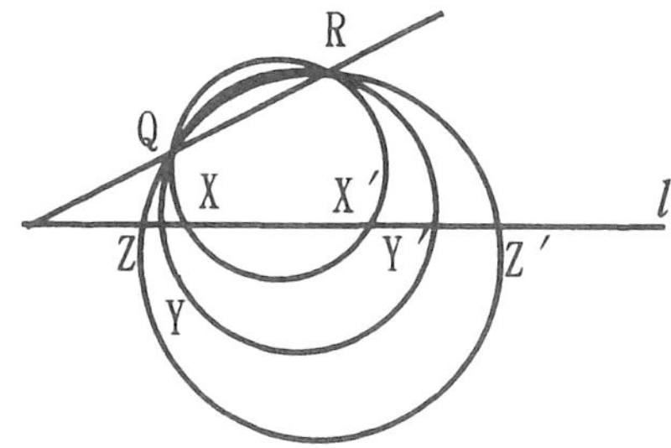

$c=0$ のとき

③の式は次のように簡単である．

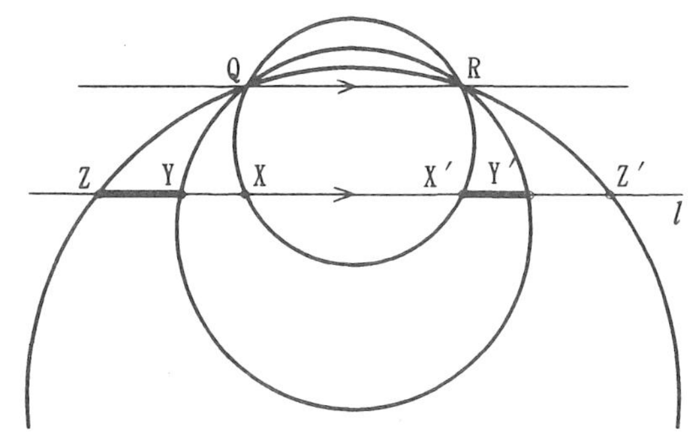

$$\alpha+\alpha'=2m \quad \left(m=-\frac{b}{2a}\right)$$

式をみれば明白．m を座標とする点を M とすれば，M は XX′ の中点，つまり X と X′ は M に関し対称の位置にある．点に関する対称移動は射影変換の対合の特殊な場合であることが分かった．

この場合の対合も２組の対応点で定まることに変わりはない．対応点の作図では QR が l に平行である．与えられた対応点でみると YZ は Y′Z′ に等しい．

×　　　　　　×

以上の収穫の後で，蝶の問題を振りかえつてみよう．例１よりは例３のほうが分かりやすい．例３の図でみると４点 A，B，C，D を通る２次曲線というのは，次の３つの曲線（？）で，直線 l との交点が対応点である．

２直線 AB，CD ……… Y → Y′

1つの円 ……………… $Z \to Z'$
2直線 AD，BC ……… $X \to X'$

仮定として．2組の対応点(Y, Y′), (Z, Z′)が与えられておるから，この対合は定まる．しかもYとY′，ZとZ′はMについて点対称になる対合であり，この性質をXとX′も満たすことになる．

例1の図は例3のYとY′がMに一致した場合で，MはM自身に対応していると見ればよい．

6点が対合をなすとは？

l 直線上の6点(X, X′), (Y, Y′), (Z, Z′)がある対合の対応点になっているとき，これらの6点は同一対合に属す，または6点は対合をなすともいう．この6点が対合をなす条件は，前の対合の定義から，次の2条件のいずれかを満たす場合であることは明らかである．

(1) 直線上に点Oがあって

$$\mathrm{OX}\cdot\mathrm{OX'}=\mathrm{OY}\cdot\mathrm{OY'}=\mathrm{OZ}\cdot\mathrm{OZ'}$$

が成り立つ．

(2) 直線上に点Mがあつて，MはXX′, YY′, ZZ′の中点である．

このほかに，次の条件も知られている．

> 1直線 l 上の6点(X, X′), (Y, Y′), (Z, Z′)が対合をなすための必要十分条件は
>
> $$\frac{\mathrm{XY'}}{\mathrm{YX'}}\cdot\frac{\mathrm{YZ'}}{\mathrm{ZY'}}\cdot\frac{\mathrm{ZX'}}{\mathrm{XZ'}}=1 \qquad (*)$$
>
> である．

証明はやさしい．上の(1)と(2)に分けて証明すればよい．

(1) Oを原点にとり，X, X′; Y, Y′; Z, Z′での座標をそれぞれ x, x'; y,

y' ; z, z' で表せば

$xx' = yy' = zz' = k$ とおくことができるから

$$\frac{\mathrm{XY'}}{\mathrm{YX'}} = \frac{y'-x}{x'-y} = \frac{k/y-x}{k/x-y} = \frac{x}{y}$$

全く同様にして

$$\frac{\mathrm{XY'}}{\mathrm{YX'}} = \frac{y}{z},\quad \frac{\mathrm{ZX'}}{\mathrm{XZ'}} = \frac{z}{x}$$

これらの３式の積は明らかに1に等しい．

(2) 自明に近い．

完全４点形と対合

いま知った定理をもちいると，２次曲線がすべて２直線に退化した場合のデザルグの定理を証明することができる．

> 完全４点形の３組の対辺と１直線との交点は対合をなす．

完全４点形とは４点を通る６本の直線の作る図形のことで，４点を A，B，C，D とするとき，直線 AB と CD，AC と BD，AD と BC をそれぞれ対辺という．

簡単な証明の一例はメネウラスの定理の応用である．

△AXXY を直線 BC で切るとみて

$$\frac{\mathrm{XZ'}}{\mathrm{Z'Y}} \cdot \frac{\mathrm{YC}}{\mathrm{CA}} \cdot \frac{\mathrm{AB}}{\mathrm{BX}} = -1$$

△AYZ を直線 CD で切るとみて

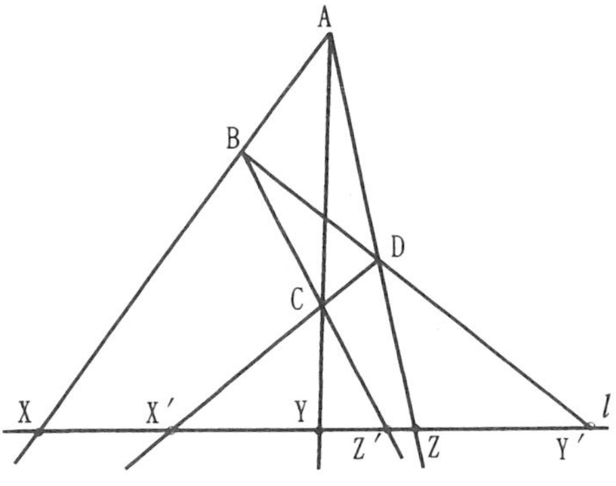

$$\frac{\mathrm{YX'}}{\mathrm{X'Z}}\cdot\frac{\mathrm{ZD}}{\mathrm{DA}}\cdot\frac{\mathrm{AC}}{\mathrm{CY}}=-1$$

△AZX を直線 BD で切るとみて

$$\frac{\mathrm{ZY'}}{\mathrm{Y'X}}\cdot\frac{\mathrm{XB}}{\mathrm{BA}}\cdot\frac{\mathrm{AD}}{\mathrm{DZ}}=-1$$

これらの３式の両辺を掛け合わせ，線分の符号を考慮して簡単にすれば

$$\frac{\mathrm{XY'}}{\mathrm{YX'}}\cdot\frac{\mathrm{YZ'}}{\mathrm{ZY'}}\cdot\frac{\mathrm{ZX'}}{\mathrm{XZ'}}=1$$

となって，対合をなす条件が導かれる．

×　　　　　×

完全４点形の対合の定理で，X と X′，Z と Z′ が一致した場合をみると次の定理になる．

> 完全４点形の対辺 AB，CD が点 X で交わり，対辺 AD，BC が点 Z で交わるとき直線 XZ と対辺 AC，BD との交点を Y, Y′ とすれば．４点 X，Z；Y，Y′ は調和列点をなす．

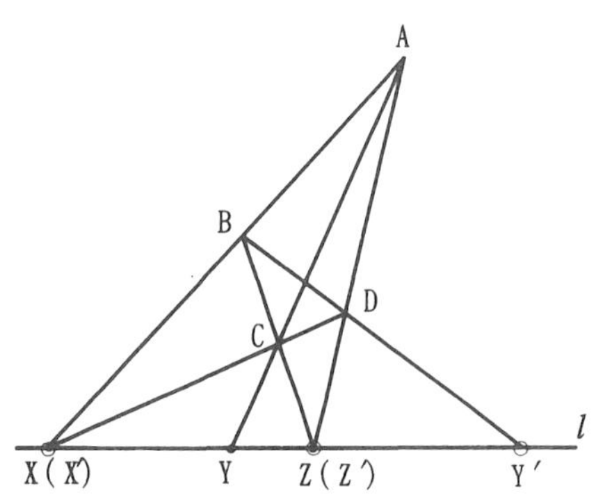

これは射影幾何の基本的定理で，よく知られており応用も広い．

対合の条件（＊）において $X'=X$，$Z'=Z$ とおくと

$$\frac{XY'}{YX}\cdot\frac{YZ}{ZY'}\cdot\frac{ZX}{XZ}=1$$

線分の符号を考慮しながら書きかえると

$$\frac{XY}{YZ}=-\frac{XY'}{Y'Z}$$

となって X，Z は Y，Y′ によって調和に分けられる．

II　幾何のあれこれ

8．正３角形物語

好きな図形は何かと問われたら，私はためろうことなく円と正３角形と答える．円は曲線図形の代表で，正３角形は直線図形の代表である．共に書き易く，形はかざりけのない美しさがよい．それに，見かけによらず多くの特性を秘めている．円には円周角，方巾定理，共軸円群などすばらしい性質が満ちている．では，正３角形ではどうか．一つの正３角形自身でも面白い性質はあるが，２つ３つの場合には一層美しい特性が期待できそうである．

ゼロからの出発

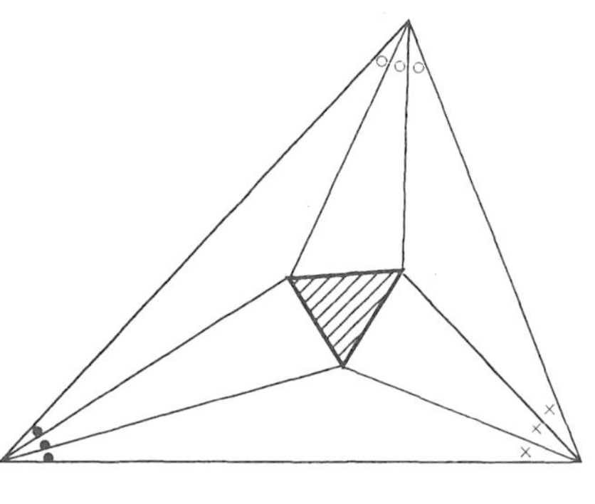

正３角形がないのに，それが忽然と現れる図形としてはモーレーの定理に及ぶものはない．勝手にかいた３角形なのに，角の３等分線を描くだけで正３角形ができる．発見したモーレー自身．わが目を疑ったに違いない．

証明も容易でないからそれに成功したときの感動が思いやられる．この解説はすでに試みた．ここでは一つの正３角形に関する性質へと先を急ぐ．

正３角形自身の物語

直線図形で，これほど多くの定理や問題を生み出すものも珍しい．３角比でみると，30°，60°の正弦・余弦・正接などの値が求められるのはこの３角形のおかげである．ただし$\sqrt{3}$をみつけるにはピタゴラスの定理の助けが必要である.

中学や高校の問題として欠かせないのは，１点から３辺に下した垂線の性質である.

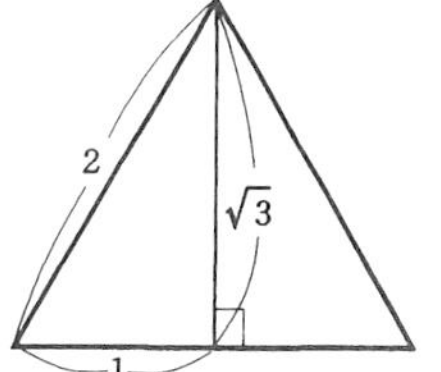

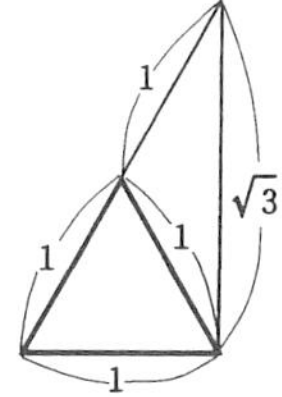

> **定理１**　正３角形の内部の点から３辺までの距離の和は一定である.

筆者には美しい定理に見える．人間社会でミス日本やミスユニバーシャルを楽しむなら数学にもミス定理などがあってもよいと思うが，美意識の問題でしょうか．証明も面積を用いるものには鮮やかといいたいような美しさがある.

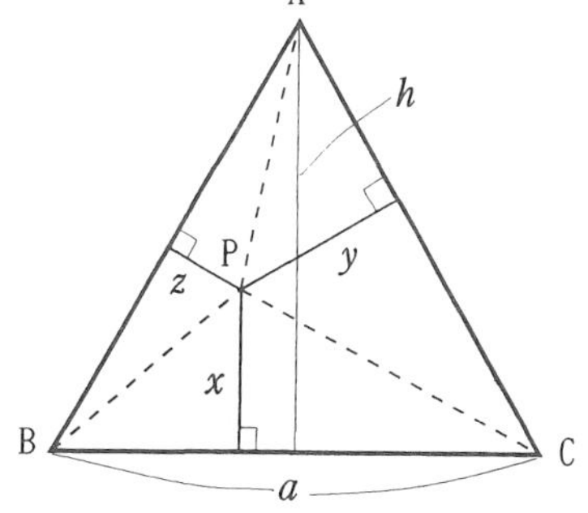

$$\triangle \mathrm{PBC} + \triangle \mathrm{PCA} + \triangle \mathrm{PAB} = \triangle \mathrm{ABC}$$

$$\frac{1}{2}ax + \frac{1}{2}ay + \frac{1}{2}az = \frac{1}{2}ah$$

$$x + y + z = h$$

この性質は主要な３成分の 100 分率を表わすグラフに利用されることがある．栄養ではデンプン・タンパク・脂肪を，農業では肥料の３成分―窒素・燐酸・加里を，人間の性格では知・情・意をというように人間は３に縁の深い生物である．ユークリッド空間でも三角形は重要な基本図形である.

定理１を正多角形一般へ拡張したのはビイビイア（Viviani 1622-1703）であることが知られている．さらに拡張の可能なことは平行四辺形にも同じ性質のあることから想像されよう.

×　　　　×

定理１の見事な応用が見られるのはフェルマーの問題の証明である．この問題はフランスの有名な数学者フェルマーがイタリーの物理学者トリチェリに提出した問題であるという．

問題１　３角形の各頂点からの距離の和が最小になる点を見出せ．

結論を与えられていないから本物の問題であるが，このままでは難しいから結論を示しその証明を試みたい．

結論は２つに分かれる．

（１）３角形の角がすべて 120°以下の場合

（２）３角形の１角が 120°より大きい場合，

ここでは（１）の場合を紹介するに止める．

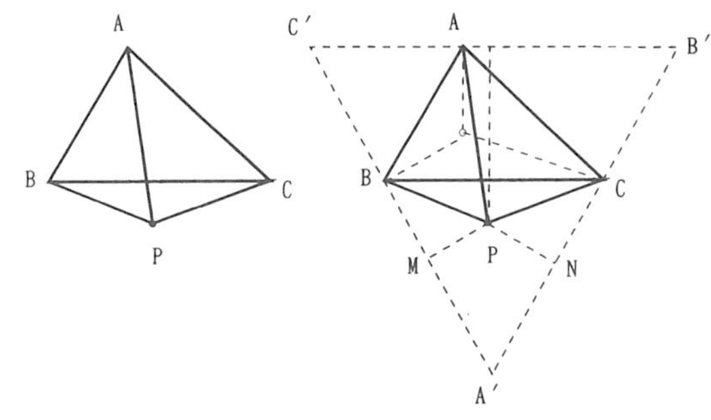

与えられた３角形を ABC, 任意の点を P とする．（１）の結論は「AP，BP，CP の交角がすべて 120°になるとき最小になる」である．最小になる P の位置を P_0 とし，A，B，C を通って AP_0, BP_0, CP_0 に垂直な直線を引いて３角形 A′B′C′ を作る．この３角形が正３角形になることは

$$\angle AP_0B = \angle BP_0C = \angle CP_0A = 120^\circ$$

から明らかである．準備はこれで完璧．

P から B′C′, C′A′, A′B′ に下した垂線の足を L，M，N とすると

$$PA + PB + PC \geqq PL + PM + PN = P_0A + P_0B + P_0C$$

このアイデアには脱帽あるのみ．

×　　　　　　　　　×

正３角形が本領を発揮するのは，一つの点から３頂点までの距離に目を

つけたときである．そこへ外接円を加えると精彩をはなつ．

定理２　正３角形 ABC の平面上の点を P とすれば，次の不等式が成り立つ．

$$BP+CP \geqq AP,\ CP+AP \geqq BP,\ AP+BP \geqq CP$$

証明はいろいろあるが，トレミーの定理の応用が鮮やかである．トレミーの定理は一般化したものは任意の４点について成り立つので，４角形はねじれたものでもよい．四辺形 ABPC にトレミーの定理をあてはめると

$$AC \cdot BP + AB \cdot CP \geqq BC \cdot AP$$

AC，AB，BC は等しいから

$$BP+CP \geqq AP$$

他の２つの不等式の証明も同様でよい．

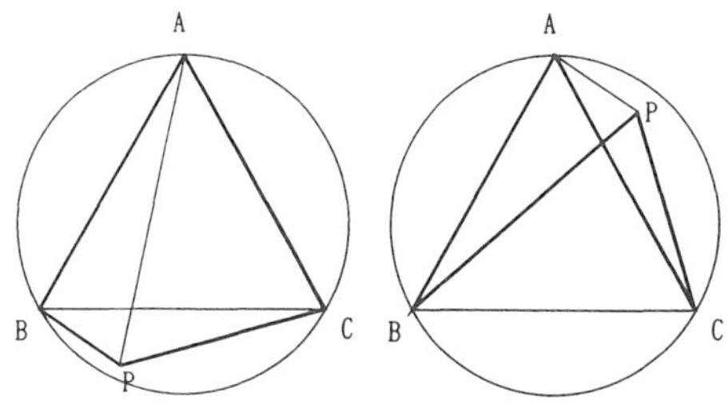

くわしくみると，等号の成り立つのは P が△ABC の外接円上にあるときに限る．たとえば P が孤 BC 上にあるときは等式 $BP+CP=AP$ が成り立ち，他の２つは不等式である．したがって，P が外接円上にないときは３つの線分 AP，BP，CP は３角形を作る．

×　　　　　　　　　　×

AP，BP，CP は次数を高め AP^2, BP^2, CP^2 にかえると，前よりも安定した関係が成り立つ．２乗だけではなく，４乗でも成り立つのはちょっと不思議である．その理由は証明の過程で明らかになろう．

> **定理３**　$\triangle$ABC の外接円上の任意の点 P に対して，次のことが成り立つ．
>
> (1)　$\mathrm{AP}^2+\mathrm{BP}^2+\mathrm{CP}^2$ は一定
>
> (2)　$\mathrm{AP}^4+\mathrm{BP}^4+\mathrm{CP}^4$ は一定

一定値は外接円の半径を R とすると，(1) では $6R^2$ で，(2) では $18R^4$ である．

この定理が興味をひくのは，拡張し正 n 角形を $\mathrm{A}_1\mathrm{A}_2\cdots\mathrm{A}_\mathrm{n}$ とし，外接円の半径を R とすると，次の式が成り立つことである．

(1)′　$\mathrm{A}_1\mathrm{P}^2+\mathrm{A}_2\mathrm{P}^2+\cdots+\mathrm{A}_\mathrm{n}\mathrm{P}^2=2nR^2$

(2)′　$\mathrm{A}_1\mathrm{P}^4+\mathrm{A}_2\mathrm{P}^4+\cdots+\mathrm{A}_\mathrm{n}\mathrm{P}^4=6nR^4$

拡張した定理の証明の方が，定理の正体を明かしてくれる．証明には複素数がよい．

外接円の中心を原点にとり，頂点 A_i，の座標を a_i で表わす．なお $\sum_{i=1}^{n}$ は略して $\sum$ とする．

(1)′ の証明

$$\begin{aligned}\sum A_i\mathrm{P}^2 &=\sum(z-\alpha_i)(\bar{z}-\overline{\alpha}_i)\\&=\sum(z\bar{z}-(\alpha_i\bar{z}+\overline{\alpha}_i z)+\alpha_i\overline{\alpha}_i)\end{aligned}$$

$z\bar{z}=\alpha_i\overline{\alpha}_i=R^2$ であるから

$$\sum A_i\mathrm{P}^2=2nR^2-\bar{z}\sum\alpha_i-z\sum\overline{\alpha}_i$$

一方，α_i は方程式 $x^n-R^n=0$ の解であるから解と係数との関係によって

$$\sum\alpha_i=0\qquad\therefore\quad\sum\overline{\alpha}_i=\overline{\sum\alpha_i}=0$$

$$\therefore\quad\sum A_i\mathrm{P}^2=2nR^2$$

(2)′ の証明

$$\begin{aligned}\sum A_iP^4 &= \sum(A_iP^2)^2\\ &= \sum\{2R^2-(\alpha_i\bar{z}+\bar{\alpha}_iz)\}^2\\ &= \sum\{(4R^2-4R^2(\alpha_i\bar{z}+\bar{\alpha}_ia)+(\alpha_i\bar{z}+\bar{\alpha}_iz)^2\}\\ &= 6nR^4-4R^2\bar{z}\sum\alpha_i-4R^2z\sum\bar{\alpha}_i+\bar{z}^2\sum\alpha_i^2+z^2\sum\bar{\alpha}^2\end{aligned}$$

ここでα_iは方程式$x^n-R^n=0$の解であることがモノをいう．

$$\sum\alpha_i=0 \quad から \quad \sum\bar{\alpha}_i=0$$

さらに$\sum\alpha_i\alpha_j=0$，これは相異なる２つの解α_i, α_j $(i<j)$の積の和が 0 であることを表わす．

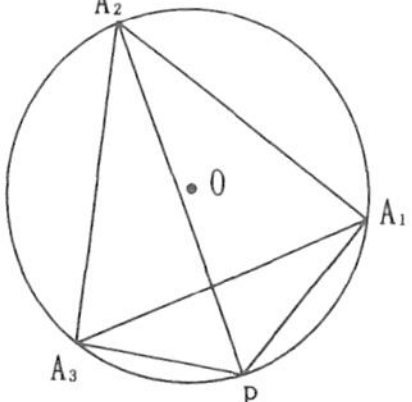

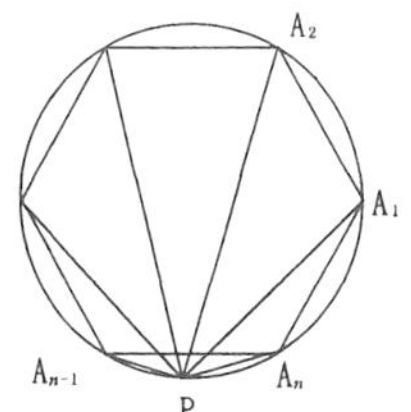

$$\sum\alpha_i^2=\left(\sum\alpha_i\right)^2-2\sum\alpha_i\alpha_j=0$$

したがって

$$\sum\bar{\alpha}_i^2=\overline{\sum\alpha_i^2}=0$$

先の式の大部分の項は消え去って

$$\sum A_i\mathrm{P}^4=6nR^4$$

むずかしい計算のように見えるが，用いた法則は複素数の共役に関する次の３つの等式に過ぎない．

$$\overline{\alpha\pm\beta}=\bar{\alpha}\pm\bar{\beta},\ \overline{\alpha\beta}=\bar{\alpha}\bar{\beta},\ |\alpha|^2=\alpha\bar{\alpha}$$

２つの正３角形物語

古典幾何は多種多様の間題に満ちているが，二つの正３角形に関するものは，どういうわけか取り挙げた本が少ない．

定理４　２つの同じ向きの正３角形の対応させた頂点を結ぶ線分の中点の作る３角形は正３角形である．

「はて！ホントかな」と疑いたくなるような性質である．定理は単純なほどよい．複雑なものにも美しいものはあるが，単純なものの美しさには及ばない．これこそ，日本的美というべきものであろうか．

定理の中の３角形の向きとは，△ABC の周を A，B，C，A の順に

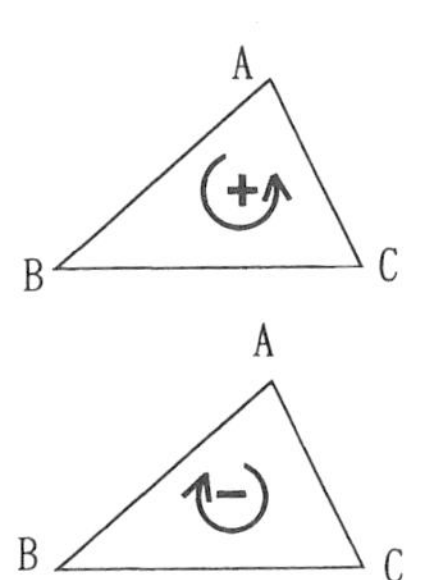

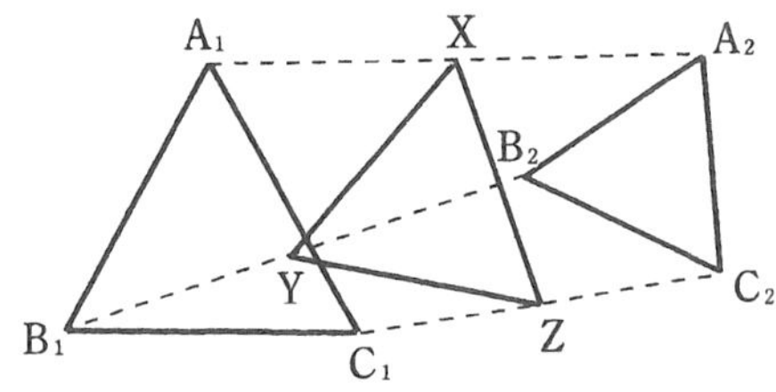

一周するときの回転の向きのことで，それが時計の針の回転と反対ならば正の向き，同じならば負の向きと定めたものである．

これからは特にことわらない限り与えられた正三角形は正の向きに描くことにする．

×　　　×

証明としては幾何的解法とガウス平面の応用とが考えられる．

幾何的方法が成功するかどうかは補助線をみつけられるかどうかにかかっている．

２つの線分 A_1A_2，B_1B_2 の中点 X，Y に関する問題で，有効な複助線は対角線 A_1B_2 をひき，その中点 M を補うもの．これは幾何的解法の常識

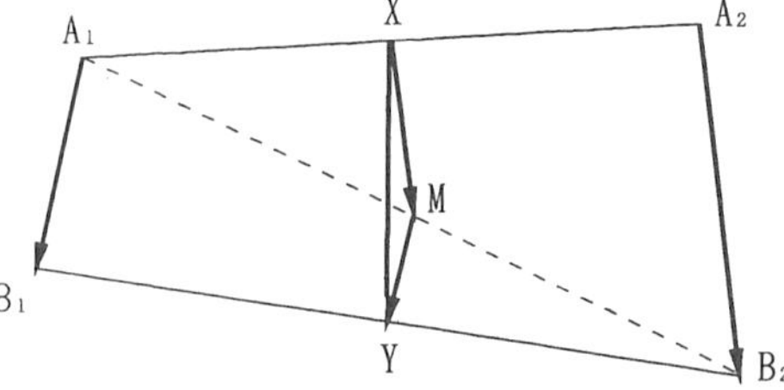

といってよい．

△MXY に着目せよ．

$$\overrightarrow{MY}=\frac{1}{2}\overrightarrow{A_1B_1},\ \overrightarrow{XM}=\frac{1}{2}\overrightarrow{A_2B_2}$$

△MXY は形が定まる．

以上の知識があれば定理の証明は意外と易しい．読者の課題としよう．

×　　　　　　×

ガウス平面による証明は，多少予備知識が必要であるが，その鮮やかさは幾何的解法の及ぶところでない．

A_1, B_1, C_1 の座標を α_1, β_1, γ_1 とすれば，正の向きの△ $A_1B_1C_1$ が正三角形をなすための条件は

$$\alpha_1+\omega\beta_1+\omega^2\gamma_1=0$$

ωは１の虚の３乗根の１つで，慣例の表わし方である．

$$\omega=\frac{-1+i\sqrt{3}}{2}=\cos 120^\circ+i\sin 120^\circ$$

A_2, B_2, C_2 の座標を α_2, β_2, γ_2 とすれば同様の理由で

$$\alpha_2+\omega\beta_2+\omega^2\gamma_2=0$$

上の２式を加えて２で割り X，Y，Z の座標を x，y，z とすれば

$$x+\omega y+\omega^2 z=0$$

となることは明かで，△XYZ は正３角形をなす．

退化型を楽しむ

退化型とは特殊な場合のことである．定理４でみれば，２つの正３角形の頂点が一致したり，辺が重なったりする特殊な位置の場合で，時には予想しない定理や問題が得られる．

C_1 と C_2 が一致した場合よりは C_1 と B_2 が一致した場合が面白い．Y は B_1C_1 の中点，Z は B_2C_2 の中点と一致することに注意．△XYZ を C_1 を中心として２倍に拡大したものは B_1C_2 を１辺とする正３角形である．X の移った点を U とすると，４角形 $A_1C_1A_2U$ は平行４辺形になり，よく見かける次の問題に姿をかる．

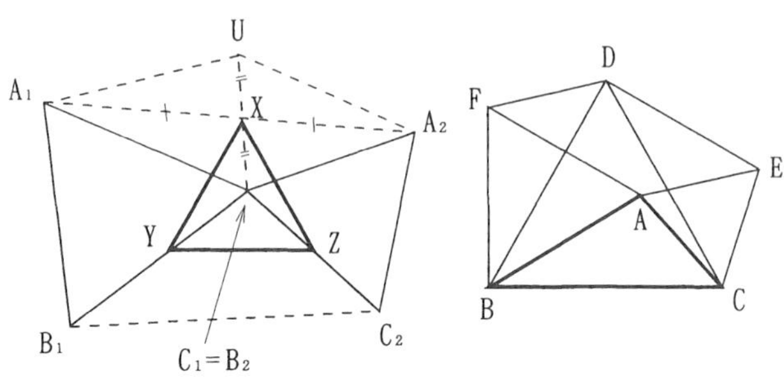

> **問題２**　△ABC の辺 AB，AC をそれぞれ１辺とする．正３角形 BAF，ACE を外側に作り，辺 BC を１辺とする正３角形 BCD を内側に作れば，４点 AEDF は平行４辺形である．

仮定が２つの正３角形の図形を取り扱っていたのに，仮定が３つの正３角形の図形に変った．それは，次の取り扱う予定であったのに．

３つの正３角形物（i）

３つの正３角形がバラバラに離れていては生産的でない．１つの辺がつながって３角形を作る場合と，１つの頂点が重なる場合とが面白い．ポピュラーなのは辺がつながった場合である．この図形には多種多様の性質が隠されているのに驚く．

> 定理５　△ABC の辺 BC，CA，AB を１辺として正３角形 CBD，ACE，BAF を△ABC の外側に作れば，これらの正３角形の中心 X，Y，Z は正３角形の頂点になる．

古典幾何的解法は広く知られているから省略し，複素数によるものを挙げる.

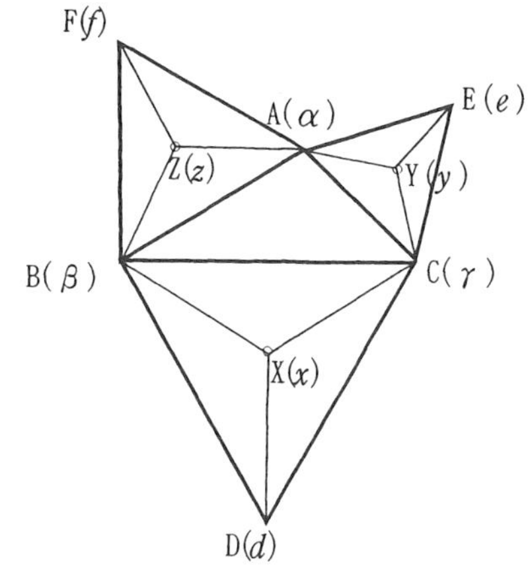

図のように各点の座標を表わしておく.

$\overrightarrow{XC} = \gamma - x$ の向きを 120° かえると $\overrightarrow{XB} = \beta - x$ になるから

$$\beta - x = \omega(\gamma - x)$$
$$\therefore\ (1-\omega)x = \beta - \omega\gamma$$

同様にして

$$(1-\omega)y = \gamma - \omega\alpha$$
$$(1-\omega)z = \alpha - \omega\beta$$

以上の３式に $1, \omega, \omega^2$ をかけて加えると右辺は０になるから

$$x + \omega y + \omega^2 z = 0$$

この式は△XYZ が正３角形であることを示す.

×　　　　　　　　×

定理５の図には，さらに次の性質などもある.

> **定理６**（１）△DEF の重心は△ABC の重心と一致する.
> （２） DA = EB = FC
> （３）DA，EB，FC の交角はすべて 120° である.
> （４）DA⊥YZ，EB⊥ZX，FC⊥XY

いずれも幾何的解法に向いている．（１）は少々無理か．その証明は読者にゆずり，複素数による証明を試みる.

（１）の証明

△DCB が正３角形をなすことから

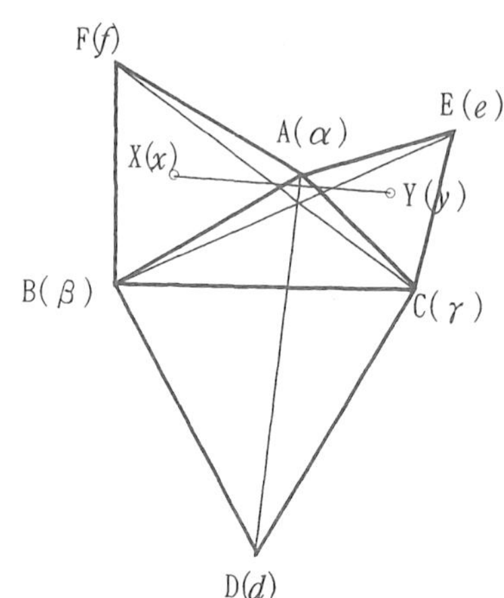

$$d + \omega\gamma + \omega^2\beta = 0$$
$$\therefore\ d = -\omega^2\beta - \omega\gamma$$

同様にして

$$e = -\omega^2\gamma - \omega\alpha$$
$$f = -\omega^2\alpha - \omega\beta$$

これらの３式を加え $\omega^2 + \omega + 1 = 0$ を用いて

$$d + e + f = \alpha + \beta + \gamma$$

よって△DEFと△ABCの重心は一致する.

（２），（３）の証明

DA=EB，DAとEBの交角が 120° であることは，複素数では１つの式で示される.

$$\omega\overrightarrow{\mathrm{DA}} = \overrightarrow{\mathrm{EB}}$$

この式を導けばよい.

$$\overrightarrow{\mathrm{DA}} = \alpha - d = \alpha + \omega^2\beta + \omega\gamma$$
$$\overrightarrow{\mathrm{EB}} = \beta - e = \beta + \omega^2\gamma + \omega\alpha$$
$$= \omega\alpha + \omega^3\beta + \omega^2\gamma$$
$$= \omega(\alpha + \omega^2\beta + \omega\gamma) = \omega\overrightarrow{\mathrm{DA}}$$

同様にして $\overrightarrow{\mathrm{FC}} = \omega\overrightarrow{\mathrm{EB}}$ から EB=FC, EB と FC の交角 120° が明らかにされる.

この証明は複素数の特性がよく生かされている.

（４）の証明

これも複素数の得意とする証明である.（２）の証明の中から

$$\overrightarrow{\mathrm{DA}} = \alpha + \omega^2\beta + \omega\gamma$$

定理５の証明の中の y, z を用い

$$\begin{aligned}\overrightarrow{YZ} &= \frac{\alpha - \omega\beta}{1-\omega} - \frac{\gamma - \omega\alpha}{1-\omega}\\ &= \frac{\omega^2}{\omega - 1}(\alpha + \omega^2\beta + \omega\gamma)\\ \therefore\ \overrightarrow{YZ} &= \frac{\omega^2}{\omega - 1}\overrightarrow{\mathrm{DA}}\end{aligned}$$

$$\omega = \frac{-1 + i\sqrt{3}}{2},\ \omega^2 = \frac{-1 - i\sqrt{3}}{2}\ \text{であるから}$$

$$\frac{\omega^2}{\omega - 1} = \frac{i}{\sqrt{3}} \qquad \therefore\ \overrightarrow{YZ} = \frac{i}{\sqrt{3}}\overrightarrow{DA}$$

この式は $\overrightarrow{\mathrm{YZ}}$ の向きが $\overrightarrow{\mathrm{DA}}$ の向きを 90° かえたものであることを示す．よって $\mathrm{DA} \perp \mathrm{YZ}$.

なお，上の式から $\mathrm{DA} = \sqrt{3}\mathrm{YZ}$ も読みとれるのは楽しい．

３つの正３角形物語（ii）

三つの正３角形が１つの頂点を共有する場合は，ひっそりと暮らす３人娘のような趣きがある．蝶結びのような図柄はある大学の記章に似て懐かしい．

> **定理７**　１点Ｏを共有する３つの正３角形を OAA′, OBB′, OCC′ とし線分 A′B, B′C, C′A の中点を X，Y，Z とすれば△XYZ は正３角形である．

Ｏを原点に選び，その他の点の座標を図のように表すと，△A′OA は正３角形であることから

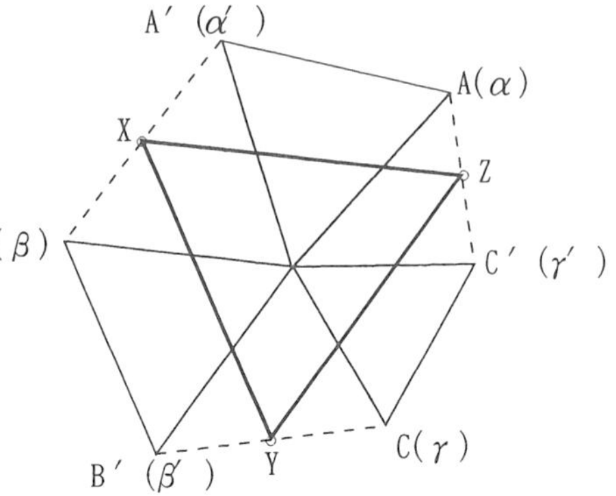

$$\alpha' + \omega \cdot 0 + \omega^2 \alpha = 0$$

$$\therefore \ \alpha' = -\omega^2 \alpha$$

同様にして

$$\beta' = \omega^2 \beta, \ \gamma' = -\omega^2 \gamma$$

X, Y, Z は BA′, CB′, AC′ の中点であるから

$$2x = \beta - \omega^2 \alpha,$$
$$2y = \gamma - \omega^2 \beta,$$
$$2z = \alpha - \omega^2 \gamma$$
$$2(x + \omega y + \omega^2 z)$$
$$= \beta - \omega^2 \alpha + \omega\gamma - \omega^3 \beta + \omega^2 \alpha - \omega^4 \gamma$$

$\omega^3 = 1$ を用いて,

$$\therefore \ x + \omega y + \omega^2 z = 0$$

明らかに△XYZ は正３角形である.

9．直線の幾何の世界

－証明の奇術－

ここで，直線の幾何と呼んでいるものは，直線のみでできた図形の幾何で，公理でみる結合の公理で作る幾何を，およそ想定している．

結合の公理　(1)　２直線は１点で交わる．
　　　　　　(2)　２点を通る直線は１つある．

「およそ想定している」といったのは，射影幾何を本格的にやるのではないということ．初等幾何の中で，とくに直線のみからなる図形を取り出し，その性質を調べてみようということ．平行線も避けられないが，これをまじめに認めると煩わしから，無限遠点で交わるものと思って軽く扱っていきたい．

作図の道具でみるとコンパス抜きで定木だけ．当然円はないし，円を用いて作図する垂線も，角の二等分線などもない．定木でかくことのできるのは直線に限る．

この想定から頭に浮かぶ図形の性質といえば，デザルグの定理，パスカル，パップスの定理，完全四点形の性質などであろう．

基礎になる定理

取り扱う図形が単純なだけに，基礎になる定理も少なく，広く知られているものばかりである．

座標平面上で取り扱う直線は１次方程式

$$\alpha(x, y) = ax + by + c = 0, \ (a, b) \neq (0, 0)$$

で表される．表現は最大限に簡潔を旨とするので$\alpha(x, y)$はα代行させる．直線はなるべくギリシア文字で表す．

> **定理１**　２直線，$\alpha = 0, \beta = 0$が交わるとき，交点を通る直線は次の式で表される．
>
> $$m\alpha + n\beta = 0, \ (m, n) \neq (0, 0) \qquad ①$$

証明するまでもないと思うが念のため要点に触れておく．

はじめに①は直線であることをはっきりさせなければならない．

$$\alpha = ax + by + c = 0$$
$$\beta = a'x + b'y + c' = 0$$
$$m\alpha + n\beta = (ma + na')x + (mb + nb')y + (mc + nc') = 0$$

①が直線を表さないとすると

$$ma + na' = 0$$
$$mb + nb' = 0$$

２直線は平行でないから$ab' - a'b \neq 0$，したがって上の方程式の解は$(m, n) = (0, 0)$となって仮定に反する．

これで①は直線の方程式であることが明らかになった．この直線が２直線の交点を通ることは自明に近い．

直線①は$m = 0$のときは直線$\beta = 0$を表し，$n = 0$のときは直線$\alpha = 0$を表す．２直線と一致しないものを表すときはm，nは共に０でないから

$$k\alpha + \beta = 0, \ \alpha + k\beta = 0$$

を用いたのでよい．もちろん

$$k\alpha - \beta = 0, \ \alpha - k\beta = 0$$

などでもよい．

ここに，さらに一工夫の余地が残されている．$k\alpha$ を前もって α に選んであったと考えれば $k\alpha-\beta=0$ は $\alpha-\beta=0$ と書いてもよいわけで，一段と簡素化がすすむ．

次の定理もよく知られているもの．

定理２　３直線 $\alpha=0$, $\beta=0$, $\gamma=0$ が１点で交わるための必要十分な条件は

$$l\alpha+m\beta+n\gamma=0$$
$$(l, m, n)\neq(0,\ 0,\ 0) \qquad ②$$

である．

定理の中の等式は恒等式であることに注意されたい．x, y の値に関係なく成り立つということ．

<u>必要条件の証明</u>

３直線が１点で交わるとすれば，直線 $\gamma=0$ が２直線 $\alpha=0$, $\beta=0$ の交点を通るから

$$h\alpha+k\beta=0, \quad (h,\ k)\neq(0,\ 0)$$

と表すこともできる．そこで，２つの方程式が一致することから

$$h\alpha+k\beta\equiv g\gamma \quad (g\neq 0)$$
$$h\alpha+k\beta+(-g)\gamma\equiv 0$$
$$(h,\ k,\ -g)\neq(0,\ 0,\ 0)$$

<u>十分条件の証明</u>

②が成り立つとすると l, m, n には０でないものがある．例えば，$n\neq 0$ とすると

$$\gamma\equiv h\alpha+k\beta, \ \left(h=-\frac{l}{n},\ k=-\frac{m}{n}\right)$$

と表すことが可能．この式は直線 $\gamma=0$ は $h\alpha+k\beta=0$ とも表されることを示している．したがって直線 $\gamma=0$ は２直線 $\alpha=0$, $\beta=0$ の交点を通る直線でもある．

上の定理から直ちに次の定理が導かれる．

定理３　３直線 $\alpha=0,\ \beta=0,\ \gamma=0$ が三角形を作り，かつ恒等式 $l\alpha+m\beta+n\gamma=0$ が成り立つならば $(l,\ m,\ n)=(0,\ 0,\ 0)$ である．

前の定理からこの定理が･･･信じられない」といった質問を受けそう．責任は筆者にある．導きやすい形に定理の命題を整理しておかなかった．前の定理の仮定を大前提と小前提に分離し，次のように書き換えてみよ．

３直線 $\alpha=0,\ \beta=0,\ \gamma=0$ について恒等式 $l\alpha+m\beta+n\gamma=0$ が成り立つとき

$$(l,\ m,\ n)\neq(0,\ 0,\ 0)\Leftrightarrow \text{３直線は１点で交わる．}$$

ここで，大前提の部分を変えず，同値の分の仮定と結論を同時に否定する．

$$(l,\ m,\ n)=(0,\ 0,\ 0)\Leftrightarrow \text{３直線は１点で交わらない．}$$

「３直線は１点で交わらない」は「３直線は３角形を作る」と同じこと．ただし，三角形の１つの頂点が無限遠点になる場合を暗に認めていることは，はじめに云った通り．

×　　　　　　×

こんな論理的説明を受けても，何となく不安と云うこともあろう，論理的に正しいようでも感性がついていかないと云うことがある．そんなときに頼りになるのが実例による納得である．

例えば，三角形を作る直線

$$\alpha=x-y+1=0$$
$$\beta=x+y-1=0$$
$$\gamma=2x-y-2=0$$

で試してみる．

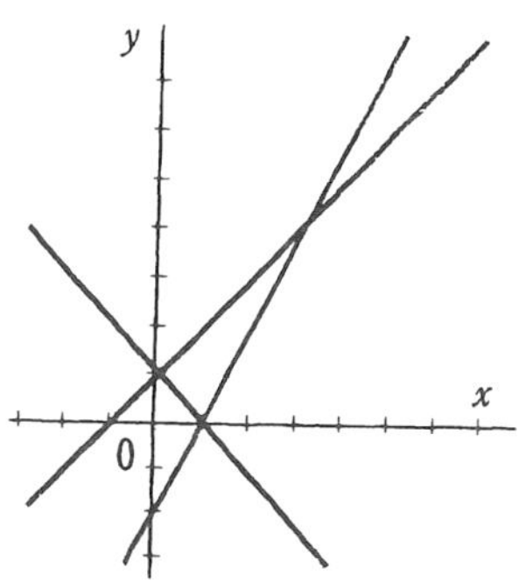

$$l(x-y+1)+m(x+y-1)$$
$$+n(2x-y-2)\equiv 0$$

が成り立つとすると

$$l+m+2n=0$$
$$-l+m-n=0$$
$$l-m-2n=0$$

これを解くと $l=m=n=0$ となり，なるほどと思うはず．

このテストの計算を行列や行列式に変えれば別の証明の発見につながると思うが，そんな高尚（?）な数学を持ち出すのは本稿の主旨に反する．先を急ぎたしい．

直線を観点に表す練習

> 例 1　△ABC 内の任意の点 O を通る 3 直線 AD，BE，CF がある．△ABC の 3 辺を $\alpha=0,\ \beta=0,\ \gamma=0$ とするとき，図の中の残りの 6 直線 AD，BE，CF，FE，DF，DE を $\alpha,\ \beta,\ \gamma$ で簡単に表せ

「簡単に表せ」がこの例題の主眼．できることなら $\alpha,\ \beta,\ \gamma$ 以外の文字を用いない．

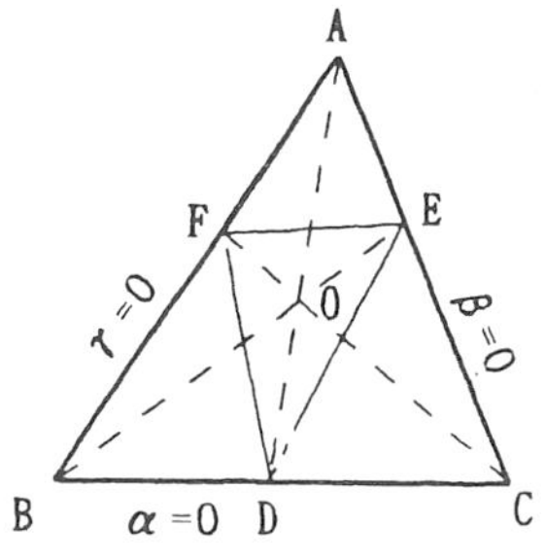

直線 CO は 2 直線 BC，CA の交点 C を通るから $l\alpha-\beta=0$ と表される．同様の理由で直線 AO は $\beta-n\gamma=0$ で表される．しかし，前もって $l\alpha,\ n\gamma$ を $\alpha,\ \gamma$ で表してあつたと考えると，l，n は，不要で CO は $\alpha-\beta=0$，AO は $\beta-\gamma=0$ で表されることになる．

次に方程式

$$(\alpha-\beta)+(\beta-\gamma)=0$$

を作ってみよ．これはCOとAOの交点Oを通る．

しかも書き換えると

$$\alpha-\gamma=0$$

（$\gamma-\alpha=0$ としても同じ）

となって2直線 BC，ABの交点 B も通る．したがって，この方程式は直線BOを表している．まとめて

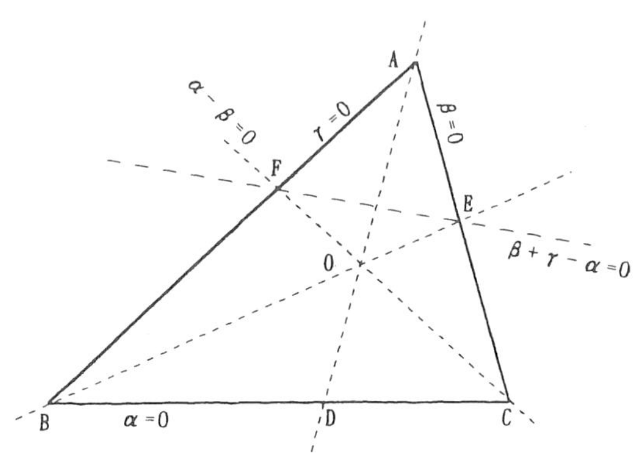

$$AO:\beta-\gamma=0,\ \ BO:\gamma-\alpha=0,\ \ CO:\alpha-\beta=0$$

次に，方程式 $\beta+(\gamma-\alpha)=0$ を作れば直線を表し，しかもACとBOの交点Eを通る．書き換えると $\gamma-(\alpha-\beta)=0$ となるので，COとABの交点Fを通る．結局，この方程式はEFを表す．

$$EF:\beta+\gamma-\alpha=0$$

同様にして

$$DE:\alpha+\beta-\gamma=0,\ \ FD:\gamma+\alpha-\beta=0$$

デザルグの定理に挑戦

デザルグの定理は直線のみの図形の幾何でもっとも重要なものの一つである．

> **デザルグの定理**
>
> $\triangle ABC$ と $\triangle A'B'C'$ において BC と B′C′，CA と C′A′，AB と A′B′ の交点をそれぞれ P，Q，R とする．このとき
>
> P，Q，R は共線 → AA′, BB′, CC′ は共点

直線 BC，CA，AB の方程式をそれぞれ

$$\alpha = 0,\ \ \beta = 0,\ \ \gamma = 0$$

で表し，さらに 3 点 P, Q, R を通る直線を $\delta = 0$ で表せば，B′C′, C′A′，A′B′ の方程式はそれぞれ

$$l\alpha + \delta = 0,\ \ m\beta + \delta = 0,\ \ n\gamma + \delta = 0$$

で表せる．ここで，あの手を思いだし，「α, β, γ はもともと $l\alpha, m\beta,\ n\gamma$ を表していたのですよ」と開き直れば，

$$\mathrm{B'C'} : \alpha + \delta = 0,\ \ \mathrm{C'A'} : \beta + \delta = 0,\ \ \mathrm{A'B'} : \gamma + \delta = 0$$

次に方程式 $(\beta + \delta) - (\gamma + \delta) = 0$ を作ってみよ．C′A′ と A′B′ の交点 A′ を通る．書き換えれば $\beta - \gamma = 0$ となるから CA と AB の交点 A も通る．これで直線 AA′ を表すことが明らかになった．

BB′, CC′ についても同様．

$$\mathrm{AA'} : f = \beta - \gamma = 0$$
$$\mathrm{BB'} : g = \gamma - \alpha = 0$$
$$\mathrm{CC'} : h = \alpha - \beta = 0$$

3 式を加えると恒等式

$$f + g + h \equiv 0$$

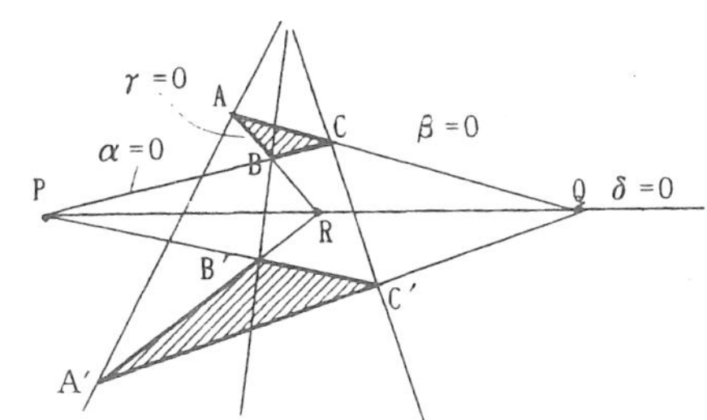

が成り立つから定理によって 3 直線 AA′, BB′, CC′ は 1 点で交わる．

デザルグの定理の逆の証明

> **デザルグの定理の逆**
> △ABC と △A′B′C′ において BC と B′C′，CA と C′A′，AB と A′B′ の交点をそれぞれ P，Q，R とする．このとき
> AA′, BB′, CC′ は共点 → P，Q，R は共線

AA$'$, BB$'$, CC$'$ は１点Oで交わるとする．△ABC の３辺 BC，CA，AB の方程式を $\alpha=0,\ \beta=0,\ \gamma=0$ とすると，例１とまったく同様にして

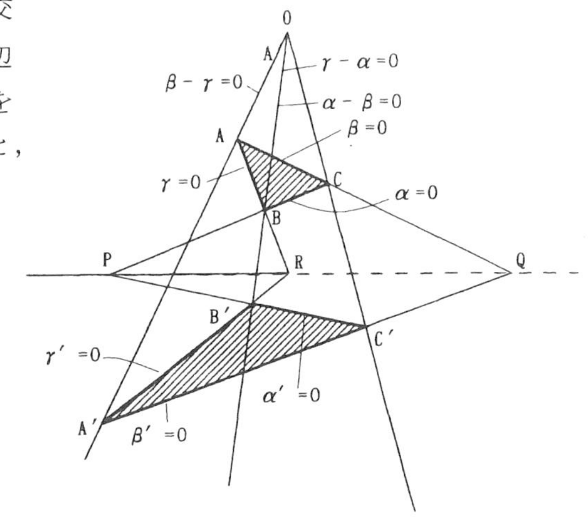

$$OA' : \beta-\gamma=0,$$
$$OB' : \gamma-\alpha=0,$$
$$OC' : \alpha-\beta=0$$

と表わされる．

△A$'$B$'$C$'$ の３辺 B$'$C$'$，C$'$A$'$, A$'$B$'$ の方程式を

$$\alpha'=0,\ \beta'=0,\ \gamma'=0$$

とすると・同様にして〆

$$OA' : \beta'-\gamma'=0,\ OB' : \gamma'-\alpha'=0,\ OC' : \alpha'-\beta'=0$$

と表わされる．OA と OA$'$，OB と OB$'$，OC と OC$'$ はそれぞれ同一直線であるから，次の恒等式をみたす定数 p，q，r が存在する．

$$\beta-\gamma\equiv p(\beta'-\gamma') \quad ①$$
$$\gamma-\alpha\equiv \mathrm{q}(\gamma'-\alpha') \quad ②$$
$$\alpha-\beta\equiv r(\alpha'-\beta') \quad ③$$

以上の３式を加えると左辺はOになり

$$p(\beta'-\gamma')+q(\gamma'-\alpha')+r(\alpha'-\beta')\equiv 0$$
$$(r-q)\alpha'+(p-r)\beta'+(q-p)\gamma'\equiv 0$$

３直線 $\alpha'=0,\ \beta'=0,\ \gamma'=0$ は三角形を作るから，予備定理３によって

$$r-q=p-r=q-p=0$$
$$\therefore\ \ p=q=r$$

これを①，②，③に用いると

$$\alpha - \mathrm{p}\alpha' \equiv \beta - \mathrm{p}\beta' \equiv \gamma - \mathrm{p}\gamma'$$

ここで直線$\alpha - p\alpha' = 0$に着目すると点Pを通る．これは$\beta - p\beta' = 0$とも書けるから点Qを通る．さらに$\gamma - p\gamma' = 0$とも書けることから点Rを通る．これで3点P，Q，Rは1直線上にあることが確められた．

10. パップスの問題で学ぶ

K　きょうの話題は？

J　パップスの問題にしよう．

K　きき慣れない問題ですね．パップスといえば，古代アレキサンドリアの学者でしたね．そんな古い問題を….

J　古いといえば，古典幾何の内容はほとんど古い．論語だって古いですよ．「古きを尋ね新しきを知る」というではないか．

K　「新しきをもって尊しとせず」か．パップスはどんな問題を出したのですか．

J　作図題です．角とその二等分線上の点が与えられているとき，その点を通る弦をひいてその長さを与えられた長さにせよというのです．分り易く文字をつけるよ．

> **パップスの問題**　∠XOY の二等分線上に点 A がある，A を通る直線をひき OX，OY と交わる点を P，Q とし，線分 PQ を一定のさ l にせよ．

K　やさしそう．A にピンを立て定規をあてる．定規の端を OX にそうて動かす．PQ がちょうど l になったら止める．

J　実用にはそれで十分．しかしパップスの時代には作図にルールがあった．「定規とコンパス以外を用いるべからず」．今からみれば知的遊戯といった感じですが，当時は真剣そのもの．神のお告げのようなものだったのだ．

K　それで思い出したよ．今でも欧米人の中には，豚や牛などの家畜は神から与えられたもの，だから殺して食べるのは許される．だが，クジラは別だ，日本人はけしからん・・．

J　そんな生臭い話は脇に置いて知的遊戯を楽しもうよ．

K　この作図を定規とコンパスで…とんと見当がつかない．僕には無理です．

J　正攻法では無理．そこで，奇抜なアイデアを考えた人がおる，世間は広いよ．PQ を動かす代りに角 XOY を動かすというのだ．

K　そんなこと許される？角 XOY は与えられたものですよ．

J　中小企業の会社のようなものでね，社員に代って社長が走り回る．

K　そんな社員はクビだ．

J　社員は社長の行くえを探る．社長が疲れ別宅にいたぞ，というようなことかな．つまり，そういう要領でやるのよ．長さ l の線分の両端 C，D を通る円で，円周角が∠XOY に等しいものを作るのです．この円は定まる．円周上に任意の点 E をとって，∠CED の２等分線をひき，反対側の弧と交わる点を F とすると，F は弧の中点です，

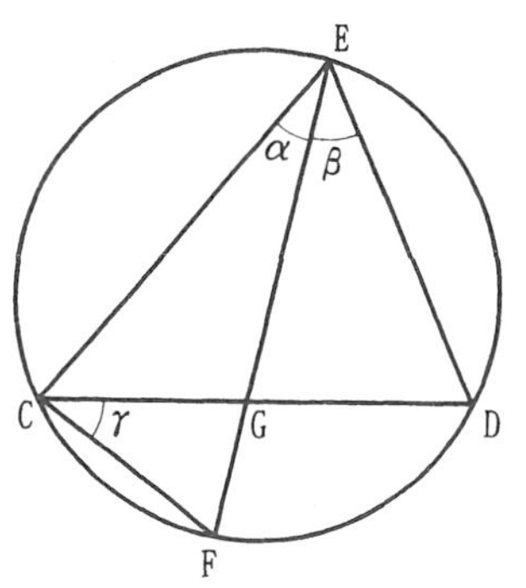

K　なるほど，F も定まる．

J　EF と CD との交点を G とすると，α は β に，β は γ に等しいから３点 C，G，E を通る円は CF に接する．そこで：

$$FC^2 = FG \cdot FE$$

K　そんな式をみつけても，どうにもならないが．

J　まあ，みておれよ．書きかえると，あっと驚くタメゴローだ．

$$FC^2 = FG(FG + GE)$$

ここが正念場．GE が与えられた図の OA に等しくなったとすると，FG が定まるでしょう．

K　それ，どういうわけ．

J　$GE = OA = a$, $FC = b$, $FG = x$ とおくとわ

$$b^2 = x(x+a)$$

K　なるほど，x は２次方程式の解ですね．これを解くのですね．

$$x^2 + ax - b^2 = 0$$

x は正だから

$$x = \frac{\sqrt{a^2+4b^2}-a}{2}$$

これなら定規とコンパスで作図可能．

J　解かずに，方程式をみただけで，こういう図をかくようなら，幾何のファンとしては一人前ですがね．

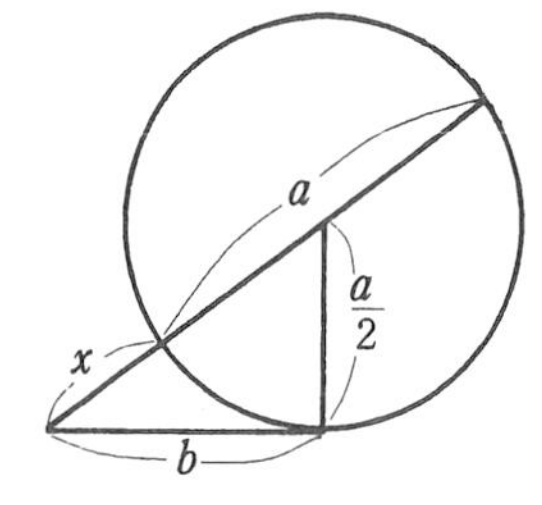

K　x を求めてみたものの…それからどうするのですか．

J　F を中心に半径 x の円をかいて，CD との交点を求める．交点は２つあるがどちらを選んでも同じこと．その点が G です．FG を延ばして円周との交点 E を求めればよい．

K　それから･･･

J　出来た図を与えられた図に重ねる．とはいっても実際に重ねるわけではない．頭の中で重ねる．つまり思考実験をやる．∠CED は∠XOY に等しいから重なる．そのとき角の２等分線も重なる．EG は OA に等しく作ったから G は A に重なる．そのときの CD の位置が目標の PQ というわけ．

K　なるほど，ようやく分かった．CE に等しくなるように OP を作り，P と A を結んで…．巧妙なアイデア．尊敬するよ．

J　学ぶべきは「動かすべきものを動かさず，動かすべからざるものを動かす」という発想です．天動説から地動説へ….

K　知的遊戯にこんな効用があるとは….でも一つ，気掛りなことがある．苦労の末が方程式…そんなことなら最初から方程式作りをやればよいと思うが．

J　計算技術の未熟な昔は無理．いまならできる．ためしてみては…….

K　解析は自信がある．$\angle XOY = 2\theta$ とおく．A の位置をきめるため A から角の辺に平行線をひいて OX，OY との交点を M，N とするとひし形が出来る．$OM = MA = a$ とおく．$OP = x$，$OY = y$ を未知数に選ぶと△QOP と△AMP が相似であることから

$$\frac{y}{x} = \frac{a}{x-a} \qquad a(x+y) = xy \tag{①}$$

もう一つの方程式は…

J　PQ の長さを l にするのが目標．

K　余弦定理で

$$l^2 = x^2 + y^2 - 2xy\cos 2\theta \tag{②}$$

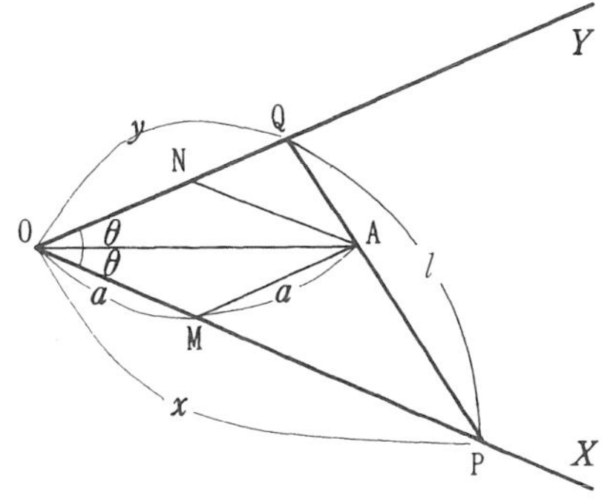

①と②を組合せて解く．２次と２次ですが，x，y の対称式だから解ける．和と積で表わせばよい．まず②を変形して

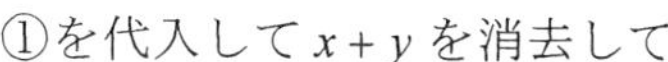

$$l^2 = (x+y)^2 - 4xy\cos^2\theta$$

①を代入して $x+y$ を消去して

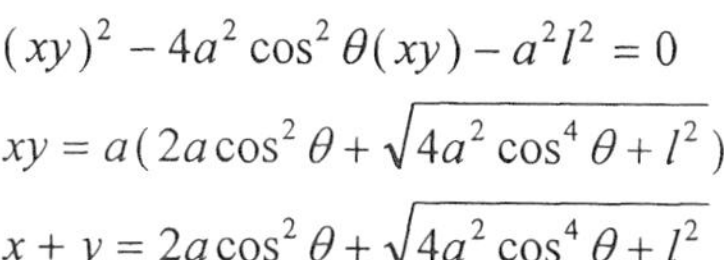

$$(xy)^2 - 4a^2\cos^2\theta(xy) - a^2l^2 = 0$$
$$xy = a(2a\cos^2\theta + \sqrt{4a^2\cos^4\theta + l^2})$$
$$x + y = 2a\cos^2\theta + \sqrt{4a^2\cos^4\theta + l^2}$$

和と積が分かったから解くことは出来るが，すごい式になった．

J　計算で解かずに作図で解くのが幾何．２式の右辺は作図で求められる．

K　$x+y$ は出来たが xy が出来ない．

J　$x+y=b$ とおくと $xy=ab$，これを作図で解くときは a，b の比例中項を先に求める．

K　比例中項？

J　相乗平均のことです．

K　その作図なら知っている．$a+b$ を直径とする円をかき，垂線を立てる．c が a，b の相乗平均です．

$$c^2 = ab$$

結局

$$\begin{cases} x+y=b \\ xy=c^2 \end{cases}$$

を解けばよいことになった．これなら僕でも作図で解けるよ．

J　君のは４次方程式．だが，前の作図では２次方程式であった．主客転倒のアイデアによって方程式の次数が２次だけ下ったのです．

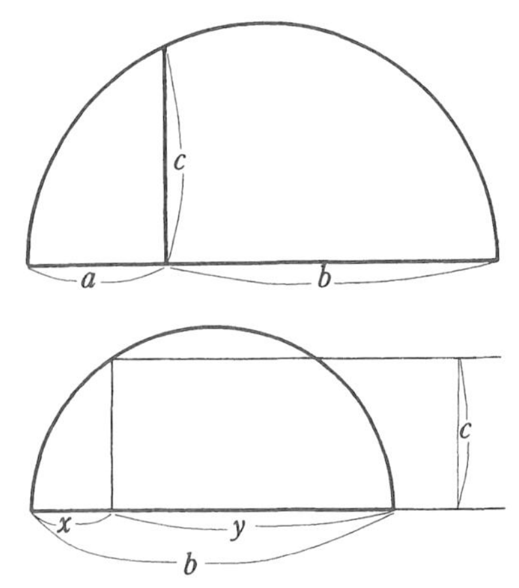

K　苦労にくらべて功徳が少ないよ．

J　昔と今とでは評価の基準が違う．２次の差は大きかったと思うね．

K　勉強になった．有難とう．

J　いや，お礼はパップスへ．

11. ブロカール点の話

Ｊ　きょうはブロカール点を調べるか.

Ｋ　ブロカー点だって，うさんくさい.

Ｊ　違う. ブロカール点だ.

Ｋ　珍品のような予感. どんな点ですか.

Ｊ　三角形に関する点. 頂点と結ぶ線分が辺と順に等角をなす.

Ｋ　そんな点が本当にあるのですかね. 一方を等しくすれば他方が等しくない……となりそうで，３つの角が等しくするのは無理じゃない.

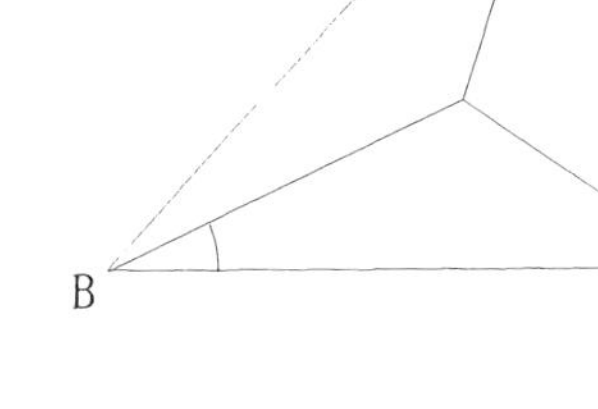

Ｊ　あきらめるのは早い.

Ｋ　３辺を同じ速さで回してみる. AB を A を中心に, BC は B を中心に, CA は C を中心に・同じ回転速度で……

Ｊ　よいアイデア. 図形を連続的に動かすと正体の見えてくることが，しばしばある.

Ｋ　交わって三角形を作るが，次第に小さくなるよ.

Ｊ　もとの三角形に相似……

Ｋ　なるほど. 確かに相似. それが小さくなってゆけば……やがて１点. 確かにあるよ，さがしていた点が.

Ｊ　三角形は回転しながら縮少. 渦巻が出来て，その中心がブロカール点です.

Ｋ　台風の目玉に当たる点ですね.

J　存在を確認する方法は連続的変化とは限らない．作図によって，そのものズバリ作って示す方法もある．

K　存在を確めもしないで作る？そんな無茶な．

J　あったと仮定して，作り方を探るのですよ．あったと仮定し，その点をΩとすると，αはγに等しいから△CAΩの外接円はABに接する．その円をπと呼んでおこう．同様にαはβに等しいから△ABΩの外接円はBCに接する．この円はπ'と呼んでおく．

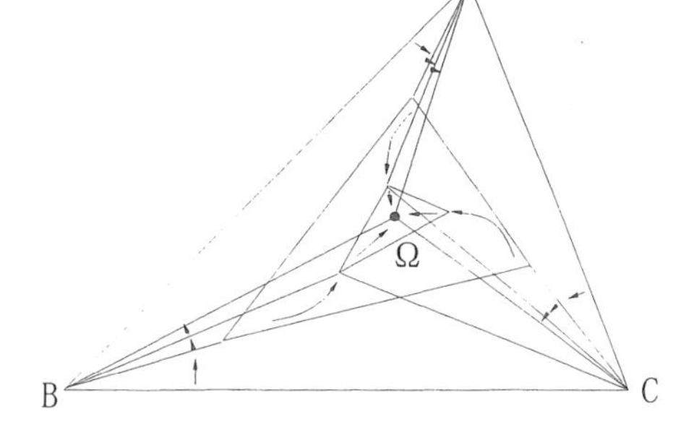

K　分かった．πとπ'の交点がΩだ．

J　A, Cを通りABに接する円は1つ．それがπ．A，Bを通りBCに接する円も1つ．それがπ'．πとπ'の交点はA以外には1つしかない．だからΩは一つあって一つに限る．

K　ハハァー，一つあって一つに限るか．

J　何がおかしい．

K　数学は好きですね．一つあって一つに限る，というのが．

J　好き嫌いの問題じゃない．もちろん気取っているわけでもない．論理の問題なのです．一つ存在の証明は「少なくとも1つは存在する」の証明と「2つ以上は存在しない」ことの証明とに分ける．こうすると証明は明確で，その上分かり易いことが多いのですよ．

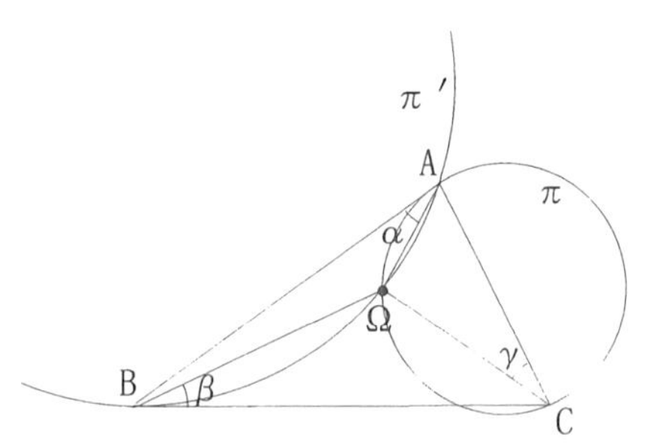

K　証明と関係があるとは知らなかった．

J　話を作図に戻す．存在不明のものを存在すると仮定し，そ

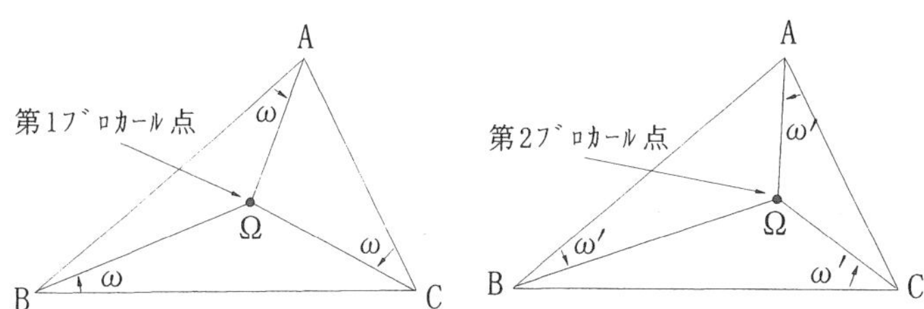

の仮定を用いて作図の方法を発見する．これは人間の考え出した偉大なる問題の解決法で解析法というのです．

K　僕には偉大さがのみ込めない．

J　水と平和のようなものよ．有難いものは日常化して，気付かないものなのだ．君が常に用いる方程式……未知数を x で表わせばとやるでしょうが．

K　そう云われると弱い．未知のものを x とするか．なるほど存在不明のものを x としているわけだ．

J　話をブロカール点に戻そうよ．ブロカール点は２つある．角のとり方によつて．先に求めたのはΩから出発してA，Bの順に回ると角が左側にある．見方をかえれば角BAΩは正の角……それで正のブロカール点ということがある，

K　じゃ，あとから見付けたのは負のブロカール点ですね．

J　第１ブロカール点，第２ブロカール点ということもあるようです．

K　２つの点は等角共役点ですね，

J　よいことに気付いた．一卵性双生児というところでしょうか．

ブロカール角を求める

K　等しい角 ω を求める式を知りたい．

J　ω のことはブロカール角というのです．ω を求める公式を発見しようか．

K　難問のようですね．

J　はじめに行動ありきで行きたい．使うとすれば正弦定理か．

K　３つの三角形 ABΩ， BCΩ， CAΩ に正弦定理をあてはめると

$$\frac{\mathrm{A\Omega}}{\mathrm{B\Omega}}=\frac{\sin(B-\omega)}{\sin\omega} \quad ①$$

$$\frac{\mathrm{B\Omega}}{\mathrm{C\Omega}}=\frac{\sin(C-\omega)}{\sin\omega} \quad ②$$

$$\frac{\mathrm{C\Omega}}{\mathrm{A\Omega}}=\frac{\sin(A-\omega)}{\sin\omega} \quad ③$$

３つの式をかけると左辺は１になる．

$$\sin(A-\omega)\sin(B-\omega)\sin(C-\omega)=\sin^3\omega$$

ω の方程式ですよ．これを解けばよい．

J　形は対称式で美しい．しかし，３次ではね．簡単に解けそうもない．次数の低いものをねらってはどうか．形はくずれても次数が低ければ変形も楽．

K　見つけたよ．もとの三角形に正弦定理を用いると

$$\frac{\mathrm{AB}}{\mathrm{BC}}=\frac{\sin C}{\sin A}$$

三角形 ABΩ と BCΩ にもう一度正弦定理を用いると

$$\frac{\mathrm{B\Omega}}{\mathrm{AB}}=\frac{\sin\omega}{\sin B},\quad \frac{\mathrm{BC}}{\mathrm{B\Omega}}=\frac{\sin C}{\sin(C-\omega)}$$

これも３つの式をかけると左辺は１です．

$$1=\frac{\sin^2 C\sin\omega}{\sin A\sin B\sin(C-\omega)}$$

J　すごい． $\sin\omega$ と $\cos\omega$ の１次式ですね．

K　$\sin(C-\omega)$ を加法定理で展開すると， $\sin\omega$ と $\cos\omega$ が分離されて

$$\frac{\cos\omega}{\sin\omega}=\frac{\sin C}{\sin A\sin B}+\frac{\cos C}{\sin C}$$

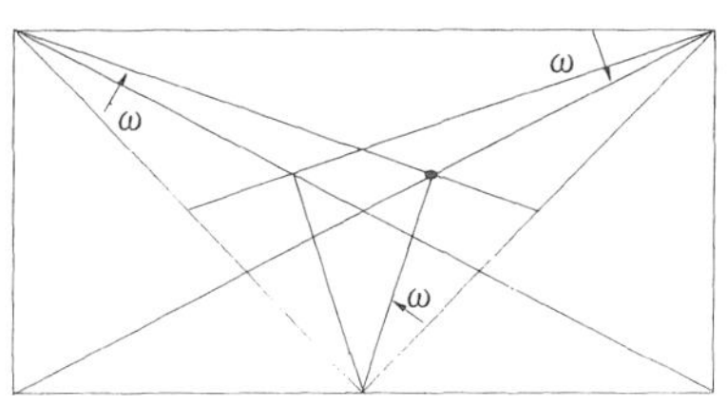

分子の $\sin C=\sin(A+B)$ を展開して

$$\cot\omega=\cot A+\cot B+\cot C$$

不思議な関係です.

J　単純明解で美しい．早速，直角二等辺三角形にあてはめてみる.

$$\cot\omega=2\cot 45^\circ+\cot 90^\circ=2$$

直角の２辺の比が１対２の直角三角形の最小の角が ω ですね．補助線をひいたらこんな図になった.

K　次回が楽しみ.

12. 角の２等分線の思い出

Ｊ　幾何にも忘れがたい問題があるね．

Ｋ　泣かされた難問でしょう．

Ｊ　自力及ばず，参考書に赤線を引きつつ読み返したのが忘れられない．

Ｋ　そんな問題，いまは姿を消した．

Ｊ　いや，いまも元気ですよ．

Ｋ　それ，どんな問題ですか．

Ｊ　三角形の角の２等分線…「２辺が等しいならばそれに対する角の２等分線も等しい．」はやさしい．しかし，２辺が等しくないときが問題なのだ．平たくいえば，辺が大きければそれに対する角の２等分線は小さいということ．

> 問題　△ABC の角 B，C の２等分線が対辺と交わる点を D，E とするとき，$AB > AC$ ならば $BD > CE$

Ｋ　そんなのわけないよ．角の２等分線の長さを求め，差をとればよい．

Ｊ　きみは解析派だから，すぐそんなことをいうが，その計算は大変だ．それに幾何の問題には「みだりに代数計算を用いるべからず」という暗黙の掟らしいものがあった．

Ｋ　そんな不文律いまはどうでもよい．

Ｊ　いや，そうでもないよ．限られた数学の分野で解いてみることは，その分野の個性を知ることにもなるよ．ルールのない競技はないからな．

Ｋ　なるほど，そういう見方はあってもよいですね．

Ｊ　幾何の好きな者は幾何の問題は幾何で解いてみたいと思う．この心情も無視できないよ．ぼくもその一人で昔は頑張った．寝た子を起こすようなものですが，思い出してみる．大小を比べる線分は一端を合わせて三角形を作ってみるのが幾何の常道．CE をずらして DF に移す．平行四辺形 ECDF を作るのと同じこと．△BDF で BD は DF より大きいことをいいたい．それには ∠DFB が ∠DBF より大きいことをいえばよい．この２角を直接比べるのは無理．

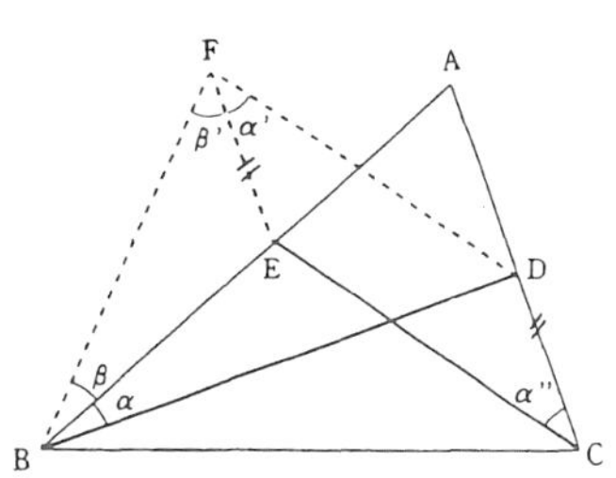

２つに分解してみるか．α と β，α' と β' とに．

K　α' は α'' に等しい．α と α'' は∠B と∠C の半分．この大小は簡単に分かる．

$$\mathrm{AB} > \mathrm{AC} \to \angle \mathrm{C} > \angle \mathrm{B}$$
$$\to \alpha'' > \alpha \to \alpha' > \alpha$$

J　問題なのは β と β' の大小関係…辺の大小関係に戻れば BE と EF の大小関係．EF は CD に等しいから BE と CD の大小関係．

K　この大小関係ならぼくの得意なもの．長さを求めてみればよい．角の２等分線は対辺を，角の２辺の比に分けるから

$$\mathrm{BE} = \frac{ac}{a+b},\quad \mathrm{CD} = \frac{ab}{a+c}$$

差をとって，

$$\mathrm{BE} - \mathrm{CD} = \frac{a(a+b+c)(c-b)}{(a+b)(a+c)}$$

$c > b$ だから BE > CD．

J　やっぱり，きみは解析派ですね．計算が好きだ．ぼくなら差をとる前に，一応大小を調べるよ．分数は分子が大きく分母が小さいほど大きい．

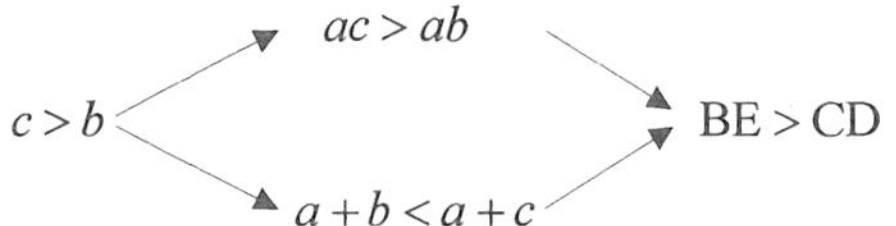

これを式を眺めて見分ける．

K　さすが直感派．まいったよ．

J　おかげでどうにか解けた．BE > CD から $\beta' > \beta$，それに $\alpha' > \alpha$ は分かっているから

$$\alpha' + \beta' > \alpha + \beta \qquad \text{BD} > \text{DF}$$

昔苦労した補助線の残像の助けもあって，どうにか解けた．いまも難問であることに変わりはない．

K　長さを求めれば簡単なのに．

J　ぼくはやったことがない．

K　じゃ，ぼくがやってみる．BD $= x$ とおく．

$$\triangle\text{ABD} + \triangle\text{BDC} = \triangle\text{ABC}$$

$$\frac{1}{2}cx\sin\frac{B}{2} + \frac{1}{2}ax\sin\frac{B}{2} = \frac{1}{2}ac\sin B$$

$\sin B = 2\sin\dfrac{B}{2}\cos\dfrac{B}{2}$ を用いて

$$x = \frac{2ac}{a+c}\cos\frac{B}{2}$$

J　定石どうりの解き方ですね．

K　この定石が最高．これから先も….

$$\begin{aligned} x^2 &= \frac{4a^2c^2}{(a+c)^2}(1+\cos B) \\ &= \frac{4a^2c^2}{(a+c)^2}\left(1 + \frac{a^2+c^2-b^2}{2ac}\right) \\ &= \frac{2ac(a+b+c)(a+c-b)}{(a+c)^2} \end{aligned}$$

$\mathrm{CE}=y$ とおくと y^2 は上の式の b，c を入れかえて，

$$y^2=\frac{2ab(a+b+c)(a+b-c)}{(a+b)^2}$$
$$x^2-y^2=\frac{2a(a+b+c)}{(a+c)^2(a+b)^2}\{\quad\}$$

$\{\quad\}$ の中は別にやります．

$$\begin{aligned}&c(a+b)^2(a+b-c)-b(a+c)^2(a+b-c)\\&=\{a(a+b)(a+c)+bc(2a+b+c)\}(c-b)\end{aligned}$$

$c>b$ だから $x>y$．

J　いや，ご苦労．さすが解析派だけのことはある．ぼくなら途中であきらめそう．その代わり，踏みとどまって考える．平方する前に

$$x=\frac{2ac}{a+c}\cos\frac{B}{2},\quad y=\frac{2ab}{a+b}\cos\frac{C}{2}$$

ここで大小を比べてみる．

$$c>b\to\frac{B}{2}<\frac{C}{2}\to\cos\frac{B}{2}>\cos\frac{C}{2}$$
$$\frac{c}{a+c}=1-\frac{a}{a+c},\quad\frac{b}{a+b}=1-\frac{a}{a+b}$$
$$c>b\to\frac{a}{a+c}<\frac{a}{a+b}\to1-\frac{a}{a+c}>1-\frac{a}{a+b}$$

$x>y$ が分かつた．これで万事終わり．

K　いや脱帽．幾何派の直観力は見上げたもの．

×　　　　×

J　面積を用いるアイデアは幾何の補助線に似てますね．気づけばズバリ，気づかねばそれまで．こういうのは苦手の数学者もおる．ある本では三角法に頼り苦労していた．$\triangle\mathrm{DBC}$ に正弦定理をあてはめると，

$$x = \frac{a\sin C}{\sin\left(A + \frac{B}{2}\right)}$$

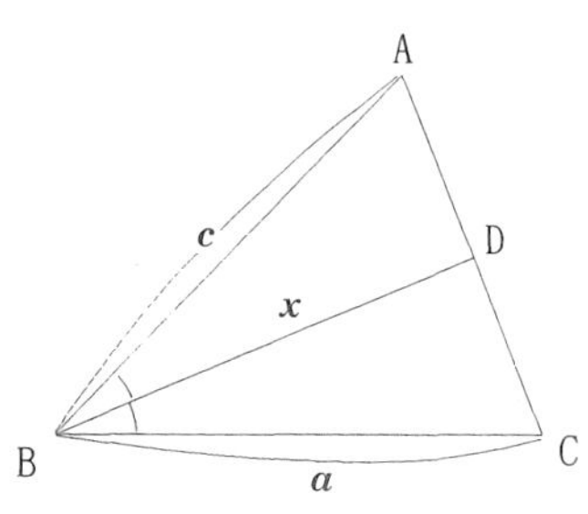

ここで分母に加法定理を用いたくなるが，それをやれば複雑になるばかりで四苦八苦.

K　分かった. 分子分母に $\cos\frac{B}{2}$ をかけ積を和の形に変える.

$$x = \frac{2a\sin C\cos\frac{B}{2}}{2\sin\left(A + \frac{B}{2}\right)\cos\frac{B}{2}}$$

$$= \frac{2a\sin C\cos\frac{B}{2}}{\sin(A+B) + \sin A}$$

$\sin(A+B)$ は $\sin C$ に等しい. 正弦定理で $\sin A$，$\sin C$ は a，c に変えられる.

$$x = \frac{2ac}{c+a}\cos\frac{B}{2}$$

J　ほほう. 面積を用いた場合と同じものになった. それにしても，分子分母に $\cos\frac{B}{2}$ をかける着想は唐突. タネがありそう.

K　それは秘密です.

×　　　×

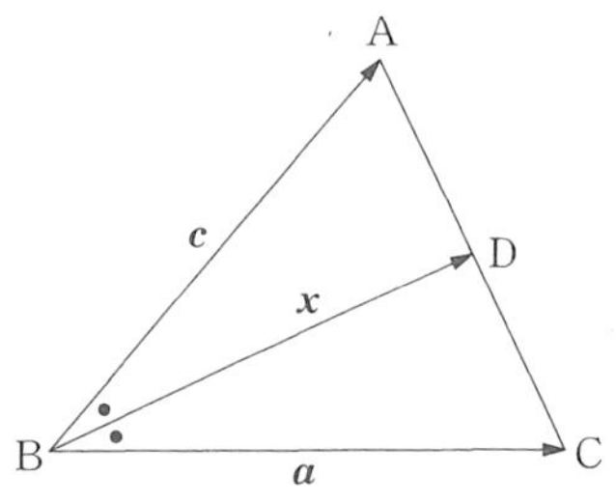

J　最近は三角関数よりベクトルや行列の得意な学生が多くなった. それなのにベクトルによる解を見たことがな

い．

K　角の２等分線の長さをベクトルで？

J　そう．

K　できますかね．

J　できるでしょう．ベクトルに内積があれば，それくらいの能力はある．

$$\overrightarrow{\mathrm{BC}} = \boldsymbol{a},\ \overrightarrow{\mathrm{BA}} = \boldsymbol{c},\ \overrightarrow{\mathrm{BD}} = \boldsymbol{x}$$

とおく．D は AC を $a : c$ に分けるから

$$\boldsymbol{x} = \frac{a\boldsymbol{c} + c\boldsymbol{a}}{a + c}$$

$\boldsymbol{a}$，$\boldsymbol{c}$ の内積は $\boldsymbol{a} \cdot \boldsymbol{c}$ で，$\boldsymbol{a} \cdot \boldsymbol{a}$ は $\boldsymbol{a}^2$ と表すことにして，平方すると，

$$\boldsymbol{x}^2 = \frac{a^2\boldsymbol{c}^2 + c^2\boldsymbol{a}^2 + 2ac\boldsymbol{a} \cdot \boldsymbol{c}}{(a+c)^2}$$

BD $= x$ と表すと，

$$x^2 = \frac{2a^2c^2 + 2ac\boldsymbol{c} \cdot \boldsymbol{a}}{(a+c)^2}$$

K　内積が残った．内積の定義で $\boldsymbol{a} \cdot \boldsymbol{c}$ を $ac\cos A$ で置き換えたのでは三角法に戻る．

J　その必要はない．$\overrightarrow{\mathrm{CA}} = \boldsymbol{b}$ とおくと，

$$\boldsymbol{b} = \boldsymbol{a} - \boldsymbol{c} \to \boldsymbol{b}^2 = \boldsymbol{a}^2 + \boldsymbol{c}^2 - 2\boldsymbol{c} \cdot \boldsymbol{a}$$

$$2\boldsymbol{c} \cdot \boldsymbol{a} = a^2 + c^2 - b^2$$

$$x^2 = \frac{ac(2ac + a^2 + c^2 - b^2)}{(a+c)^2}$$

K　すなおな解き方ですね．おかげで，角の２等分線を指導するのが楽しくなった．

J　一を知って一を教えるのは下，十を知って一を教えるのが理想というじゃない．また会いましょう．

13. 6点円はあるのか

K　9点円はあるのに6点円はないですね.

J　6点円？それなんですか.

K　6点を通る円のことですよ.

J　なんだ. 君の創作か. そんなならそれらしく説明しなくちゃ.

K　前例があるから, いいじゃない.

J　あれはね. 固有名詞ですよ. 9点円は三角形に一つしかない. だから…それに偉い数学者がつけた.

K　へえ. そんなもんですか. しょうがない. 3点を通る円を**3点円**, 4点を通る円は**4点円**, 6点を通る円は**6点円**ということにしよう.

J　残念ながらここだけの話ですよ.

K　ここだけの造語で…3点円はありすぎる. 4点円は幾何の問題の花形. だが, 5点円, 6点円は見たことがない. 急にとんで9点円じゃ納得がいかないよ.

J　妙なこと気にするな, 君のことなど考えていない. でも僕は友人だ. 探してみるか.

K　頼りになるよ.

J　これにはな. 一般化のルートが2つありそうです.

K　それ, どういう意味.

J　一般化は…君がなじみの9点円を一般化するコース. あの図をじっと見てごらん. 9点円ではあるが, 三角形の辺上にあるのは6点で, あとは遠慮しながら参加している感じ.

K　なるほど, そういわれてみるとそう見える. 6点が主役で, 3点は脇役. 脇役は消そうか.

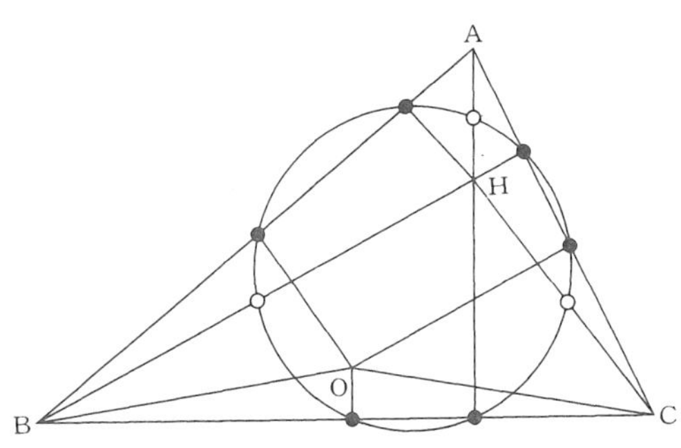

J　完全に抹殺とはひどい．かすかに残そうよ．

K　そうか．黒丸は白丸にかえる．

J　黒丸のうちの３点は外心Ｏから辺に下ろした垂線の足で，残りの３点は垂心から辺に下ろした垂線の足．

K　なるほど．

J　それに，外心と垂心は親しい仲．

K　５心は同じ仲間じゃないの．どうして外心と垂心だけが．

J　弱ったね．秘密を暴くのはつらいが，君には特別か．ここだけの話ということにして….外心と頂点を結んでごらん．

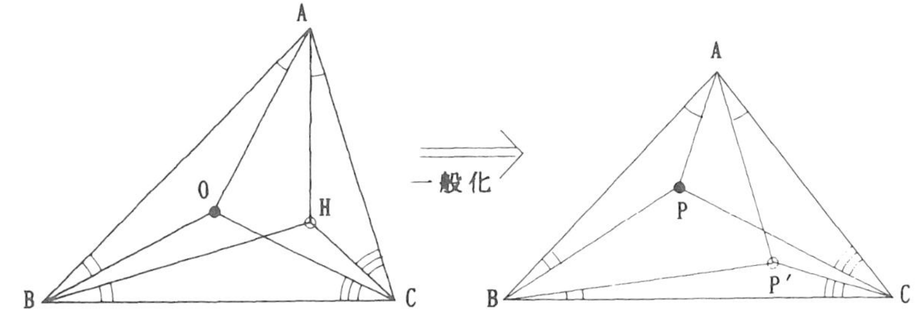

K　承知．こうですね．

J　見る目があれば見えるものがある．頂点のところの角が….

K　２つづつ等しいですね．

J　そう．その着眼が重要．外心と垂心は等角共役点なのだ．

K　聞いたことがある名ですね．

J　外心と垂心の関係とは限らない．一般に，２点 P，P′ を三角形 ABC の頂点と結んだとき角が等しくなったら，P と P′ は等角共役点であるというのです．

K　そんな関係の２点はたくさんあるじゃない．P を勝手に選んで，なかまの P′ をかけばいい．分かった！だから一般化….

J　そう．君も見捨てたものじゃないね．

K　自信がつくよ．君の一般化を見抜いたぞ．待望の6点円．P，P′から辺に下ろした垂線の足が同じ円の上にあるのでしょう．

J　そのものズバリ．まとめておく．証明を頼む．6点一気に共円は無理．4点の共円から．

K　4点M, M′, N, N′一の共円から始める．

> **定理**　△ABCの等角共役点P，P′から3辺BC，CA，BAに下ろした垂線の足L, L′; M, M′; N, N′は一つの円周上にある．

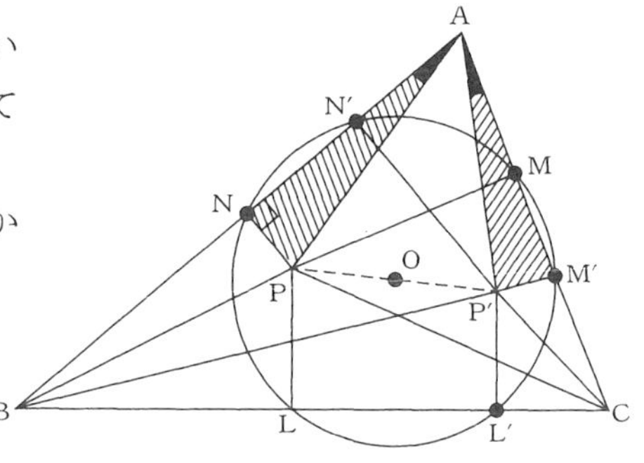

J　この図には相似な三角形がいっぱい．お役に立ちたいと待っているよ．

K　△AP′N′と△APMは相似だから

$$AP' : AP = AN' : AM$$

また

△A′P′M′と△APNは相似だから

$$AM' : AN = AP' : AP$$

この2式から $AM' : AN = AN' : AM$

$$AM \cdot AM' = AN \cdot AN'$$

4点M, M′; N, N′は同じ円周上にある．あとは同様で，N, N′,; L, L′も同じ円上にある．よって6点は同じ円周上にある．

J　ちょっと待った．そんな推論は初耳ですぞ．2つの円は3点共有なら一致するが，2点共有ではね．

K　失敗．猿も木から落ちるというからな．

J　それはこっちが言うことよ．

K　さて，弱った．次の手が見えない．

J　円の中心に目をつけてはどうか．弦LL′, MM′, NN′ の垂直二等分線の交わるところ….

K　分った．PP′ の中点が２円に共通の中心……なんだ……同心円か．同心円なら２点共有でも……いや１点共有でも一致する．

J　２円が一致することを，こんな方法で導くのは珍しいね．

K　６点円はこのほかにも？

J　ポピュラーなのはこれぐらい．６点円の代表みたいなもの．等角共役円という名もある．このほかはどういうわけか類似重心と関係が深い．

K　類似重心？初耳です．

J　じや，次の機会に．僕も勉強しておくよ．

K　はじめの予告じゃ，一般化のルートは２つとか．もう１つは？

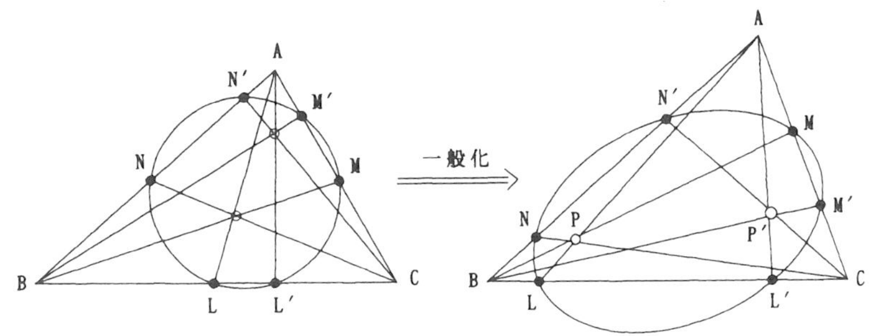

J　それは９点円の図から角抜きです．

K　角抜き？それどういうこと．

J　角の大きさは考えない．注目するのは直線の交わり．直角の印は消す．垂心では垂線のみ残し，辺の中点では中線のみ残す．円も一般化する．

K　円の一般化は楕円？

J　いや，もっと一般化して２次曲線．

K　何んのことか，さっぱり．

J　まとめるとこうなる．

定理２　△ABC の頂点を任意の２点 P, P′ と結んだ直線が対辺と交わへる点を L, L′ ; M, M′ ; N, N′ とすれば，これらの６点は一つの２次曲線上にある．

K　これは面白い．完全に角抜きですね．

J　線分の長さもないですよ．もっと一般化すれば有名なカルノーの定理になるが，話が６点円からそれる．

K　次回を楽しみにしておるよ．

14. 閉形定理の元祖

簡単な実験を試みてほしい．1つの円Iをかき，それに外接する三角形ABCをかく．さらにその三角形に外接する円Oをかく．

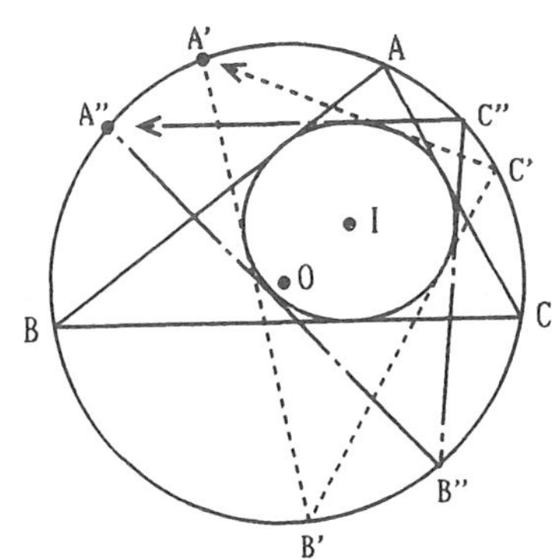

この図で，円O上の1点A′から出発して，円Iに接線A′B′をひき，B′から接線B′C′をひく．さらにC′から接線をひくと，その接線はA′を通る．おや，不思議，念のため，もう一度というわけで，円O上に点A″をとり，同様のことを試みても，最後の接線はA″を通る．円Iに外接し，円Oに内接する三角形は無数にあるらしい．

同様のことは四角形でも成り立つのではないか，と期待しつつ，次の実験へ．1つの円Iをかき，それに外接四角形ABCDをかく．さらに，その四角形に外接する円Oを…？円は3点で定まるから，四角形に外接する円があるとは限らない．外接円があるのは対角が補角をなすときに限る．したがって，あらかじめ，∠Bは∠Aの補角になるようにかいておかねばならない．その作図は，ちょっとした工夫で可能．外接円Oができたら，その上に任意の点A′をとり，A′から円Iに接線A′B′をひき，B′から接線B′C′を，C′から接線C′D′を……最後にD′から接線をひくと，その接線はA′を通るらしい．

さらに五角形で……と行きたいところであるが，１つの円に外接し，他の円に内接する五角形の作図には自信がなく，あきらめざるを得ない．

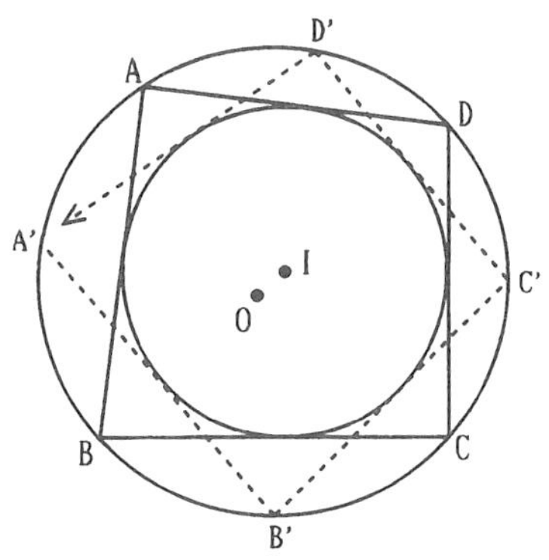

× ×

以上で知った三角形と四角形の性質は閉形問題，あるいは閉形定理と称するもので，多角形一般に拡張できる．さらに円は２次曲線にかえても成立することが知られている．２つの円または２次曲線の間に閉じ込められた多角形は閉形多角形という．一般の場合の証明は困難であるから，ここでは三角形と四角形の場合の証明を試みる．その準備として，２つの円の関係を導かねばならない．

三角形の外接円と内接円

予備定理（１）

三角形の外接円および内接円の半径をそれぞれ R，r とし，その中心間の距離を d とすれば

$$R^2 - d^2 = 2Rr$$

である．（Euler の定理）

証明はいろいろあるが，予備知識の少ない古典幾何の方法を選ぶ．

三角形 ABC の外接円の中心を O，内接円の中心を I とし，AI の延長が外接円と交わる点を D とする．$R^2 - d^2$ は点 I の外接円に関する方べきであるから

$$\mathrm{IA} \cdot \mathrm{ID} = R^2 - d^2 \quad ①$$

次に DO の延長が外接円と交わる点を E, 内接円が辺 AB に接する点を F

とすると，２つの三角形 AFI と EBD において

$$\angle \mathrm{AFI} = \angle \mathrm{EBD} = 90^\circ$$
$$\angle \mathrm{IAF} = \angle \mathrm{DEB}$$

よって $\triangle \mathrm{AFI} \backsim \triangle \mathrm{EBD}$

$$\mathrm{IA} : \mathrm{FI} = \mathrm{DE} : \mathrm{DB}$$
$$\mathrm{IA} \cdot \mathrm{DB} = \mathrm{FI} \cdot \mathrm{DE} = 2Rr \qquad ②$$

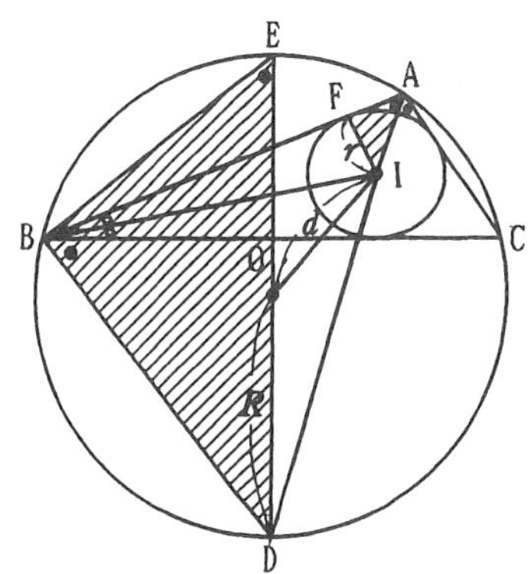

①と②をくらべてみよ．$\mathrm{DI} = \mathrm{DB}$ を示せば目標の等式が得られる．

$\triangle \mathrm{DIB}$ において

$$\angle \mathrm{DIB} = \angle \mathrm{IAB} + \angle \mathrm{IBA} = \frac{A+B}{2}$$
$$\angle \mathrm{DBI} = \angle \mathrm{DBC} + \angle \mathrm{CBI} = \frac{A+B}{2}$$

ゆえに　$\angle \mathrm{DIB} = \angle \mathrm{DBI}$，$\mathrm{DI} = \mathrm{DB}$

①と②から $R^2 - d^2 = 2Rr$

三角形の閉形定理の証明

三角形 ABC の外接円 O の半径を R，内接円 I の半径を r，２円の中心間の距離を d とする．円 O 上の１点 A′ から，I を中心とする半径 r' の円に２つの接線をひいて円 O との交点を B′, C′ とする．B′C′ は円 (I, r') に交わることも，交わらないこともあるが，r' を増減させれば，B′C′ にぴったり接するときがある．そのときの半径を r_0 とすれば，オイラーの定理により

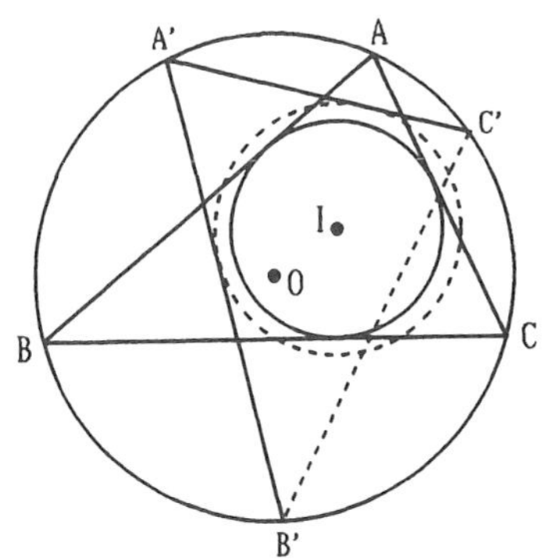

$$R^2 - d^2 = 2Rr_0$$

ところが，はじめの三角形においてもオイラーの定理により

$$R^2 - d^2 = 2Rr$$

したがって

$$r_0 = r$$

となり，三角形 A′B′C′ も円 (I, r) に内接し，円 (O, R) に外接する．

四角形の外接円と内接円

予備定理（２）
　四角形の外接円および内接円の半径をそれぞれ R，r とし，その中心間の距離を d とすれば

$$(R^2 - d^2)^2 = 2(R^2 + d^2)r^2$$

である．（Fuss の定理）

　四角形を ABCD とし，その外接円の中心を O，内接円の中心を I とする．AI と CI の延長が外接円と交わる点をそれぞれ A′, C′ とすれば

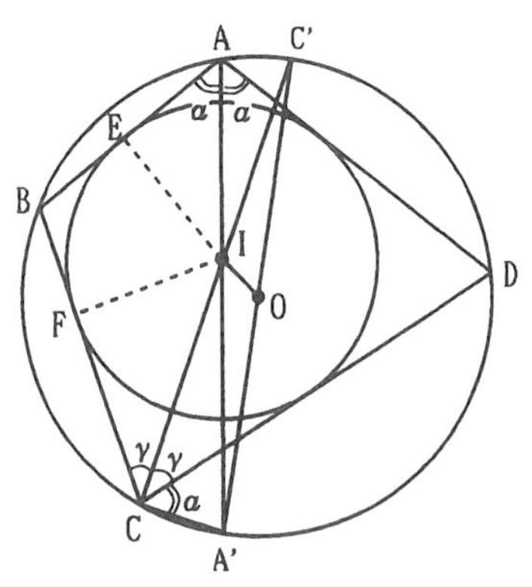

$$\mathrm{AI} \cdot \mathrm{A'I} = R^2 - d^2$$
$$\mathrm{CI} \cdot \mathrm{C'I} = R^2 - d^2$$

　四角形 ABCD の $\angle\mathrm{BAD} = 2\alpha$，$\angle\mathrm{BCD} = 2\gamma$ とおくと，図の直角三角形 AIE と CIF とから

$$\mathrm{AI} = \frac{r}{\sin\alpha},\quad \mathrm{CI} = \frac{r}{\sin\gamma}$$

これを先の２式に代入して

$$\mathrm{A'I} = \frac{(R^2 - d^2)}{r}\sin\alpha,\quad \mathrm{C'I} = \frac{(R^2 - d^2)}{r}\sin\gamma$$

次に $\angle \mathrm{A'CC'} = \alpha + \gamma = 90^\circ$ であるから，A′C′ は円 O の直径であって，O を通る．したがって △IA′C′ に中線平方の定理をあてはめると

$$\mathrm{A'I}^2 + \mathrm{C'I}^2 = 2(\mathrm{OA}^2 + \mathrm{OI}^2)$$

これに上の２式を代入すれば

$$\frac{(R^2 - d^2)^2}{r^2}(\sin^2\alpha + \sin^2 r) = 2(R^2 + d^2)$$

$\alpha + \gamma = 90^\circ$ であるから

$$\sin^2\alpha + \sin^2\gamma = \sin^2\alpha + \cos^2\alpha = 1$$

よって

$$(R^2 - d^2)^2 = 2(R^2 + d^2)r^2$$

×　　　　　×

予備定理の等式をみると，三角形の場合と四角形の場合とでは次数はもちろんのこと式の形にも類似な点が少ない．しかし，２式を次のように書きかえてみると，親近感を多少は増すであろう．

Euler の定理　$\dfrac{1}{R+d} + \dfrac{1}{R-d} = \dfrac{1}{r}$

Fuss の定理　$\dfrac{1}{(R+d)^2} + \dfrac{1}{(R-d)^2} = \dfrac{1}{r^2}$

四角形の閉形定理の証明

三角形の場合と殆ど同じ方法で説明すればよい．

円 (O, R) 上の１点 A′ から，I を中心とする半径 r' の円に２つの接線をひき，円 (O, R) との交点を B′，D′ とする．次に B′ からその円に接線をひき円 (O, R) との交点を C′ とし，C′ と D′ を結ぶ．r' を変化させれば C′D′ は中心 I に近づいたり遠ざかったりするので，ちょうど円 (I, r') に接するときがある．そのときの r' を r_0 とすれば，予備定理（２）によって

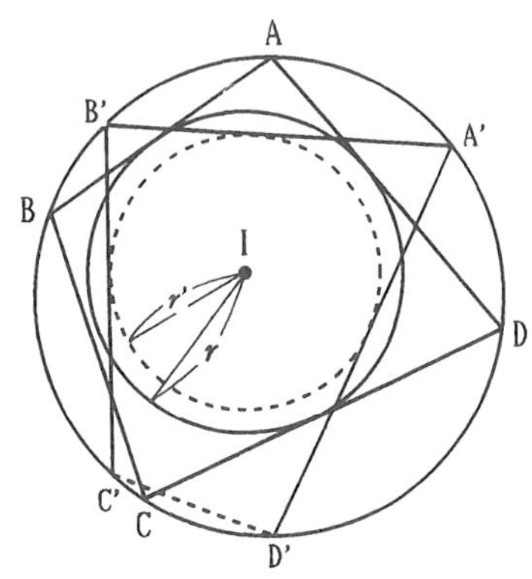

$$(R^2-d^2)^2=2(R^2+d^2)r_0^2$$

一方，もとの四角形でも予備定理（２）は成り立つので

$$r_0=r$$

したがって四角形 A′B′C′D′ は円 (I, r') に外接し，円 (O, R) には内接する．

15. 星形のロマン

砂漠のロマンも悪くないが，星空は一層ロマンにふさわしい．だが，どういうわけか，わが国には星空のロマンの物語は少ない．竹取物語はロマンとはいいがたかろう．宮沢賢治の銀河鉄道も同様である．ところで，星形のロマンとは……いささか，こじつけの感はあるが，星形と整数論との離れがたい縁の物語となろうか．

星形を描いてみよう

星形を描く遊びといえば，円周を等分する点を用意し，一定の間隔で順に結ぶのが普通であろう．最も広く知られているのは，円周を５等分する場合である．

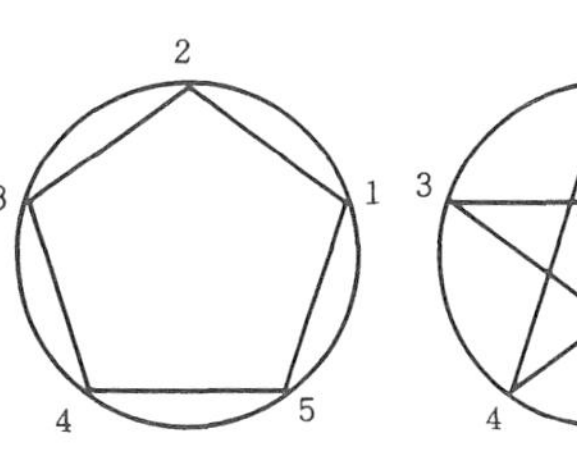

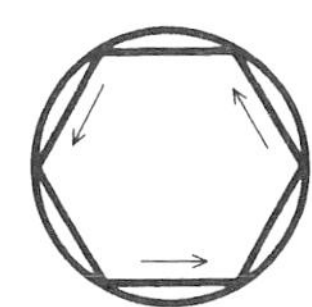

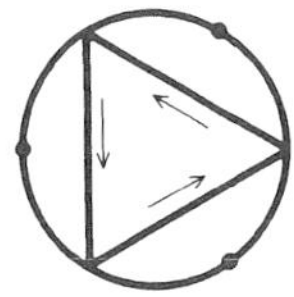

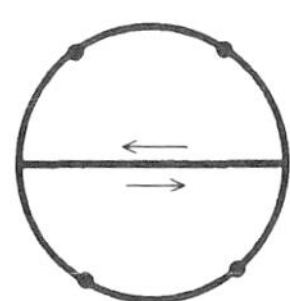

等分された円周の一部分を１区間と呼ぶことにすれば，１区間ごとに結べば正５角形が出来，２区間ごとに結べばお馴みの星形ができる．さらに，３区間ごとに結べば星形になるが，前に作った星形を逆に進むだけで新しいものにはならない．４区間ごとに結んだときも同様で，はじめの正角形を逆にたどったものになる．

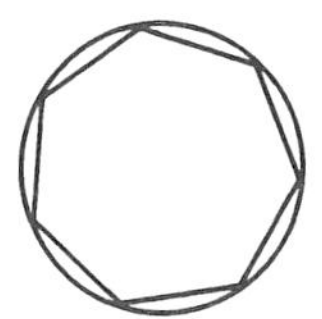

円周を６等分した場合は正６角形，正３角形，正２角形（？）となって期待は裏切られる，

円周の７等分の場合は楽しい．美しい星形が２つ出来る．

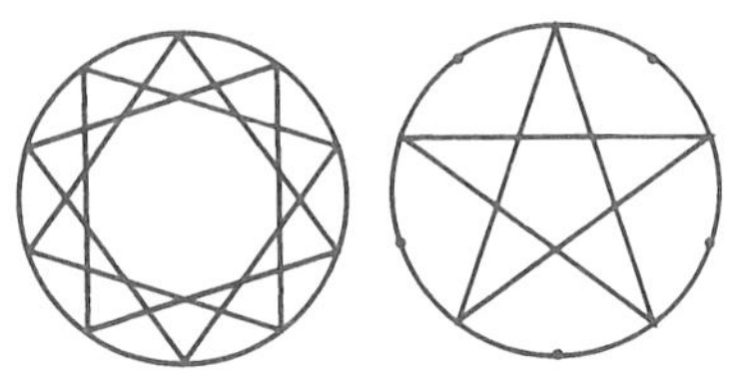

８等分と９等分を飛ばし 10 等分の場合に当ってみよ．区間の飛ばし方は９通りあるが，星形になるのは２通りで，そのうちの１通りは残念ながら５角形で，すでに現れたもの．

遊びほうけているうちに，星形の個数のことが気になってくる．

星形の個数と表記

どんなときに星形が出来るかは，以上の実例からおよそ見当がつくだろう．円周の n 等分点を等間隔に結ぶ方法は，飛ばす間隔の個数を m とすると

$$m=1,\ 2,\ 3,\ \cdots,\ n-1$$

によって $n-1$ 通りになる．これらを区別するために分数 $\dfrac{n}{m}$ を｛　｝でくくった記法

$$\left\{\frac{n}{m}\right\}$$

が考えられた．

この記法で $n=10$ の場合を分類してみると

$$\left\{\frac{10}{1}\right\}=\left\{\frac{10}{9}\right\}\cdots\ \text{正10角形}$$

$$\left\{\frac{10}{2}\right\}=\left\{\frac{10}{8}\right\}=\left\{\frac{5}{1}\right\}=\left\{\frac{5}{4}\right\}\cdots\ \text{正５角形}$$

$$\left\{\frac{10}{3}\right\}=\left\{\frac{10}{7}\right\}\cdots\ \text{星形10角形}$$

$$\left\{\frac{10}{2}\right\}=\left\{\frac{10}{6}\right\}=\left\{\frac{5}{2}\right\}=\left\{\frac{5}{3}\right\}\cdots\ \text{星形５角形}$$

$$\left\{\frac{10}{5}\right\}=\left\{\frac{2}{1}\right\}\cdots$$ 線分（正２角形）

これをみると 10 角形になるのは，既約分数，つまり分子と分母が互に素なる場合に限り，それらのうち星形 10 角形になるのは，分母が１と９にならない場合である．

念のため $n=7$ の場合をみると

$$\left\{\frac{7}{1}\right\}=\left\{\frac{7}{6}\right\}\cdots$$ 正７角形

$$\left\{\frac{7}{2}\right\}=\left\{\frac{7}{5}\right\}\cdots$$ 星形７角形

$$\left\{\frac{7}{3}\right\}=\left\{\frac{7}{4}\right\}\cdots$$ 星形７角形

×　　　　　×

これらの例から星形 n 角形の個数を推測するのはたやすい．

n より小さい正の整数 $1, 2, 3, \cdots, n-1$ のうち n と互に素なるものの個数はオイラーの関数と呼ばれているもので $\varphi(n)$ で表すのが慣用である．この半分が n 角形になる場合で，それから正 n 角形になるものを１つ除けば星形 n 角形になる．したがって，円周の n 等分点から作られる星形 n 角形の数を $f(n)$ で表せば

$$f(n)=\frac{\varphi(n)}{2}-1$$

$\varphi(n)$ を求める公式をご存じの方は多かろう．n を素因数分解したものを

$$n=a^p b^q \cdots$$

とすると

$$\varphi(n)=a^p\left(1-\frac{1}{a}\right)b^q\left(1-\frac{1}{b}\right)\cdots$$

たとえば $n=12=2^2\cdot 3$ のときは

$$\varphi(12)=2^2\left(1-\frac{1}{2}\right)3\left(1-\frac{1}{3}\right)=4$$

したがって星形 12 角形は $\frac{4}{2}-1=1$ 個に過ぎない．図を描いて確めてごらん．

n が素数 p のときは $\varphi(p)=p-1$，したがって星形 p 角形の個数は

$$f(p)=\frac{\varphi(p)}{2}-1=\frac{p-1}{2}-1=\frac{p-3}{2}$$

たとえば $p=11$ のときは $f(11)=4$ となって，等分点の数にくらべて星形の数は多い．

×　　　　×

星形というのは，辺がすべて等しく，隣り合った辺の作る角も等しいから，正多角形に似ており，それを拡張した概念とみることもできる．

広義の正多角形 $\begin{cases}\text{正多角形}\\ \text{星形}\end{cases}$

疑似星形という星形

円周の５等分点を自由に結んでみよ．広義の正多角形のほかに，次の図のように，星形ほどの美しさはないが，辺の中に必ず交わるものが現れる．これらは「星形くずれ」とでも呼びたいものであるが，それでは余りにも俗っぽい，ここでは疑似星形の名を与えておこう．これに対し元の星形は正星形と呼ぶことにする．

5 -①

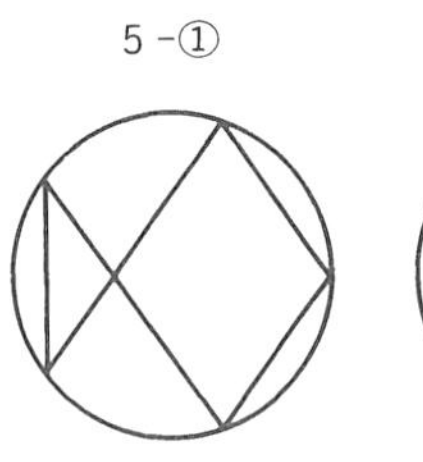

5 -②

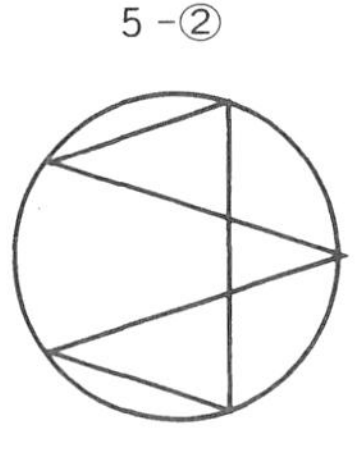

疑似星形の数は５角形では２っに過ぎないが６角形になるとかなり多い．次はその一部分である．

５角形と６角形とで特に変った点はないように見えるが，実は本質的な

違いがある．

５角形の図は１区間$\left(2\pi \times \dfrac{1}{5}\right)$ずつ回転を繰り返すと，形は同じでも位置の異なるものが出来，１周して初めて元の位置に戻る．

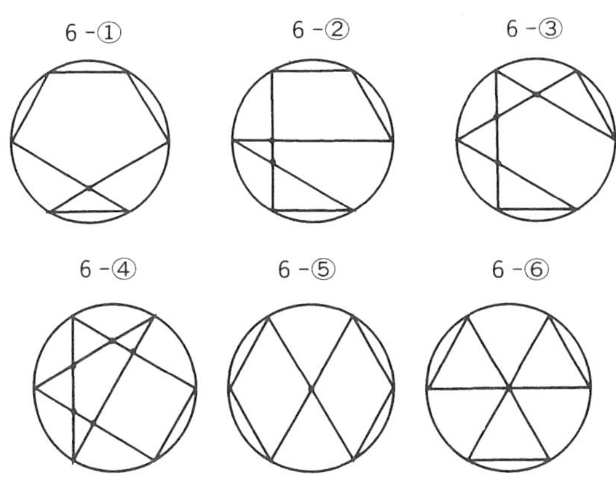

ところが，６角形の図を１区間$\left(2\pi \times \dfrac{1}{6}\right)$ずつ回転を繰り返すと，１周をまたずに元の位置と同じになるものがある．６－⑤と６－⑥をみよ．６－⑥は回転を２回繰り返すだけで元の位置と同じになり，６－⑤は回転を３回繰り返すと元の位置と同じになる．

２つの場合の違いは，５は素数であり，６は合成数であることと深い関係があり，疑似星形の総数の求め方の難易にかかわってくる．

素数の場合が比較的易しく，合成数の場合は難しい．そこで，やむなく，ここでは辺数が素数の場合に限って，総数の求め方を探ってみる．

p 角形の星形の総数

「まず実例より始めよ」が数学の学び方の原則と心得たい．

５角形を例にとる．等分点のどこから描き始めても同じことであるから，出発点を分点１に定め，反時計回りに２，３，４，５と番号をつけ，これと同じ向きに回ることにする．

１から出発して１回目に結ぶ点は２，３，４，５のどれでもよいから４通りある．そのとき，たとえば３と結んだとすると，次に結ぶ点は２，４，５のどれかであるから３通り，以下同様にして，３回目は２通り，４回目は１通り，最後は１に戻るだけ．結局５角形の描き方の総数は

$$4\cdot 3\cdot 2\cdot 1=4\,!=24$$

である．

この 24 通りを漏れなく重複なく求める最良の方法は樹形図の応用であろう．親切過剰の感もあるが，その図を添えておく．

この 24 通りの描き方によって，図のように形または位置の異なる５角形が 12 個出来る．

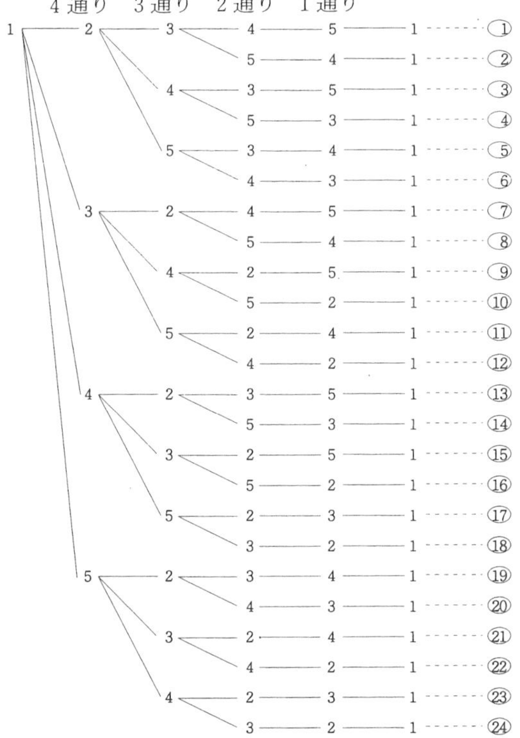

どの図も逆にたどれるので２通りの描き方がある．

正５角形①，⑳と正星形⑩，⑭は形も位置も１通りである．疑似星形は形の異なるもの２通りで，さらに位置の異なるものが５通りずつある．

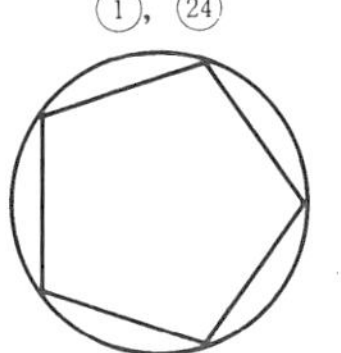

形または位置の異なるもの

$\dfrac{4!}{2}$ 個

そのうち星形（正，疑似）

は $\dfrac{4!}{2}-1$ 個

疑似星形は $\dfrac{4!}{2}-1-1$ 個

形のみ異なる疑似星形は

$\left(\dfrac{4!}{2}-1-1\right)\dfrac{1}{5}$ 個

星形（正，疑似）の総数

$\left(\dfrac{4!}{2}-1-1\right)5+1=3$ 個

×　　　×

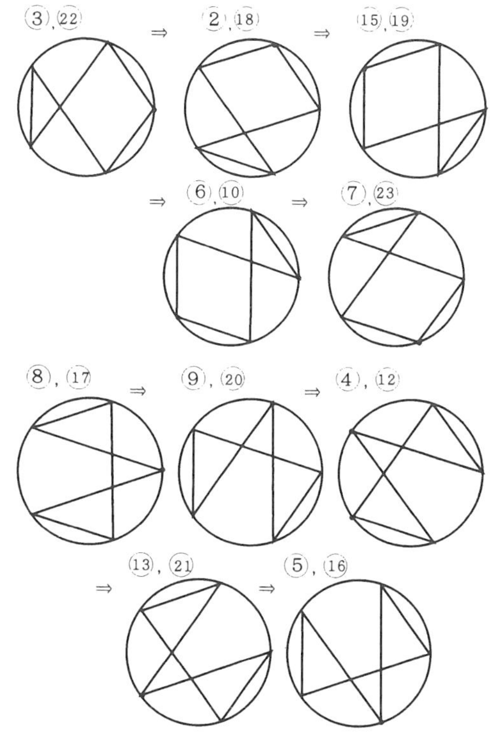

この例を一般化すれば p が素数のときの p 角形の星形の総数 $S(p)$ を求める公式の推定が可能である．

$$S(5)=\left(\frac{4!}{2}-1-1\right)\frac{1}{5}+1$$

$$S(p)=\left\{\frac{(p-1)!}{2}-1-\frac{p-3}{2}\right\}\frac{1}{p}+\frac{p-3}{2}$$

式の中の $\frac{p-3}{2}$ は正星形の数で，すでに求めてある．上の式を書きかえて

$$S(p)=\frac{1}{2}\left\{\frac{(p-1)!+1}{p}+p-4\right\}$$

7角形の星形の総数を求めてみると

$$S(7)=\frac{1}{2}\left\{\frac{6!+1}{7}+7-4\right\}=53$$

予想外の多さに驚く．全図の完成に挑戦する方はいませんか．

× ×

以上の公式の導き方は急所を避けたもので未完の推論である，疑似星形において，形は同じであるが位置の異なるものが必ず p 個あることが証明されていない．もし，p 個より少ないとすると，公式で p で割るところが誤りになる．証明は読者の課題として残そう．

余録－ウイルソンの定理

p が素数のとき $(p-1)!+1$ は p で割り切れるというのが，ウイルソンの定理である．

さて，公式 $S(p)$ を振り返ってみよう．たしかに $(p-1)!+1$ の姿が見える．そこで早速公式を書きかえてみると

$$(p-1)!+1=p\{2S(p)-(p-4)\}$$

となって右辺は p の倍数，したがって左辺は p で割り切れる．

16. 重心座標と五心

重心座標とは何か

平面上の点の位置は平行でない２つのベクトルを用いて表される．これを△ABCにあてはめるときは，頂点のひとつ，たとえばCを原点と考え，２つのベクトル$\overrightarrow{CA}$，$\overrightarrow{CB}$を基本ベクトルと見なし，任意の点Pは

$$\overrightarrow{CP}=x\overrightarrow{CA}+y\overrightarrow{CB}$$

と表す．

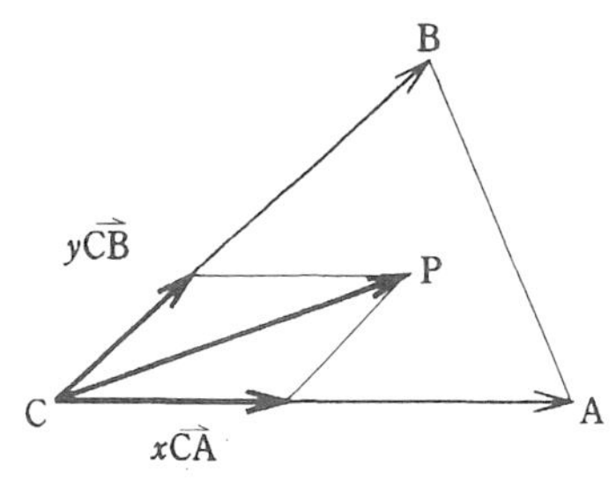

以上の方法はベクトルにふさわしいもので応用も広いが，強いて欠点を挙げれば３点A，B，Cが平等に取扱われていないことである．３角形の性質には３頂点が平等に現れておる，つまり３頂点について対称なものが多い．そこで，当然３頂点について平等な点の位置の定め方が望まれる，この期待に答えるのが，次に明かにする重心座標である．

×　　　×

平面上に３角形ABCがあるとき，原点Oを適当に選び，A，B，Cの位置ベクトルを，$\vec{a}, \vec{b}, \vec{c}$とする．この平面上の任意の点 P の位置座標は$\vec{a}, \vec{b}, \vec{c}$によって，どのように表されるだろうか．

A，Pを通る直線がBCと交わる点をDとすると，Pの位置は次の２つの

比によって定まる.

$$\text{D が BC を分ける比 } m:n$$
$$\text{P が AD を分ける比 } p:q$$

D, P の位置ベクトルをそれぞれ$\vec{d}$, $\vec{x}$とすると

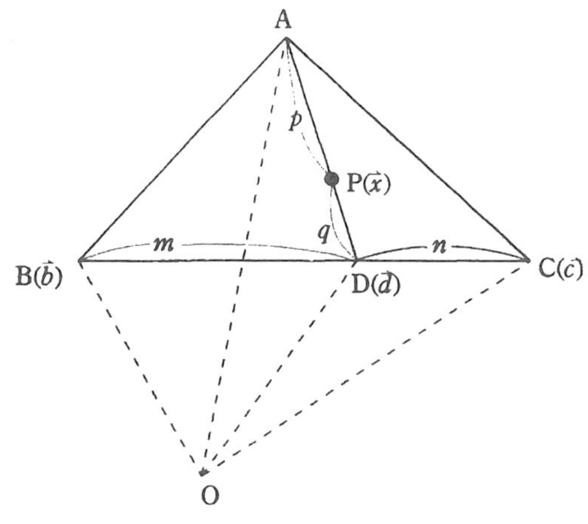

$$\vec{d}=\frac{n\vec{b}+m\vec{c}}{m+n},\quad \vec{x}=\frac{q\vec{a}+p\vec{d}}{p+q}$$

2式から$\vec{d}$を消去して

$$\vec{x}=\frac{q}{p+q}\vec{a}+\frac{pn}{(p+q)(m+n)}\vec{b}+\frac{pm}{(p+q)(m+n)\vec{C}}$$

ここで$\vec{a}$, $\vec{b}$, $\vec{c}$の係数をα, β, γで表すと

$$\begin{cases}\vec{x}=\alpha\vec{a}+\beta\vec{b}+\gamma\vec{c}\\ \alpha+\beta+\gamma=1\end{cases}\qquad (*)$$

重要なのはこの逆，式から P の位置をどう読みとるかである.

定理１　３点 $A(\vec{a})$, $B(\vec{b})$, $C(\vec{c})$ を頂点とする三角形の平面上の点 $P(\vec{x})$ が前の式（＊））で表わされるとする．直線 AP が BC と交わる点を L とすれば，L は線分 BC を $\gamma:\beta$ に分け，P は線分 AL を $\beta+\gamma:\alpha$ に分ける．

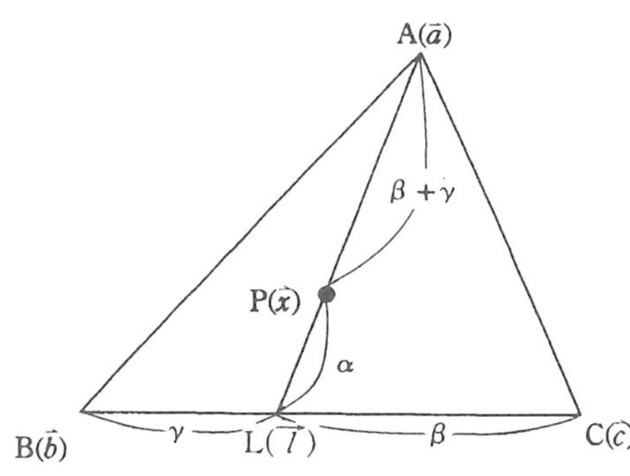

定理の内容も証明も重要である．特に式を次のように変えるところに注目されたい．

$$\vec{x}=\alpha\vec{a}+(\beta+\gamma)\frac{\beta\vec{b}+\gamma\vec{c}}{\beta+\gamma}$$

ここで $\vec{l}=\dfrac{\beta\vec{b}+\gamma\vec{c}}{\beta+\gamma}$ とおいてみよ．式から明かに点 L($\vec{\gamma}$) は BC を $\gamma:\beta$ に分ける点である．さらに

$$\vec{x}=\alpha\vec{a}+(\beta+\gamma)\vec{l}$$
$$\alpha+(\beta+\gamma)=1$$

から点 P($\vec{x}$) は AL を $\beta+\gamma:\alpha$ に分ける点である．

×　　　×

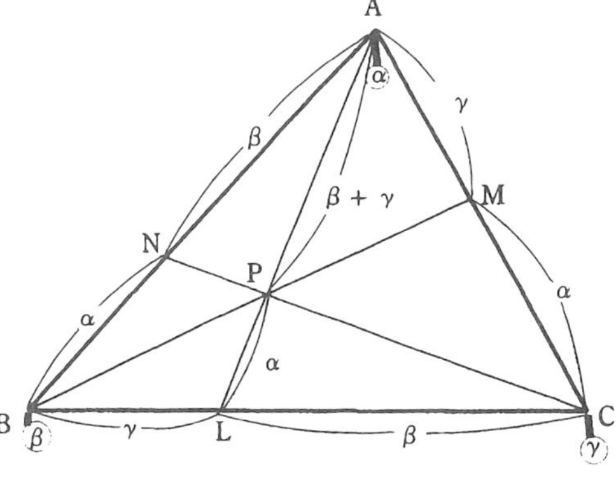

BP が CA と交わる点を M，CP が AB と交わる点を N とすると，定理１と同様にして

M は CA を $\alpha:\gamma$ に分け，N は AB を $\beta:\alpha$ に分ける．比のとり方を間違い

がちであるが，質量をつけた質点とみると分りやすい．

3点 A，B，C にそれぞれ質量 α, β, γ をつけてみよ．L は質点 B，C の重心で，BC を質量 β, γ の順序を入れかえて作った比 $\gamma : \beta$ に分ける．

次に L を質量 $\beta+\gamma$ を持つ質点とみると，P は質点 A，L の重心で，AL を $\beta+\gamma : \alpha$ に分けることも了解されよう．

×　　　　　　　　　　　　×

点 $\mathrm{P}(\vec{x})$ の位置は（＊）によって与えられるので，これを P の**重心座標**または**3点座標**と呼んでいる．

重心座標のベクトルは3数 α, β, γ の比によって定まるので $\alpha : \beta : \gamma$ で表すこともできる．もっと省略し (α, β, γ) と表すこともある．

平面は3直線 BC，CA，AB によって7つの領域に分割される．P がこれらの領域のいずれに属するかは α, β, γ の符号によって定まる．

P が3角形の内部にあるのは α, β, γ がすべて正の場合で，図では（＋＋＋）と表してある．その他も同様．直線上の場合は読者におまかせ．

P を原点にとれば

P 自身を原点に選んだとすると，P の位置ベクトルは $\vec{0}$ であるから（＊）の式は無用の長物となりそう．いや，そうではない．等式

$$\alpha\vec{a}+\beta\vec{b}+\gamma\vec{c}=\vec{0} \qquad (＊＊)$$

が生き残って，3つのベクトル

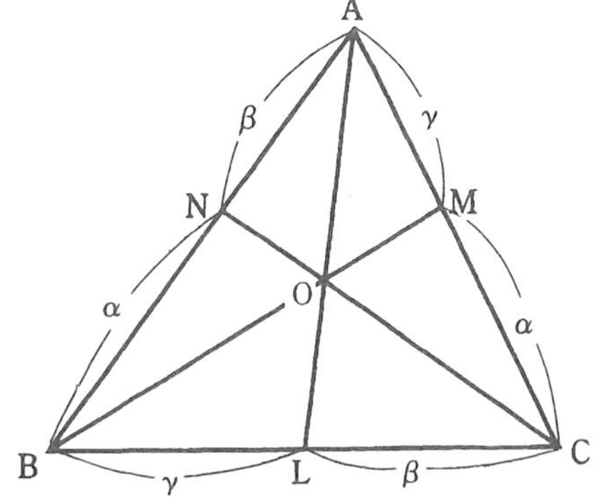

$$\overrightarrow{\mathrm{OA}}=\vec{a},\ \ \overrightarrow{\mathrm{OB}}=\vec{b},\ \ \overrightarrow{\mathrm{OC}}=\vec{c}$$

の関係を表し，応用の道も広い，怪我の功名というべきだろう．

（＊＊）は両辺に何をかけてもよいから

$$\alpha+\beta+\gamma=1$$

は不要である．

> **例題１**　３角形 ABC において
>
> $$5\overrightarrow{\mathrm{OA}}+3\overrightarrow{\mathrm{OB}}+6\overrightarrow{\mathrm{OC}}=\vec{0}$$
>
> を満たす点 O はどんな位置にあるか．

与えられた式を次のように書き換えるアイデアが重要，

$$-\frac{5}{9}\overrightarrow{\mathrm{OA}}=\frac{\overrightarrow{\mathrm{OB}}+2\overrightarrow{\mathrm{OC}}}{3}$$

BC を 2 : 1 に分ける点を L とすると

$$\overrightarrow{\mathrm{OL}}=\frac{\overrightarrow{\mathrm{OB}}+2\overrightarrow{\mathrm{OC}}}{3},\ \ -\frac{5}{9}\overrightarrow{\mathrm{OA}}=\overrightarrow{\mathrm{OL}}$$

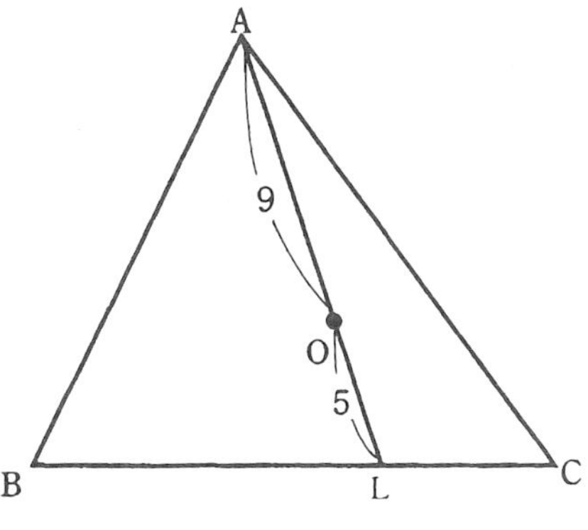

よって L は BC を 2 : 1 に分ける点で，O は AL を 9 : 5 に分ける点である．

五心の重心座標

①重心の重心座標

よく知られている．３点を $\mathrm{A}(\vec{a})$, $\mathrm{B}(\vec{b})$, $\mathrm{C}(\vec{c})$ とし，重心を $G(\vec{g})$ とすると

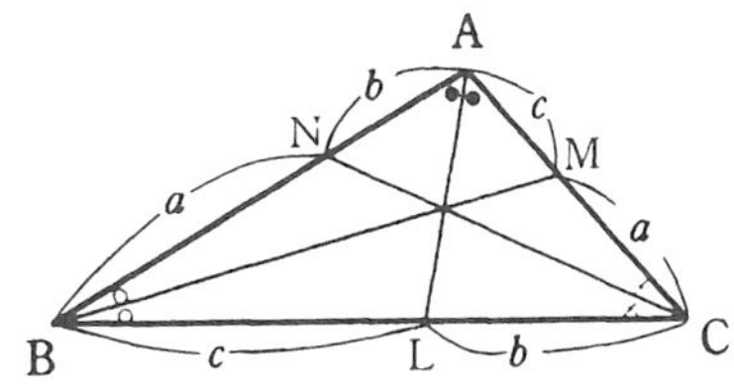

$$\vec{g}=\frac{\vec{a}+\vec{b}+\vec{c}}{3}.$$

もし，$\vec{a}+\vec{b}+\vec{c}=\vec{0}$ ならば重心は原点でもある．

②内心の重心座標

LはBCを $c:b$ に，MはCAを $a:c$ に分けるから，A，B，Cに質量 a，b，c をつけた場合の重心と見よ．

内心を $\mathrm{I}(\vec{i})$ とすると

$$\vec{i}=\frac{a\vec{a}+b\vec{b}+c\vec{c}}{a+b+c}$$

ただし，a，b，c は3辺BC，CA，ABの長さを表す．

係数もベクトルで表したければ a，b，c をそれぞれ $|\vec{b}-\vec{c}|$, $|\vec{c}-\vec{a}|$, $|\vec{a}-\vec{b}|$ で置きかえればよい．

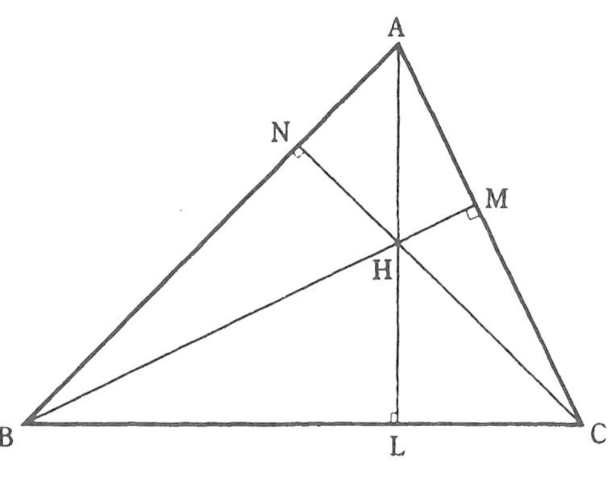

③垂心の重心座標

少々やっかいである．図において

$$\mathrm{BL}=\mathrm{AL}\cot B$$
$$\mathrm{LC}=\mathrm{AL}\cot C$$

よって

$\mathrm{BL}:\mathrm{LC}=\cot B:\cot C=\tan C:\tan B$ 同様にして

$$\mathrm{CM}:\mathrm{MA}=\tan A:\tan C$$
$$\mathrm{AN}:\mathrm{NB}=\tan B:\tan A$$

垂心を $\mathrm{H}(\vec{h})$ とすると

$$\vec{h}=\frac{\vec{a}\tan A+\vec{b}\tan B+\vec{c}\tan C}{\tan A+\tan B+\tan C}$$

× × ×

$\vec{h}$の式は原点の選び方によっては簡単になるのではないか，苦し紛れの一策として，外心を原点にとると．

例題２　３角形 ABC の外心を O，垂心を H とすると

$$\overrightarrow{OH} = \overrightarrow{OA} + \overrightarrow{OB} + \overrightarrow{OC}$$

となることを証明せよ．

言いかえれば，外心 O を原点にとり A，B，C，H の位置座標を $\vec{a}, \vec{b}, \vec{c}, \vec{h}$ とすれば，H の重心座標は

$$\vec{h} = \vec{a} + \vec{b} + \vec{c}$$

と表されるということ．

× × ×

解き方１ ── オイラー線を用いる．

よく見かける証明は初等幾何で有名なオイラー線を用いるものである．

３角形の外心 O，重心 G，垂心 H は１直線上にある．この直線をオイラー線という．G は線分 OH を 1 : 2 に内分することも知られている．これらの事実を用いるならば $\vec{h}$ を求めるのは容易である．

$$\vec{h} = 3\vec{g} = \vec{a} + \vec{b} + \vec{c}$$

ただの１行で済むが，ベクトルがこのように無能扱いされては腹が立っだろう，ベクトルの問題に古典幾何の難しい定理を用いるのも気になる．

× × ×

解き方２ ── ベクトルの内積を用いる．

$\overrightarrow{AH} \perp \overrightarrow{CB}$ であるから内積を用いて

$$\overrightarrow{\mathrm{AH}} \cdot \overrightarrow{\mathrm{CB}} = (\vec{h}-\vec{a})\cdot(\vec{b}-\vec{c}) = 0$$

一方，原点は外心Oであるから $\left|\vec{b}\right|^2 = \left|\vec{c}\right|^2$

$$\therefore\ (\vec{b}+\vec{c})\cdot(\vec{b}-\vec{c}) = 0$$

２式の差をとって

$$(\vec{h}-\vec{a}-\vec{b}-\vec{c})\cdot(\vec{b}-\vec{c}) = 0$$

同様にして

$$(\vec{h}-\vec{a}-\vec{b}-\vec{c})\cdot(\vec{c}-\vec{a}) = 0$$

もし，$\vec{h}-\vec{a}-\vec{b}-\vec{c}=0$ でなかったら，このベクトルは平行でない２つのベクトル $\overrightarrow{\mathrm{CB}}$, $\overrightarrow{\mathrm{AC}}$ に直交することになり矛盾する．よって

$$\vec{h}-\vec{a}-\vec{b}-\vec{c} = 0$$
$$\therefore\ \vec{h} = \vec{a}+\vec{b}+\vec{c}$$

鮮かに証明された．

外心を原点にとった問題

新鮮な良問を見付けた．

例題３　△ABCの外心Oから直線BC，CA，ABに下した垂線の足をそれぞれP，Q，Rとするとき，

$$\overrightarrow{\mathrm{OP}} + 2\overrightarrow{\mathrm{OQ}} + 3\overrightarrow{\mathrm{OR}} = \vec{0}$$

が成立しているとする．

（１）$\overrightarrow{\mathrm{OA}}$, $\overrightarrow{\mathrm{OB}}$, $\overrightarrow{\mathrm{OC}}$ の関係式を求めよ．

（２）∠A大きさを求めよ．

（1）は（2）の求め方をやさしくするための準備と読むのが常識であろう．

（1）P，Q，R は辺 BC，CA，AB の中点であるから

$$\overrightarrow{OP}=\frac{\overrightarrow{OB}+\overrightarrow{OC}}{2}$$

$$\overrightarrow{OQ}=\frac{\overrightarrow{OC}+\overrightarrow{OA}}{2}$$

$$\overrightarrow{OR}=\frac{\overrightarrow{OA}+\overrightarrow{OB}}{2}$$

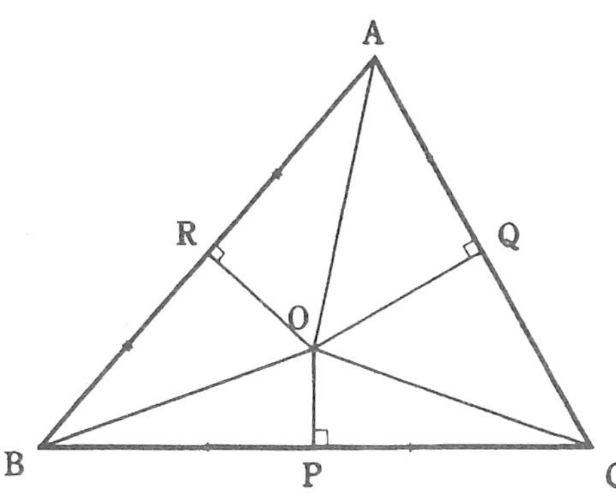

これらの３式を仮定の等式に代入して

$$5\overrightarrow{OA}+4\overrightarrow{OB}+3\overrightarrow{OC}=\vec{0}$$

（2） $\overrightarrow{OA}$, $\overrightarrow{OB}$, $\overrightarrow{OC}$ をそれぞれ $\vec{a}$, $\vec{b}$, $\vec{c}$ で表せば

$$5\vec{a}+4\vec{b}+3\vec{c}=\vec{0} \qquad ①$$

さらに $|\vec{a}|=|\vec{b}|=|\vec{c}|$ であるから

$|\vec{a}|=|\vec{b}|=|\vec{c}|=1$ とおいても一般性を失わない．

△ABC に関する O の位置を知るため①を書きかえる．

$$\frac{4\vec{b}+3\vec{c}}{7}=-\frac{5}{7}\vec{a}$$

BC を 3 : 4 に内分する点を L とすると

$$\overrightarrow{OL}=-\frac{5}{7}\overrightarrow{OA}$$

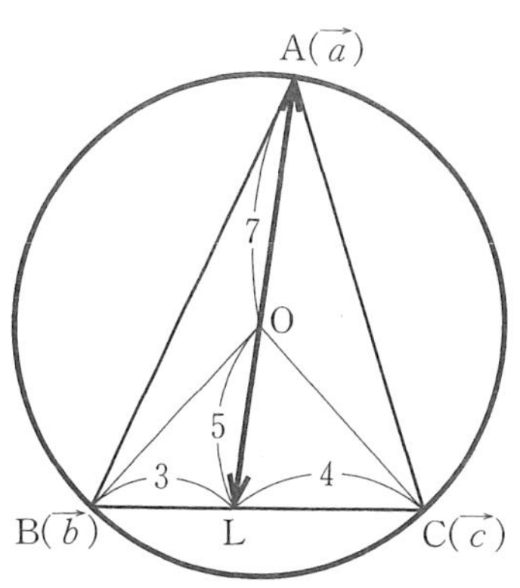

一方∠Aと∠BOCは劣弧BCに対応する円周角と中心角になるから

$$\angle \mathrm{BOC} = 2\angle \mathrm{A}$$

∠Aを求めるには∠BOCを求めればよい.

①から　$4\vec{b} + 3\vec{c} = -5\vec{a}$

$$\left|4\vec{b} + 3\vec{c}\right|^2 = \left|5\vec{a}\right|^2$$

$$16\left|\vec{b}\right|^2 + 9\left|\vec{c}\right|^2 + 24\vec{b}\cdot\vec{c} = 25\left|\vec{a}\right|^2$$

$\vec{b}\cdot\vec{c} = 0$,　$\angle \mathrm{BOC} = 90^\circ$,　$\angle \mathrm{A} = 45^\circ$

III 代数あれこれ

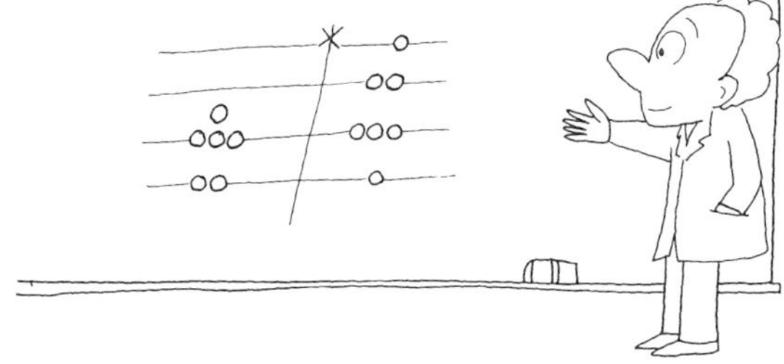

17. ある2次形式の七変化

学生に「好きな式を２つ挙げよ」といった調査をしたら，どんな結果が出るだろうなどと想像して一人楽しむことがある．もっとも，「好きな式？そんなもんあるはずがないでしょ．みんな嫌い．」なんて正直者の一喝は覚悟しておかねばならない．

コマーシャルに「いとしい，いとしい，私のあなた．」とかいうのがある．これにあやかり，私のいとしい式を一つ挙げるとすれば，次の式になろうか．

$$P = x^2 + y^2 + z^2 - yz - zx - xy \qquad ①$$

式の所属は２次形式でしかも対称式である．

３変数の２次形式の一般形は

$$ax^2 + by^2 + cz^2 + 2fyz + 2gzx + 2hxy$$

である．ベクトルと行列を用いると，次のように魅力的な式で表されるが，今回は立ち入らない．

$${}^t\begin{pmatrix} x \\ y \\ z \end{pmatrix}\begin{pmatrix} a & h & g \\ h & b & f \\ g & f & c \end{pmatrix}\begin{pmatrix} x \\ y \\ z \end{pmatrix}$$

実数での働き

変数と係数が実数の範囲で考えると，２次形式は適当な１次変換によって，次の形のいずれかに変えられることが知られている．

$$\varepsilon_1(\quad)^2+\varepsilon_2(\quad)^2+\varepsilon_3(\quad)^2$$

ただし，ε_1, ε_2, ε_3 は 1, −1, 0 のいずれかを表す．

いとしい式 P の初等代数における重要な役割は不等式 $P \geqq 0$ の証明で，次の形にかえる．

$$P-\frac{1}{2}\{(y-z)^2+(z-x)^2+(x-y)^2\} \qquad ②$$

P の対称性を考慮すれば極めて自然な変形であるが，P の正体を示す形ではない．２つの平方式の和が P の正体である．それを示すのはいたって簡単で，２次式の平方完成を２度繰り返せばよい．

$$\begin{aligned}P&=x^2-(y+z)x+y^2-yz+z^2\\&=\left(x-\frac{y+z}{2}\right)^2+\left(\frac{\sqrt{3}(y-z)}{2}\right)^2\end{aligned}$$

$$P=\left(x-\frac{y+z}{2}\right)^2+\left(\frac{\sqrt{3}(y-z)}{2}\right)^2 \qquad ③$$

初等代数における２次形式の取り扱いとしては，この方が一般的で重要である．

×　　　　　　　　×

２次形式 P のルーツは，おそらく３次式

$$Q=x^3+y^3+z^3-3xyz$$

であろう．これも印象の深い式．因数分解での苦労は忘れがたいが，できたときの喜びは大きい．とくに $x+y+z$ で割り切れることが高校の頃不思

議でならなかった.

さらにQのルーツをたどると３正数の相加平均と相乗平均の大小関係に達することも，初めて知ったときの驚きは今も忘れない.

複素数での働き

２次形式Pの活躍の正念場は変数x，y，zが複素数の場合である．しかも，それが正三角形との切り離しがたい縁であると聞かされれば驚くであろう.

複素数はギリシア文字で表すことにし，変数x，y，zをα, β, γに変える.

$$P=\alpha^2+\beta^2+\gamma^2-\beta\gamma-\gamma\alpha-\alpha\beta$$

ガウス平面上で三角形ABCの頂点A，B，Cの座標をそれぞれα, β, γとし，正三角形を表す条件を求めてみる.

ガウス平面上の矢線ベクトルは次のように複素数で表される.

$$\overrightarrow{\mathrm{BC}}:\gamma-\beta$$
$$\overrightarrow{\mathrm{CA}}:\alpha-\gamma$$

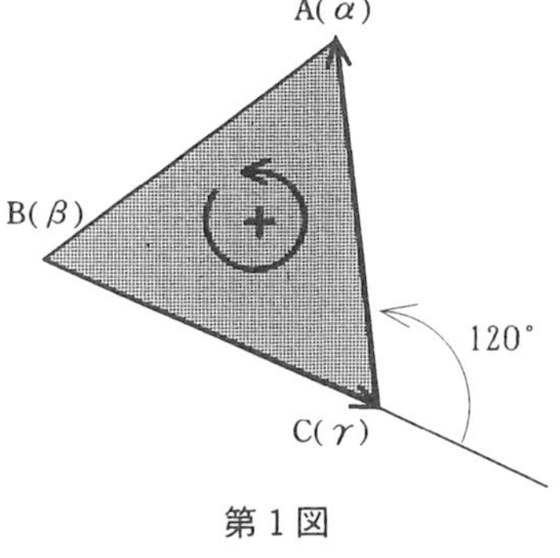

第１図

$\overrightarrow{\mathrm{CA}}$は$\overrightarrow{\mathrm{BC}}$の向きを$120^\circ$変えたもの．矢線ベクトルの向きを$120^\circ$変えるには複素数

$$\cos 120^\circ+i\sin 120^\circ=\frac{-1+i\sqrt{3}}{2}$$

をかければよい．この数は１の虚数の３乗根で，ωで表すのが慣例である．したがって，

$$\alpha-\gamma=\omega(\gamma-\beta)$$
$$\alpha+\omega\beta-(1+\omega)\gamma=0$$

ここでωは$\omega^3=1$のほかに$\omega^2+\omega+1=1$をみたすことを思いだし，

$$\alpha + \omega\beta + \omega^2\gamma = 0 \qquad (*)$$

これが△ABC が正三角形を表すための必要条件でもあるが，上の推論は逆にたどれるので十分条件でもある．

しかし，上の推論には重大な手落ちがある．ガウス平面上の角では正負の向きを考慮している．第１図の角を 120° としてよいのは，三角形 ABC の周上を A→B→C→A の順に１周すると，時計の針の回転と反対になるからである．この回転は三角形をつねに左側にみる場合といってもよい．このような三角形を正の向きということにし，これと反対の場合は負の向きと呼ぶことする．

第２図は負の向きの場合で，$\overrightarrow{BC}$ と $\overrightarrow{CA}$ の方向の差は-120° とみるのが正しい．

そして

$$\cos(-120^\circ) + i\sin(-120^\circ) = \frac{-1-i\sqrt{3}}{2}$$

は ω^2 に等しいから，この場合の正三角形の条件は，第１図の場合の条件の ω を ω^2 に置き換えたもの，すなわち，

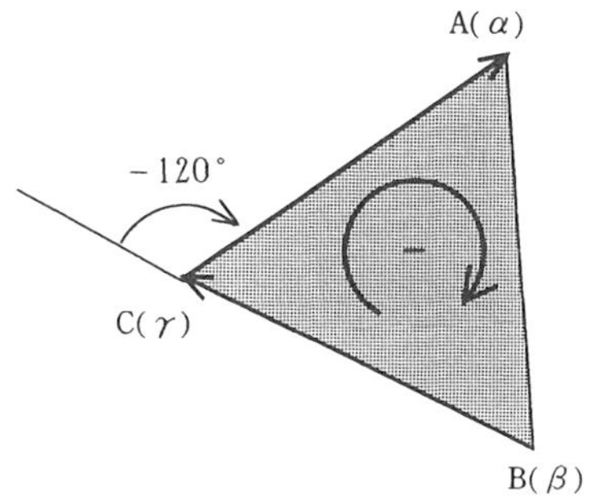

第２図

$$\alpha + \omega^2\beta + \omega\gamma = 0 \qquad (**)$$

である．

（＊）と（＊＊）は２次形式と無縁のように見えるが，P を因数分解すると（＊）と（＊＊）の左辺が現れる．これが P の第４変化である．

$$P = (\alpha + \omega\beta + \omega^2\gamma)(\alpha + \omega^2\beta + \omega\gamma) \qquad ④$$

かなり佳境に入ったが，起承転結の転はこれからである．

× ×

正三角形の条件の代表的なもの，すなわち３辺が等しいのは，まだ用いていない．

$$\mathrm{BC} = \mathrm{CA} = \mathrm{AB}$$

座標で表すと

$$|\beta - \gamma| = |\gamma - \alpha| = |\alpha - \beta|$$

一般に複素数 α の絶対値は，共役複素数 $\overline{\alpha}$ を用いて $|\alpha| = \sqrt{\alpha\overline{\alpha}}$ と表されるから

$$(\beta - \gamma)(\overline{\beta - \gamma}) = (\gamma - \alpha)(\overline{\gamma - \alpha}) = (\alpha - \beta)(\overline{\alpha - \beta})$$

ところが $\overline{\beta - \gamma} = \overline{\beta} - \overline{\gamma}$ などが成り立つので，

$$(\beta - \gamma)(\overline{\beta} - \overline{\gamma}) = (\gamma - \alpha)(\overline{\gamma} - \overline{\alpha}) = (\alpha - \beta)(\overline{\alpha} - \overline{\beta})$$

このままでは面白くない．$\overline{\alpha}, \overline{\beta}, \overline{\gamma}$ の消去は可能か．一気に３文字を消去しようとしても無理．まず１文字 $\overline{\gamma}$ の消去から

$$\overline{\beta} - \overline{\gamma} = \frac{(\alpha - \beta)(\overline{\alpha} - \overline{\beta})}{\beta - \gamma}$$

$$\overline{\gamma} - \overline{\alpha} = \frac{(\alpha - \beta)(\overline{\alpha} - \overline{\beta})}{\gamma - \alpha}$$

の２式を加えると

$$\overline{\beta} - \overline{\alpha} = (\alpha - \beta)(\overline{\alpha} - \overline{\beta})\left(\frac{1}{\beta - \gamma} + \frac{1}{\gamma - \alpha}\right)$$

不思議なことに両辺から $\overline{\beta} - \overline{\alpha}$ が消えて

$$1=-(\alpha-\beta)\left(\frac{1}{\beta-\gamma}+\frac{1}{\gamma-\alpha}\right)$$

分母を払って移項すれば

$$(\beta-\gamma)(\gamma-\alpha)-(\alpha-\beta)^2=0$$
$$\alpha^2+\beta^2+\gamma^2-\beta\gamma-\gamma\alpha-\alpha\beta=0$$

このような堅実一辺倒の消去法をオーソドックスな方法というのであろうが，計算過程に美しさがない．その原因ははじめの式のもっていた対称性をくずしてしまったからである．最後まで対称性を保つ消去を試みよう．

1辺の長さの平方を k で表してみよ．

$$(\beta-\gamma)(\overline{\beta}-\overline{\gamma})=k$$
$$(\gamma-\alpha)(\overline{\gamma}-\overline{\alpha})=k$$
$$(\alpha-\beta)(\overline{\alpha}-\overline{\beta})=k$$

これらの式から

$$\overline{\beta}-\overline{\gamma}=\frac{k}{\beta-\gamma},\quad \overline{\gamma}-\overline{\alpha}=\frac{k}{\gamma-\alpha},\quad \overline{\alpha}-\overline{\beta}=\frac{k}{\alpha-\beta}$$

3式を加えると左辺の和は0になるから

$$\frac{1}{\beta-\gamma}+\frac{1}{\gamma-\alpha}+\frac{1}{\alpha-\beta}=0$$

分母を払って展開すれば $P=0$ と一致する．まことにエレガントな消去ではないか．

以上からPの第5変化を発見した．

$$\frac{P}{(\beta-\gamma)(\gamma-\alpha)(\alpha-\beta)}=\frac{1}{\beta-\gamma}+\frac{1}{\gamma-\alpha}+\frac{1}{\alpha-\beta} \qquad ⑤$$

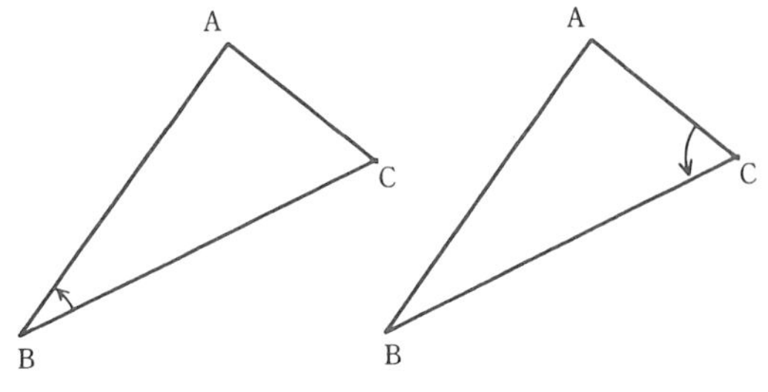

最後は起承転結の結にふさわしいものであってほしい．

三角形は自分自身に相似ならば正三角形になる．その相似の条件は２辺の比とその２辺の夾角の等しい場合である．例えば，

$$\frac{\mathrm{BA}}{\mathrm{BC}}=\frac{\mathrm{CB}}{\mathrm{CA}}$$
$$\angle\mathrm{B}=\angle\mathrm{C}$$

第２の条件から BA = CA，これと第１の条件とから BA = CA = BC となって正三角形になる．上の２条件をまとめて複素数の関係にかえると

$$\frac{\overrightarrow{\mathrm{BA}}}{\overrightarrow{\mathrm{BC}}}=\frac{\overrightarrow{\mathrm{CB}}}{\overrightarrow{\mathrm{CA}}}\quad \frac{\alpha-\beta}{\gamma-\beta}=\frac{\beta-\gamma}{\alpha-\gamma}$$
$$(\alpha-\beta)(\alpha-\gamma)+(\beta-\gamma)^2=0$$

展開すると $P=0$ に変わる．そこで，次の第６変化の式を…

$$P=(\alpha-\beta)(\alpha-\gamma)+(\beta-\gamma)^2 \qquad ⑥$$

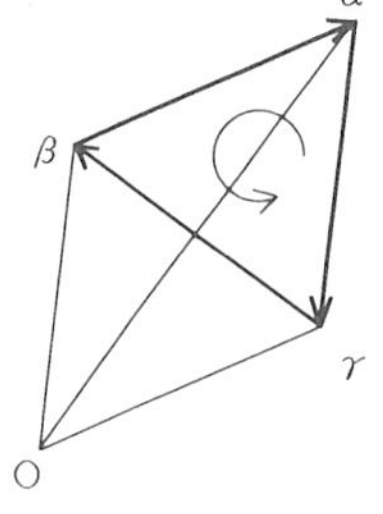

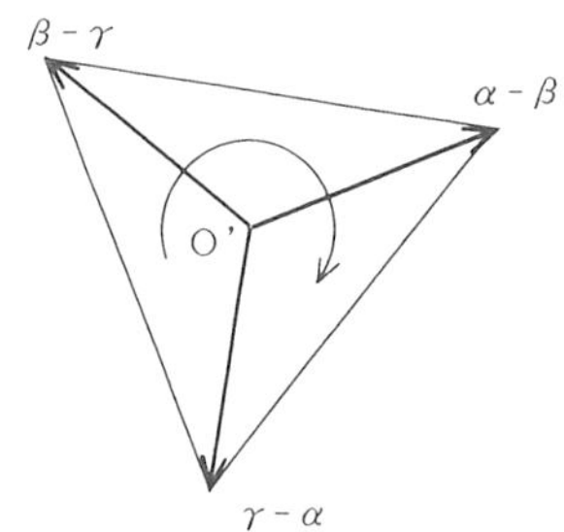

複素数 α, β, γ の表す点が正三角形を作るならば，$\beta-\gamma, \gamma-\alpha, \alpha-\beta$ の表す点は負の向きの正三角形を作る．またこの逆も正しい．

したがって α, β, γ の表す点が正の向きの正三角形をなすための条件は

$$(\beta-\gamma)+\omega^2(\gamma-\alpha)+\omega(\alpha-\beta)=0$$

と表すことができる.

同様にして負の向きの正三角形をなすための条件は

$$(\beta-\gamma)+\omega(\gamma-\alpha)+\omega^2(\alpha-\beta)=0$$

と表される.

以上の２式をかけると，P の α, β, γ をそれぞれ $\beta-\gamma, \gamma-\alpha, \alpha-\beta$ で置き換えた式になる．その式を展開してみると $3P$ に等しい，そこで第７変化の式が得られる.

$$3P=(\beta-\gamma)^2+(\gamma-\alpha)^2+(\alpha-\beta)^2 \\ -(\gamma-\alpha)(\alpha-\beta)-(\alpha-\beta)(\beta-\gamma)-(\beta-\gamma)(\gamma-\alpha) \quad ⑦$$

因数分解した形で示せば

$$3P=\{(\beta-\gamma)+\omega^2(\gamma-\alpha)+\omega(\alpha-\beta)\}\{(\beta-\gamma)+\omega(\gamma-\alpha)+\omega^2(\alpha-\beta)\}$$

これは行列式で表すと形が整って見やすい.

$$3P=\begin{vmatrix}1 & \omega^2 & \omega \\ \alpha & \beta & \gamma \\ 1 & 1 & 1\end{vmatrix}\begin{vmatrix}1 & \omega & \omega^2 \\ \alpha & \beta & \gamma \\ 1 & 1 & 1\end{vmatrix}$$

この第７変化は余録のようなものである.

18. ある２次形式の特技

私の魅力を感ずる２次形式のファーストは

$$P = x^2 + y^2 + z^2 - yz - zx - xy$$

でセカンドは２

$$Q = x^2 + y^2 + z^2 - 2yz - 2zx - 2xy$$

である．P についてはすでに「ある２次形式の七変化」という短い拙文を公にした．

Q には多様な効用はないが，重要な個性がある．それは因数分解が，玉葱の皮をむくように，繰り返し可能なことである．その第１歩は次の変形である．同じ形の式が３つ出るのは対称式のためである．

$$Q = \begin{cases} (y+z-x)^2 - 4yz \\ (z+x-y)^2 - 4zx \\ (x+y-z)^2 - 4xy \end{cases}$$

第２の分解はどの式から出発しても同じだから最初の式で試みる．ただし x, y, z は正または０とする．

$$\begin{aligned} Q &= (y+z-x+2\sqrt{yz})(y+z-x-2\sqrt{yz}) \\ &= \left\{(\sqrt{y}+\sqrt{z})^2 - x\right\}\left\{(\sqrt{y}-\sqrt{z})^2 - x\right\} \end{aligned}$$

無理式ではあるが，とにかく，さらに分解できて４つの因数の積になる．

$$Q = -(\sqrt{x}+\sqrt{y}+\sqrt{z})\prod(\sqrt{x}+\sqrt{y}-\sqrt{z})$$

式が大きいから略記法を用いた.

$$\prod(\sqrt{y}+\sqrt{z}-\sqrt{x})$$

この式は$\sqrt{y}+\sqrt{z}-\sqrt{x}$の$x$, y, zをサイクリックに入れ替えて作った３式の積を表す.

×　　　　　　　　　×

この式のルーツと思われるのは三角形の面積を求めるヘロンの公式である.

$$S = \sqrt{s(s-a)(s-b)(s-c)}$$

２次形式Qのx, y, zをそれぞれa^2, b^2, c^2で置き換えてみよ.

$$\begin{aligned} Q &= a^4+b^4+c^4-2b^2c^2-2c^2a^2-2a^2b^2 \\ &= -(a+b+c)\prod(b+c-a) \end{aligned}$$

ヘロンの公式のルートの中は$-Q/16$に等しい. ヘロンといえば西暦 50 年頃のギリシアの数学者というよりは学者－測量, 光学器械, 気圧などに詳しかったらしい. ヘロンの公式は“光線屈折論”の中にあるというのは奇妙である. 計算技術の未熟な当時, 複雑な計算をこなして有名な公式を導いたとは見上げたものである.

予備知識を２つ

話題の中核は, ヘロンの公式とは縁のない. ２次曲線に関するものである. 詳しくいえば, ３直線に接する２次曲線の方程式を, その方程式で表すことである.

３直線$\alpha=0,\ \beta=0,\ \gamma=0$の作る三角形を△ABCとし，任意の点Oをとり，直線AO，BO，COがBC，CA，ABとの交わる点をそれぞれD，E，Fとする．このときAO，BO，CO，EF，・・・を$\alpha,\ \beta,\ \gamma$で表すことを試みる．

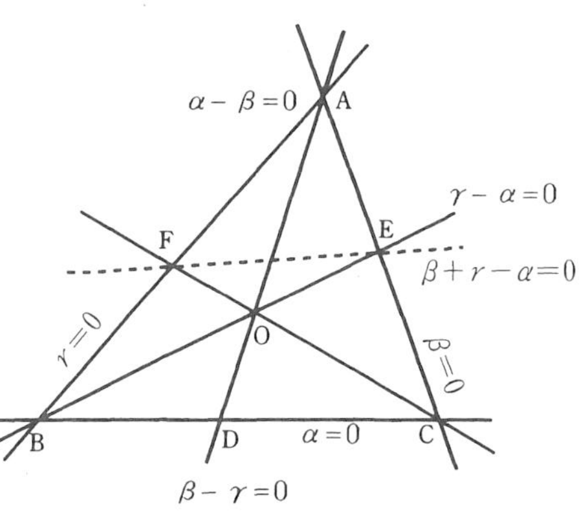

直線COは２直線$\alpha=0,\ \beta=0$の交点Cを通るから，適当な実数l, mを用いて

$$l\alpha-m\beta=0$$

と表される．同様の理由で，直線AOは

$$m\beta-n\gamma=0$$

と表される．

つぎに，上の２式を加えて作った方程式

$$(l\alpha-m\beta)+(m\beta-n\gamma)=0$$

はCOとAOの交点Oを通る直線である．ところが，この式は書き換えると

$$n\gamma-l\alpha=0$$

となってBを通ることもわかるから，BOの方程式にほかならない．

ここで，$l\alpha,\ m\beta,\ n\gamma$をはじめから$\alpha,\ \beta,\ \gamma$で表していたと考えれば，AO，BO，COの方程式

$$\beta-\gamma=0,\ \gamma-\alpha=0,\ \alpha-\beta=0$$

となり，簡素で見やすい．

次の挑戦はEFの方程式を求めること．方程式$\beta+\gamma-\alpha=0$を考え，形を変えてみよ．

$$\beta+\gamma-\alpha=0 \begin{cases} \beta+(\gamma-\alpha)=0 \\ \\ \gamma-(\alpha-\beta)=0 \end{cases}$$

第1の変形からEを通ることがわかり，第2の変形からはFを通ることがわかる．つまり，これはEFの方程式なのである．

直線FD，DEについても同じこと．

$$\text{EF}:\beta+\gamma-\alpha=0$$
$$\text{FD}:\gamma+\alpha-\beta=0$$
$$\text{DE}:\alpha+\beta-\gamma=0$$

第2の予備知識は2次曲線群の方程式を直線の方程式を組み合わせて表す方法である．

四角形を作る，A，B，C，Dがあるとき，2組の対辺の方程式を

$$\text{AB}:\alpha=0,\quad \text{CD}:\beta=0$$
$$\text{AD}:\gamma=0,\quad \text{BC}:\delta=0$$

と表しておく．

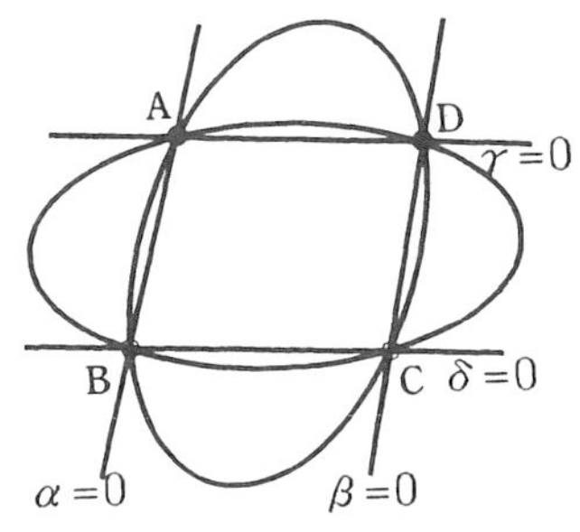

4点A，B，C，Dを通る2次曲線は限りなくあるが，この曲線群は

$$l\alpha\beta+m\gamma\delta=0$$

で表される．

その理由は簡単．2次方程式であることは自明に近い．さらに$\alpha=0, \gamma=0$によって満たされるから，この2直線の交点Aを通る．他の点B，C，Dについても同様．

ここで，直線$\delta=0$が限りなく直線$\gamma=0$に近づいた極限を想像してみよ．BはAに，CはDに限りなく近づくから，2次曲線はAにおいて直線$\alpha=0$に，Dにおいて直線$\beta=0$に接するものに変わる．一方，方程式の方は限りなく

$$l\alpha\beta+m\gamma^2=0$$

に近づく．

結論がどうなったかは説明するまでもなかろう．

３直線に接する２次曲線

３直線に，任意に与えられた点で接する２次曲線は一般にはない．なぜかというに，２次曲線は５点で定まるからである．接点は２重点で２点と数えるので，３直線に与えれらた点で接することは，与えられた６点を通ることになるからである．

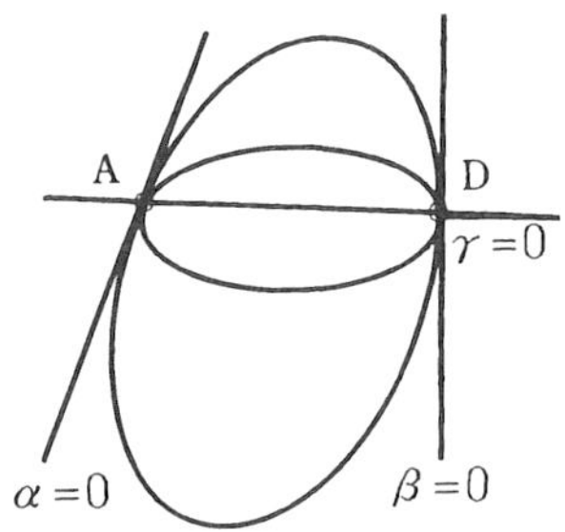

次の下の図のように，AD，BE，CF が１点 O で交わる場合ならば，D，E，F は特殊な３点であるから，これらの点で，BC，CA，AB に接する２次曲線の存在は可能性がある．それを確かめるのが，次の重要な課題である．

まず，E，F でそれぞれ CA，AB に接する２次曲線群を考える．その方程式は

$$(\beta+\gamma-\alpha)^2+k\beta\gamma=0$$

で表されることを知っている．

この曲線が D を通るとすれば，$\alpha=0,\ \beta-\gamma=0$ によって満たされるから，

$$(\beta+\beta-0)^2+k\beta\beta=0,\quad \therefore\ \beta^2(k+4)=0$$

D は $\beta=0$ 上にないから $\beta\neq 0$，ゆえに $k=-4$，結局 E で AC に接し，F で AB に接し，かつ D を通る２次曲線の方程式は

$$(\beta+\gamma-\alpha)^2-4\beta\gamma=0$$

である．同様にして，F，D で AB，BC に接し，E を通る２次曲

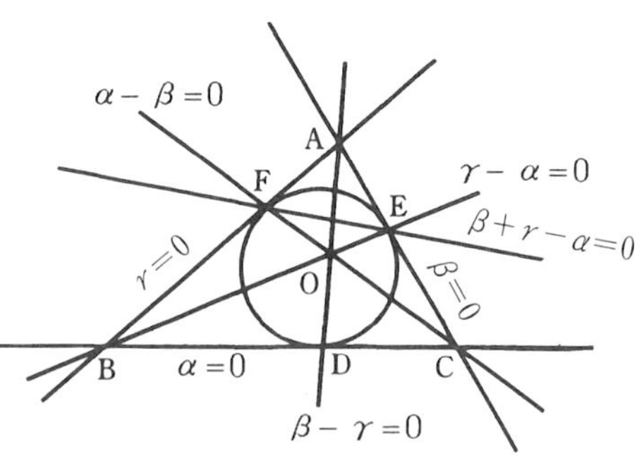

線の方程式は

$$(\gamma+\alpha-\beta)^2-4\gamma\alpha=0$$

である．

ところが，２式は展開すれば，ともに

$$\alpha^2+\beta^2+\gamma^2-2\beta\gamma-2\gamma\alpha-2\alpha\beta=0$$

となることは計算してみるまでもなく，２次形式Ｑの特性として学んでいる．したがって，上の式はまぎれもなく，３直線にD，E，Fで接する２次曲線の方程式である．

２次曲線の分割

上の方程式を因数分解するには，前もってα, β, γの符号を定めておかねばならない．

次のページの図のように２次曲線が三角形 A，B，C の内部にあるときは，この三角形を含む領域がα, β, γの正領域となるようにα, β, γを選んでおく．

こう定めた上で因数分解を行うと，

$$\beta+\gamma-\alpha=2\sqrt{\beta\gamma},\quad \beta+\gamma-\alpha=-2\sqrt{\beta\gamma}$$

となって，曲線は２つに分割される．第２式では，$\beta+\gamma-\alpha \leqq 0$，この領域を知るためにＢの座標を代入してみると，Ｂでは$\alpha=\gamma=0$

$$\therefore\ \beta+\gamma-\alpha=\beta>0$$

よって，直線EFによって分けられた半平面のうち，B，Cを含むところは$\beta+\gamma-\alpha$の正領域で，残りのＡを含むところは負領域である．このことから，第２式は楕円のうち弧 EF を表すことが分かる．第２式はさらに分解すると，

$$\sqrt{\beta}+\sqrt{\gamma}=\pm\sqrt{\alpha}$$

複号が＋の場合は成立しないから残るのは

$$\sqrt{\beta}+\sqrt{\gamma}=\sqrt{\alpha}$$

これが弧EFを表す方程式である．同様にして

弧FD：$\sqrt{\gamma}+\sqrt{\alpha}=\sqrt{\beta}$

弧DE：$\sqrt{\alpha}+\sqrt{\beta}=\sqrt{\gamma}$

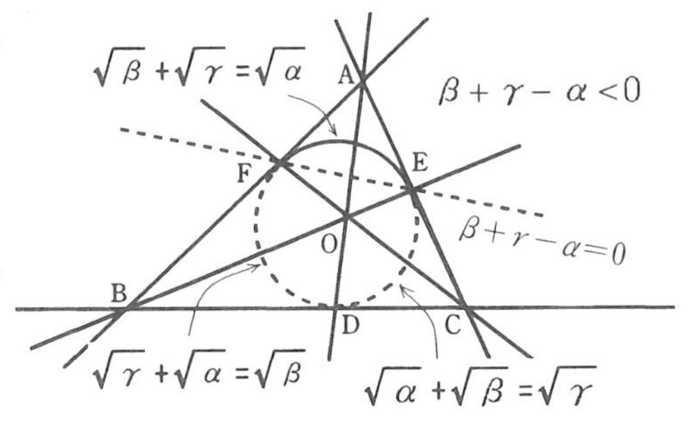

実例で実感を高めよ

> **例**　３点A(0, 0), B(2, 0), C(0, 2)がある．△ABCの辺の中点で３辺に接する楕円の方程式を求めよ．さらに接点で分けられた３つの弧を表す方程式を導け．

$$\mathrm{BC}: \alpha=2-x-y=0$$
$$\mathrm{CA}: \beta=x=0$$
$$\mathrm{AB}: \gamma=y=0$$

とおくと，△ABCを含む領域でα, β, γは正になり，しかも

$$\mathrm{AO}: \beta-\gamma=x-y=0$$
$$\mathrm{BO}: \gamma-\alpha=x+2y-2=0$$
$$\mathrm{CO}: \alpha-\beta=2-2x-y=0$$
$$\mathrm{EF}: \beta+\gamma-\alpha=2x+2y-2=0$$

D，E，Fで３辺に接する楕円の方程式は

$$(\beta+\gamma-\alpha)^2-4\beta\gamma=0$$

すなわち

$$(2x+2y-2)^2-4xy=0$$
$$x^2+xy+y^2-2x-2y+1=0$$

弧 EF： $\sqrt{x}+\sqrt{y}=\sqrt{2-x-y}$

弧 FD： $\sqrt{y}+\sqrt{2-x-y}=\sqrt{x}$

弧 DE： $\sqrt{x}+\sqrt{2-x-y}=\sqrt{y}$

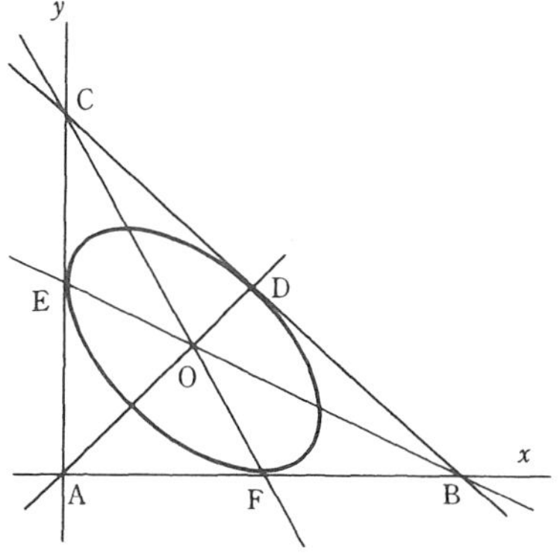

19. 忘れがたき多項式にて候

学生時代に学んだ数学の中には忘れがたい式や図形がある．次の問題の中にあるものがそんな式の一つである．

> **問題**　a，b，c は実数で
>
> $$a^2+b^2+c^2+2abc-1=0$$
>
> のとき，次のことを証明せよ．
>
> $$|a|,\ |b|,\ |c| \geqq 1 \quad \text{または} \quad |a|,\ |b|,\ |c| \leqq 1$$

筆者にとって忘れがたいのは２つの理由がある．その一つは式が魅力的なこと．形が整っており，ほどほどの大きさなのに，意外な結論を秘めている．こんな式，作ろうと思っても作れるものではなかろう，そう思うとルーツが気になる．

第２の理由は証明に不安が残ること．ありふれた手順で証明をすましても，「はて，これでよいのかな？」という疑問がつきまとうが，明快に説明できない．仮にじぶんで納得できる推論があったとしても学生を納得させる自信がない．ありきたりの証明をあげ，疑問点を明らかにしよう．

×　　　　×

c について整理すると，

$$c^2+2abc+(a^2+b^2-1)=0$$

c の２次方程式とみると，実係数で実根をもつことになるから，

$$\text{判別式}=a^2b^2-(a^2+b^2-1)\geqq 0 \qquad ①$$
$$(a^2-1)(b^2-1)\geqq 0$$

$$\begin{cases}a^2-1\geqq 0\\ b^2-1\geqq 0\end{cases}\quad\text{または}\quad\begin{cases}a^2-1=0\\ b^2-1=0\end{cases}\qquad ②$$

同様にして

$$\begin{cases}b^2-1\geqq 0\\ c^2-1\geqq 0\end{cases}\quad\text{または}\quad\begin{cases}b^2-1\leqq 0\\ c^2-1\leqq 0\end{cases}\qquad ③$$

$$\begin{cases}c^2-1\geqq 0\\ a^2-1\geqq 0\end{cases}\quad\text{または}\quad\begin{cases}c^2-1\leqq 0\\ a^2-1\leqq 0\end{cases}\qquad ④$$

まとめて

$$\begin{cases}a^2-1\geqq 0\\ b^2-1\geqq 0\\ c^2-1\geqq 0\end{cases}\quad\text{または}\quad\begin{cases}a^2-1\leqq 0\\ b^2-1\leqq 0\\ c^2-1\leqq 0\end{cases}\qquad ⑤$$

これから先は絶対値に書き換えるのみで疑問の余地はない.

×　　　　　　　　　　　　×

①から②へ移るところは多少不安があるがその解消はやさしい，問題なのは②，③，④をまとめて⑤を導く点にある．「まとめて」はよく使うが，学生の中には「うまくまとめようがない」ところを「まとめて」で逃げる者がおるが，先のまとめてもそのたぐいではないかと不安になる.

論理学に頼ってみる

そういう疑問に答えるのが論理学の使命ではないかの声がありそう．そこで論理方法を用いてみる．

命題　$a^2-1\geqq 0,\ b^2-1\geqq 0,\ c^2-1\geqq 0$ をそれぞれ p，q，r で表し命題 $a^2-1\leqq 0,\ b^2-1\leqq 0,\ c^2-1\leqq 0$ はそれぞれ p'，q'，r' で表し，さらに「p かつ q」は pq で，「p または q」は $p+q$ で表すことにする．

この表し方によると②は，$pq+p'q'$，③は $qr+q'r'$，④は $rp+r'p'$ となって簡単．つぎに②，③，④の関係は「かつ」であるから式で示せば，

$$(pq+p'q')(qr+q'r')(rp+r'p')$$

この式の論理演算による展開は，普通の式の場合と変わりない．ただし論理ではべき等律によって $pp=p$ が成り立つから，これを用いて簡単にできる．結果を示せば，次式に同値である．

$$pqr(I+p'q'+q'r'+r'p')+p'q'r'(I+pq+qr+rp)$$

I は恒に真である命題で，I にはどんな命題を加えても I に吸収されて I だけが残り，I にはどんな命題をかけても，I はその命題に吸収されて消える．したがって上の式は

$$pqrI+p'q'r'I \Leftrightarrow pqr+p'q'r'$$

この最後の結果は⑤そのものである．

これで②かつ③かつ④は⑤に同値であることが分かった．

×　　　　　　×

証明はしたけれど論理学の知識がなければ「馬に念仏」ほどの価値もなさそう．よい知恵がありますならご教示願いたい．

疑問の源をたどれば

何となく不安な雰囲気をかもしだす源は，いたって平凡な不等式にあるとみる．

$$xy \geqq 0 \iff \begin{cases} x \geqq 0 \\ y \geqq 0 \end{cases} \text{ or } \begin{cases} x \leqq 0 \\ y \leqq 0 \end{cases} \quad ⑥$$

この吟味から話を始める．x は正か 0 か負かのいずれかであるから，3 つの場合に分ける．$xy \geqq 0$ のとき次の 3 つと同値

$$x > 0 \text{ のとき } \frac{xy}{x} \geqq 0 \quad \therefore \quad y \geqq 0$$

$$x = 0 \text{ のとき } 0 \cdot y \geqq 0 \text{ から } y \text{ 任意}$$

$$x < 0 \text{ のとき } \frac{xy}{x} \leqq 0 \quad \therefore \quad y \leqq 0$$

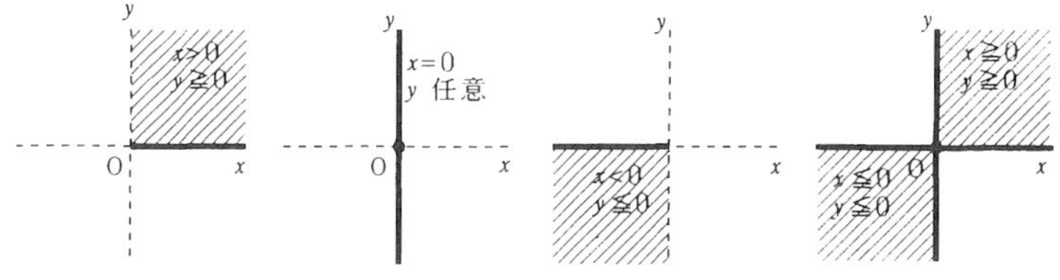

3 つの領域を合わせると第 1 象限，第 3 象限，両軸を合わせたものになる．この領域を命題

$$\begin{cases} x \geqq 0 \\ y \geqq 0 \end{cases} \text{ or } \begin{cases} x \leqq 0 \\ y \leqq 0 \end{cases}$$

はもれなく不足なく表す．原点は重複するが支障ない．これで，ようやく⑥の正しいことが示された．

×　　　　　　×

学生の答案には，ときたま次の推論がみられる．

$$\begin{cases} x \geqq 0 \\ xy \geqq 0 \end{cases} \Leftrightarrow \begin{cases} x \geqq 0 \\ y \geqq 0 \end{cases} \qquad ⑦$$

⑥の命題を見ているためか，⑦も何となく正しく見えるのであろう．もし，反例がみつかれば，正しくない．$x=0$，$y=-1$としてみよ．

$$\begin{cases} 0 \geqq 0 \\ 0 \geqq 0 \end{cases} \Leftrightarrow \begin{cases} 0 \geqq 0 \\ -1 \geqq 0 \end{cases}$$

左辺は成り立つが右辺は正しくない．したがって⑦は誤り．

右辺を領域で示すと，第１象限に両辺を含めた範囲にy軸の負の部分を合わせたものになる．したがって，⑦は次のように修正しなければならない．

$$\begin{cases} x \geqq 0 \\ xy \geqq 0 \end{cases} \Leftrightarrow \begin{cases} x \geqq 0 \\ y \geqq 0 \end{cases} \text{ or } \begin{cases} x = 0 \\ y \leqq 0 \end{cases}$$

式のルーツについて

再び問題の中の式

$$P = a^2 + b^2 + c^2 + 2abc - 1$$

のルーツにもどる．

等式$P=0$のルーツは「燈台もと暗し」できわめて身近なところにある．三角形ABCに関する問題で

$$N = \cos^2 A + \cos^2 B + \cos^2 C$$

を積に直したいときがある．

$$
\begin{aligned}
N &= 1 + \frac{\cos 2A + \cos 2B}{2} + \cos^2 C \\
&= 1 + \cos(A+B)\cos(A-B) + \cos^2 C \\
&= 1 - \cos C \cos(A+B) - \cos C \cos(A+B) \\
&= 1 - \{\cos(A-B) + \cos(A+B)\}\cos C \\
&= 1 - 2\cos A \cos B \cos C
\end{aligned}
$$

$\cos A$, $\cos B$, $\cos C$ を a, b, c で表せば $P=0$ と同じもの.

×　　　　　　　　　　　　　　　　×

上の三角形は三角関数の公式総動員といった感じで，苦手な方が多かろう．公式らしいものを用いない変形もある.

$$
\begin{aligned}
&\cos(A+B) = -\cos C \\
&\cos A \cos B - \sin A \sin B = -\cos C \\
&\cos A \cos B + \cos C = \sin A \sin B
\end{aligned}
$$

両辺を平方して

$$(\cos A \cos B + \cos C)^2 = (1-\cos^2 A)(1-\cos^2 B)$$

あとは展開して移項するだけ．$\cos^2 A \cos^2 B$ は両辺から消える.

$$\cos^2 A + \cos^2 B + \cos^2 C + 2\cos A \cos B \cos C = 1$$

もっと高級な（？）方法も考えられる．第２余弦の公式から

$$
\begin{cases}
a - b\cos C - c\cos B = 0 \\
-a\cos C + b - c\cos A = 0 \\
-a\cos B - b\cos A + c = 0
\end{cases}
$$

行列で示せば,

$$
\begin{pmatrix} 1 & -\cos C & -\cos B \\ -\cos C & 1 & -\cos A \\ -\cos B & -\cos A & 1 \end{pmatrix}
\begin{pmatrix} a \\ b \\ c \end{pmatrix} = \begin{pmatrix} 0 \\ 0 \\ 0 \end{pmatrix}
$$

a，b，c は 0 でないから行列（　）の作る行列式の値は 0 である．それを展開すれば $P=0$ が現れる．

×　　　　　　　　　　×

等式 $P=0$ ではなく，多項式 P そのものはどこに隠れているか．見つけようとして見つかるものでもない．「求めよ，さらば与えられ」で，日頃気をつけておれば，偶然見つかる．しかし，メモを忘れ，記憶は遥かかなたとなりがちのもの．思い出したのは次の一つ．

２次形式

$$Q=x^2+y^2+c^2-2ayz-2bzx-2cxy$$

初等的には，これに平方完成を繰り返す．

$$Q=(x-bz-cy)^2+(1-c^2)y^2-2(a+bc)yz+(1-b^2)z^2$$

途中の計算は略して

$$Q=(x-by-cy)^2+(1-c^2)\left(y-\frac{a+bc}{1-c^2}z\right)^2+\frac{-P}{1-c^2}z^2$$

P はこの２次形式を特徴づける重要な式であることが読みとれよう．

20. 整関数の意外な性質

先人の考えた秀れた証明を学ぶのは重要であるが，ときには，独力で，自分なりの証明を創り出すことをすすめたい．たとえ，泥くさい証明になったとしても，収穫は大きいはずである．それを試みる一例として，次の定理を取り挙げてみた．

---

n 次の整関数

$$f(x) = x^n + a_1 x^{n-1} + \cdots + a_n$$

において $|f(1)|,\ |f(2)|,\ \cdots,\ |f(n+1)|$ のどれかは $\dfrac{n!}{2^n}$ より小さくない．

整関数のグラフには x 軸の付近をうろつくものもあるが，長続きせず，やがて x 軸から遠ざかり再び戻ることはない．たとえば

$$f(x) = (x-1)(x-2)(x-3)$$

では $|f(1)|,\ |f(2)|,\ \cdots,\ |f(3)| = 0$ であるが

$$|f(4)| = 6 > \frac{3!}{2^3}$$

また　$f(x) = (x-1)(x-2)(x-4)$

では $|f(1)| = |f(2)| = |f(4)| = 0$ であるが

$$|f(3)| = 2 > \frac{3!}{2^3}$$

さて，証明であるが，一般の場合は全く予想がつかない．そんなときは２次，３次などのやさしい場合で試み，そこから一般の場合への糸口をみつけるのが，遠回りのようで実は近道なのである．スマートにまとめられた証明にも，試行錯誤のドロドロした創作過程があったことを忘れるべきではない．

×　　　　　　×

２次の場合の証明

$$f(x)=x^2+ax+b$$

背理法による．$|f(1)|, |f(2)|, |f(3)|<\dfrac{1}{2}$ と仮定して矛盾と導く．

$$\begin{aligned} f(1)&=1+a+b \\ f(2)&=4+2a+b \\ f(3)&=9+3a+b \end{aligned}$$

３式から a，b を消去してみるのが常識的着想であろう．上から順に $1, -2, 1$ をかけて加えれば

$$f(1)-2f(2)+f(3)=2$$

両辺の絶対値を求めると

$$2=|f(1)-2f(2)+f(3)|\leqq|f(1)|+2|f(2)|+|f(3)|$$

ここで仮定を用いて

$$2<\frac{1}{2}+2\times\frac{1}{2}+\frac{1}{2}=2 \quad 矛盾$$

予想外のやさしさに気をよくし，３次の場合の証明へとすすむ．

×　　　　　　×

3次の場合の証明

$$f(x)=x^3+ax^2+bx+c$$

2次の場合と同様に背理法による．すなわち

$$|f(1)|,\ |f(2)|,\ |f(3)|,\ |f(4)|<\frac{3}{4}$$

と仮定し，矛盾を導く．

$$f(1)=1+a+b+c$$
$$f(2)=8+4a+2b+c$$
$$f(3)=27+9a+3b+c$$
$$f(4)=64+16a+4b+c$$

a，b，c を消去したい．どんな数を掛けてから加えるか，視察による発見は無理．上から順に p，q，r，s を掛けて加えたとき，a，b，c が消去されたとすると

$$p+4q+9r+16s=0$$
$$p+2q+3r+4s=0$$
$$p+q+r+s=0$$

この3式を連立させて解くと

$$p=-s,\ q=3s,\ r=-3s$$

解は1組選んだので十分．たとえば $s=1$ とおいて

$$p=-1,\ q=3,\ r=-3,\ s=1$$

この p，q，r，s に対して

$$-1+3\cdot1-3\cdot1+1\cdot1=0 \quad ①$$
$$-1+3\cdot2-3\cdot3+1\cdot4=0 \quad ②$$
$$-1+3\cdot4-3\cdot9+1\cdot16=0 \quad ③$$
$$-1+3\cdot8-3\cdot27+1\cdot64=6 \quad ④$$

さらに

$$-1\cdot f(1)+3\cdot f(2)-3\cdot f(3)+1\cdot f(4)=6$$

２次の場合と同様にして

$$\begin{aligned}6&=\left|-f(1)+3f(2)-3f(3)+f(4)\right|\\&\leqq\left|f(1)\right|+3\left|f(3)\right|+3\left|f(3)\right|+\left|f(4)\right|\\&<(1+3+3+1)\times\frac{3}{4}=6\end{aligned}$$

$6<6$ は矛盾.

証明の一般化は可能か

以上の証明を振り返ってみる．係数を消去するために，掛けた数をみると

$f(x)$ が２次のとき	$1,\ -2,\ 1$
$f(x)$ が３次のとき	$-1,\ 3,\ -3,\ 1$

どこかで見たことのある数であろう．２項定理の展開式の係数に＋，－を交互につけたもの．パスカルの三角形を思い出してほしい．

パスカルの三角形　⇒　負号を追加

パスカルの三角形	負号を追加
1	1
1 1	−1 1
1 2 1	1 −2 1
1 3 3 1	−1 3 −3 1
…………	………………

一般化のためには，式の形を整えることが重要．組合せの記号 ${}_nC_r$ を用い①～④を書き改めてみよ．

$$-{}_3C_0+{}_3C_1-{}_3C_2+{}_3C_3=0$$
$$-{}_3C_0\cdot 1+{}_3C_1\cdot 2-{}_3C_2\cdot 3+{}_3C_3\cdot 4=0$$
$$-{}_3C_0\cdot 1^2+{}_3C_1\cdot 2^2-{}_3C_2\cdot 3^2+{}_3C_3\cdot 4^2=0$$
$$-{}_3C_0\cdot 1^3+{}_3C_1\cdot 2^3-{}_3C_2\cdot 3^3+{}_3C_3\cdot 4^3=6$$

4式の左辺をまとめて表そう.

$$-{}_3C_0\cdot 1^m+{}_3C_1\cdot 2^m-{}_3C_2\cdot 3^m+{}_3C_3\cdot 4^m$$

この式を m の関数とみて $K_3(m)$ で表せば

$$K_3(m)=\begin{cases}0 & (m=0,\ 1,\ 2)\\ 3! & (m=3)\end{cases}$$

この式は $f(x)$ が３次の場合のものであるが, n 次の場合へ拡張するのはやさしい.

補助定理

$$K_n(m)=(-1)^n{}_nC_0\cdot 1^m+(-1)^{n-1}{}_nC_1\cdot 2^m+\cdots+(-1)^0{}_nC_n(n+1)^m$$

において

$$K_3(m)=\begin{cases}0 & (m=0,\ 1,\ \cdots\ n-1)\\ n! & (m=n)\end{cases}$$

この証明が済めば目標の定理の証明は完成したも同然であろう. ここでは $n=3$ のときの証明を示すに止め, 一般化は読者の課題として残すことにする. $(x-1)^3$ の展開式を用いる.

$$\begin{aligned}(x-1)^3&=(-1+x)^3\\&=-{}_3C_0+{}_3C_1x-{}_3C_2x^2+{}_3C_3x^3\end{aligned}\qquad ⑤$$

$x=1$ を代入して

$$\begin{aligned}K_3(0)&=-{}_3C_0+{}_3C_1-{}_3C_2+{}_3C_3\\&=0\end{aligned}$$

⑤の両辺に x をかけ

$$(x-1)^3 x = -{}_3C_0 x + {}_3C_1 x^2 - {}_3C_2 x^3 + {}_3C_3 x^4$$

両辺を x について微分すれば

$$3(x-1)^2 x + (x-1)^3 = -{}_3C_0 + {}_3C_1 \cdot 2x - {}_3C_2 \cdot 3x^2 + {}_3C_3 \cdot 4x^3 \qquad ⑥$$

$x=1$ を代入して

$$K_3(1) = -{}_3C_0 \cdot 1 + {}_3C_1 \cdot 2 - {}_3C_2 \cdot 3 + {}_3C_3 \cdot 4$$
$$= 0$$

⑥の両辺に x をかけてから x について微分すれば

$$3 \cdot 2(x-1)x^2 + 9(x-1)^2 x + (x-1)^3$$
$$= -{}_3C_0 \cdot 1^2 + {}_3C_1 \cdot 2^2 x - {}_3C_2 \cdot 3^2 x^2 + {}_3C_3 \cdot 4^2 x^3 \qquad ⑦$$

$x=1$ を代入して

$$K_3(2) = -{}_3C_0 \cdot 1^2 + {}_3C_1 \cdot 2^2 - {}_3C_2 \cdot 3^2 + {}_3C_3 \cdot 4^2$$
$$= 0$$

⑦の両辺に x をかけてから x について微分すれば

$$3!x^3 + 36(x-1)x^2 + 21(x-1)^2 x + (x-1)^3$$
$$= -{}_3C_0 1^3 + {}_3C_1 2^3 x - {}_3C_2 3^3 x^2 + {}_3C_3 4^3 x^3$$

$x=1$ を代入して

$$K_3(3) = -{}_3C_0 \cdot 1^3 + {}_3C_1 \cdot 2^3 - {}_3C_2 \cdot 3^3 + {}_3C_3 \cdot 4^3 = 3!$$

補間法による近道

$f(x)$ が3次の場合でみると，証明の最後で必要なのは等式

$$K_3(3) = 3!$$

であるから，これをストレートに導きたい．補間式を用いれば，それが可能である．

$$f(x) = x^3 + ax^2 + bx + c$$

ここで第２の整式

$$g(x) = (x-1)(x-2)(x-3)(x-4)$$

を用い，分数式

$$\frac{f(x)}{g(x)} = \frac{x^3 + ax^2 + bx + c}{(x-1)(x-2)(x-3)(x-4)}$$

を考えると，分子の次数は分母の次数より小さいから，次のような部分分数の和に分解できる．

$$\frac{f(x)}{g(x)} = \frac{A_1}{x-1} + \frac{A_2}{x-2} + \frac{A_3}{x-3} + \frac{A_4}{x-4}$$

分母を払って

$$\begin{aligned} f(x) = {} & A_1(x-2)(x-3)(x-4) \\ & + A_2(x-1)(x-3)(x-4) \\ & + A_3(x-1)(x-2)(x-4) \\ & + A_4(x-1)(x-2)(x-3) \end{aligned}$$

$x = 1$ を代入して

$$f(1) = A_1(-1)(-2)(-3) \qquad A_1 = -\frac{{}_3C_0}{3!} f(1)$$

$x = 2,\ 3,\ 4$ を代入すれば，同様にして

$$A_2 = \frac{{}_3C_1}{3!} f(2),\quad A_3 = -\frac{{}_3C_2}{3!} f(3),\quad A_4 = \frac{{}_3C_3}{3!} f(4)$$

⑧において，両辺の x^3 の係数から

$$1 = A_1 + A_2 + A_3 + A_4$$

上で求めた式を代入すれば

$$3! = -{}_3C_0 f(1) + {}_3C_1 f(2) - {}_3C_2 f(3) + {}_3C_3 f(4)$$

以上を一般化し，$f(x)$ が n 次式のときの等式

$$n! = (-1)^n {}_nC_0 f(1) + (-1)^{n-1} {}_nC_1 f(2) + \cdots + (-1)^0 {}_nC_n f(n+1)$$

を導き，定理を完全に証明することは読者の課題としよう．

21. ２次関数の難問
－チェビシェフ定理－

２次関数の極値に関する次の問題は，大学の入試では難問に属し，多くの高校生を悩まして来た．

> ２次関数 $f(x)=x^2+ax+b$ において区間 $-1\leqq x\leqq 1$ における $|f(x)|$ の最大値を M とすれば
>
> $$M\geqq\frac{1}{2}$$
>
> である．等号は $f(x)=x^2-\frac{1}{2}$ のときに限って成り立つ

これが難問であるのは，次の３重苦を荷負っているからであろう．

（ⅰ）関数 $f(x)$ には未知の係数が２つある．

（ⅱ）変数 x には $-1\leqq x\leqq 1$ の制限がある．

（ⅲ）関数には絶対値記号がつく．

× × ×

この問題の常識的解き方は，$|f(x)|$ の最大値 M を実際に求め，それが $\frac{1}{2}$ 以上になることを示すものであるが，場合分けがわずらわしい．問題全体が y 軸について対称であることに気付けば場合の数は半減するが．

証明（Mを求める方法）

$a \geqq 0$と仮定する．（$a<0$のときはxの符号を変えて考えればよい）

$$f(x)=\left(x+\frac{a}{2}\right)^2+b-\frac{a^2}{4} \qquad (-1 \leqq x \leqq 1)$$

（１）　$b \geqq \dfrac{a^2}{4}$のとき

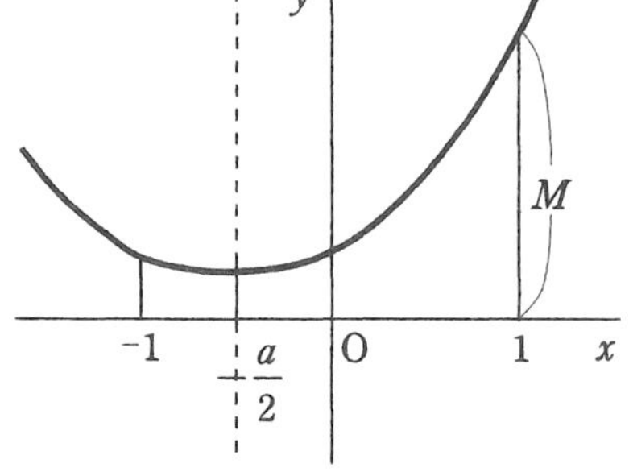

$|f(x)|$は$f(x)$は等しく，$x=1$で最大になるから

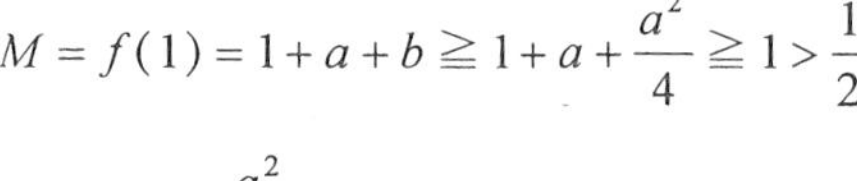

$$M=f(1)=1+a+b \geqq 1+a+\frac{a^2}{4} \geqq 1>\frac{1}{2}$$

（２）$b \leqq \dfrac{a^2}{4}$のとき

Mは次の２つの値のうち大きい方（正しくは小さくない方）である．

$$f(1)=1+a+b$$

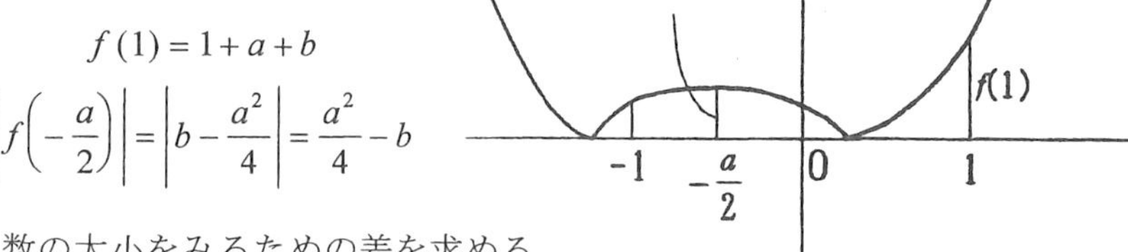

$$\left|f\left(-\frac{a}{2}\right)\right|=\left|b-\frac{a^2}{4}\right|=\frac{a^2}{4}-b$$

この２数の大小をみるための差を求める．

$$f(1)-\left|f\left(-\frac{a}{2}\right)\right|=2\left\{b-\left(\frac{a^2}{8}-\frac{a}{2}-\frac{1}{2}\right)\right\}$$

$b \geqq \dfrac{a^2}{8}-\dfrac{a}{2}-\dfrac{1}{2}$のとき

$$M=f(1) \geqq 1+a+\left(\frac{a^2}{8}-\frac{a}{2}-\frac{1}{2}\right) \qquad (*)$$

$$=\frac{a^2}{8}+\frac{a}{2}+\frac{1}{2} \geqq \frac{1}{2}$$

$b<\dfrac{a^2}{8}-\dfrac{a}{2}-\dfrac{1}{2}$ のとき

$$M=f\left(-\frac{a}{2}\right)=\frac{a^2}{4}-b>\frac{a^2}{4}-\left(\frac{a^2}{8}-\frac{a}{2}-\frac{1}{2}\right) \qquad (**)$$

$$=\frac{a^2}{8}+\frac{a}{2}+\frac{1}{2}\geqq\frac{1}{2}$$

以上のいずれの場合にも $M\geqq\dfrac{1}{2}$ である．

後半の証明　$M=\dfrac{1}{2}$ となり得るのは（2）の場合に限る．（＊）も（＊＊）も $a=0$ のときに限って $M=\dfrac{1}{2}$ となる．（＊）では $M=1+a+b=\dfrac{1}{2}$ から $b=-\dfrac{1}{2}$，（＊＊）では $M=\dfrac{a^2}{4}-b=\dfrac{1}{2}$ から $b=-\dfrac{1}{2}$ よって $M=\dfrac{1}{2}$ となるのは

$$f(x)=x^2-\frac{1}{2}$$

のときに限る．

背理法による証明

結論を仮定し矛盾を導く．$M<\dfrac{1}{2}$ と仮定すれば $|f(1)|$, $|f(0)|$, $|-f(1)|$ はすべて $\dfrac{1}{2}$ より小さいから

$$|1+a+b|<\frac{1}{2}$$

$$|b|<\frac{1}{2}$$

$$|1-a+b|<\frac{1}{2}$$

これらの３式から a，b を消去する．それには $f(1)$, $f(0)$, $f(-1)$ から a，b を消去すればよい．視察によって

$$f(1)-2f(0)+f(-1)=2$$
$$\begin{aligned}2&=\left|f(1)-2f(0)+f(-1)\right|\\&\leqq\left|f(1)\right|+2\left|f(0)\right|+\left|f(-1)\right|<\frac{1}{2}\times 4=2\end{aligned}$$

$2<2$ は矛盾．よって $M\geqq\dfrac{1}{2}$ である．

後半の証明

$M=\dfrac{1}{2}$ のときは

$$\left|f(-1)\right|\leqq\frac{1}{2},\ \left|f(0)\right|\leqq\frac{1}{2},\ \left|f(1)\right|\leqq\frac{1}{2}$$

この中に，もし等号の成り立たないものがあれば

$$2\leqq\left|f(1)\right|+2\left|f(0)\right|+\left|f(-1)\right|<\frac{1}{2}\times 4$$

となって矛盾に達するから，すべて等号が成り立たなければならない．

$$\left|1+a+b\right|=\frac{1}{2} \quad ①$$

$$\left|b\right|=\frac{1}{2} \quad ②$$

$$\left|1-a+b\right|=\frac{1}{2} \quad ③$$

②から，$b=\pm\dfrac{1}{2}$，これを①，③に代入して a を求める．解は $a=0$，$b=-\dfrac{1}{2}$，よって $M=\dfrac{1}{2}$ となるのは $f(x)=x^2-\dfrac{1}{2}$ のときに限る．

$x^2-\frac{1}{2}$との差を用いる証明

背理法による証明で選んだxの値1, 0, −1は関数

$$g(x)=x^2-\frac{1}{2} \qquad (-1\leqq x\leqq 1)$$

が極値をとる場合である．すなわち$x=1, -1$では極大値$\frac{1}{2}$で，$x=0$では極小値$-\frac{1}{2}$である．

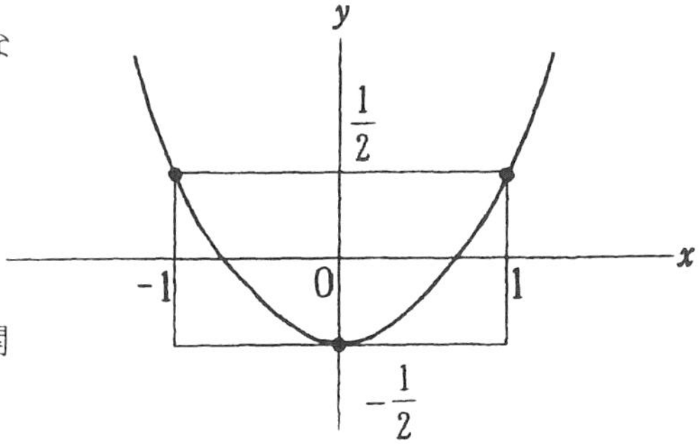

したがって，最初から，この関数を用いた証明が考えられる．そこで

$$R(x)=f(x)-g(x)=ax+\left(b+\frac{1}{2}\right)$$

とおいてみよ．

背理法による．$M<\frac{1}{2}$と仮定すると

$$-\frac{1}{2}<f(-1),\ f(0),\ f(1)<\frac{1}{2}$$

したがって

$$R(1)=f(1)-\frac{1}{2}<0$$

$$R(0)=f(0)+\frac{1}{2}>0$$

$$R(-1)=f(-1)-\frac{1}{2}<0$$

$R(x)$は高々１次の関数であるから，そのグラフは直線であって，上の２条件をみたすことはできない．

後半の証明

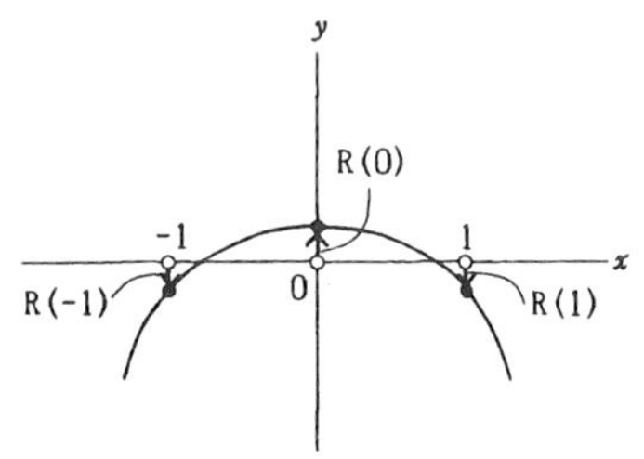

$M=\dfrac{1}{2}$ とすると

$$-\frac{1}{2} \leqq f(-1),\ f(0),\ f(1) \leqq \frac{1}{2}$$

したがって

$$R(-1) \leqq 0, \quad R(0) \geqq 0, \quad R(1) \leqq 0$$

この条件をみたすは恒等的に 0 であるものに限る．したがって $f(x)-g(x)=R(x)=0$ から

$$f(x)=g(x)=x^2-\frac{1}{2}$$

チェビシェフの定理

２次関数に関する以上の難問を n 次関数へ一般化したのがチェビシェフの定理である．

> n 次の整関数
>
> $$f(x)=x^n+a_1x^{n-1}+\cdots+a_n \quad (n \geqq 1)$$
>
> において区間 $-1 \leqq x \leqq 1$ における $|f(x)|$ の最大値を M とすれば
>
> $$M \geqq \frac{1}{2^{n-1}}$$
>
> である．等号の成り立つのは
>
> $$f(x)=\frac{1}{2^{n-1}}T_n(x)$$
>
> のときに限る．（チェビシェフの定理）

この定理に現れた関数 $T_n(x)$ はチェビシェフの整関数と称するもので，

$\cos^n\theta$ を $\cos\theta$ で表した式で，$\cos\theta = x$ とおいたものである．たとえば２倍角の公式

$$\cos 2\theta = 2\cos^2\theta - 1$$

から $$T_2(x) = 2x^2 - 1$$

３倍角の公式

$$\cos 3\theta = 4\cos^3\theta - 3\cos\theta$$

から $$T_3(x) = 4x^3 - 3x$$

一般の $T_n(x)$ を求めるには，ド・モアブルの公式

$$\cos n\theta + i\sin n\theta = (\cos\theta + i\sin\theta)^n$$

が必要である．右辺を２項定理によって展開し，実部と虚部に分ける．実部をまとめたものが $\cos n\theta$ である．

$$\cos n\theta = {}_nC_0\cos^n\theta - {}_nC_2\cos^{n-2}\theta\sin^2\theta + {}_nC_4\cos^{n-4}\theta\sin^4\theta - \cdots$$

左辺には $\sin\theta$ があるが偶数乗であるから $\sin^2\theta$ を $1-\cos^2\theta$ で置きかえれば $\cos\theta$ のみの式になる．$\cos\theta = x$ とおいて

$$T_n(x) = {}_nC_0x^n - {}_nC_2x^{n-2}(1-x^2) + {}_nC_4x^{n-4}(1-x^2)^2 - \cdots$$

$n = 2, 3, 4, 5$ のときの式を実際に求めてみよ．整理した式を挙げておく．

$$T_1(x) = x$$
$$T_2(x) = 2x^2 - 1$$
$$T_3(x) = 4x^3 - 3x$$
$$T_4(x) = 8x^4 - 8x^2 + 1$$
$$T_5(x) = 16x^5 - 20x^3 + 5x$$

$T_n(x)$ の x^n の係数は

$${}_nC_0+{}_nC_2+{}_nC_4+\cdots$$

に等しい．この式の値を知るには $(1+x)^n$ の展開式

$$(1+x)^n={}_nC_0+{}_nC_1x+{}_nC_2x^2+\cdots+{}_nC_nx^n$$

に $x=1,\ -1$ を代入すればよい．

$${}_nC_0+{}_nC_1+{}_nC_2+{}_nC_3+\cdots=2^n$$
$${}_nC_0-{}_nC_1+{}_nC_2-{}_nC_3+\cdots=0$$

この２式から

$${}_nC_0+{}_nC_2+\cdots={}_nC_1+{}_nC_3+\cdots=2^{n-1}$$

したがって

$$T_n(x)=2^{n-1}x^n+a_1x^{n-1}+\cdots+a_n$$

$T_n(x)$ の漸化式

チェビシェフの整関数は漸化式で定義することもできる．ド・モアブルの定理

$$\cos n\theta+i\sin n\theta=(\cos\theta+i\sin\theta)^n$$

の符号をかえた式を作り，２式を加えて２で割れば

$$\cos n\theta=\frac{1}{2}\{(\cos\theta+i\sin\theta)^n+(\cos\theta-i\sin\theta)^n\}$$

$\cos\theta=x$ とおくと $\sin\theta=\sqrt{1-x^2}$ さらに $\cos\theta$ の逆関数を $\cos^{-1}\theta$ で表せば $\theta=\cos^{-1}x\quad(0\leqq\theta\leqq\pi)$

$$\cos(n\cos^{-1}x)=\frac{1}{2}\{(x+i\sqrt{1-x^2})^n+(x-i\sqrt{1-x^2})^n\}$$

この式はチェビシェフの整関数そのものである．$x+i\sqrt{1-x^2}=\alpha$ とおくと，

$$x-i\sqrt{1-x^2}=\overline{\alpha}$$
$$T_n(x)=\frac{1}{2}(\alpha^n+\overline{\alpha^n})$$

$\alpha+\overline{\alpha}=2x,\ \alpha\overline{\alpha}=1$ であるから，したがって $\alpha, \overline{\alpha}$ を解にもつ２次方程式は $t^2-2xt+1=0$ である．t に $\alpha, \overline{\alpha}$ を代入して

$$\alpha^2-2x\alpha+1=0,\ \ \overline{\alpha^2}-2x\overline{\alpha}+1=0$$

両辺にそれぞれ $\alpha^n, \overline{\alpha^n}$ をかけてから２式を加えて２で割れば

$$T_{n+2}(x)-2xT_{n+1}(x)+T_n(x)=0$$

これが $T_n(x)$ によってみたされる漸化式である．逆に，この漸化式の解は初期値として $T_1(x)=x,\ T_2(x)=2x^2-1$ を与えておけばチェビシェフの整関数になる．$T_3(x),\ T_4(x)$ さらに一般に $T_n(x)$ を求めてみることをすすめたい．

$T_n(x)$ のグラフ

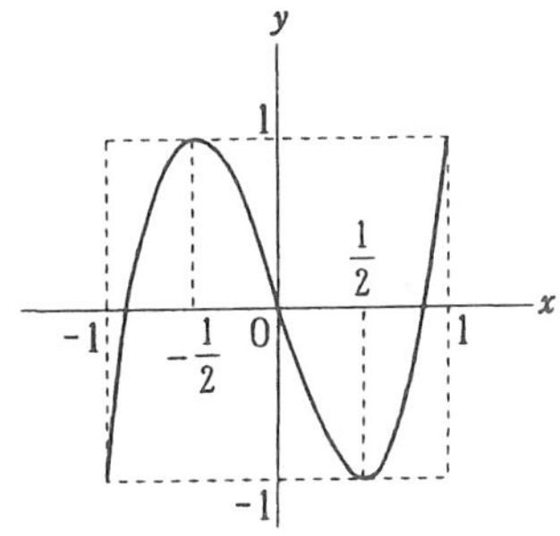

チェビシェフの整関数 $T_n(x)$ はその生い立ちに戻ってみると，x も $T_n(x)$ も三角関数の余弦である．

$$T_n(x)=\cos n\theta,\ \ x=\cos\theta$$

したがって，変数 x の範囲と関数 $T_n(x)$ の値の範囲とは，ともに−1 から 1 までの実数である．そのくわしい実態と知りたければ，グラフを実際に書いてみればよい．

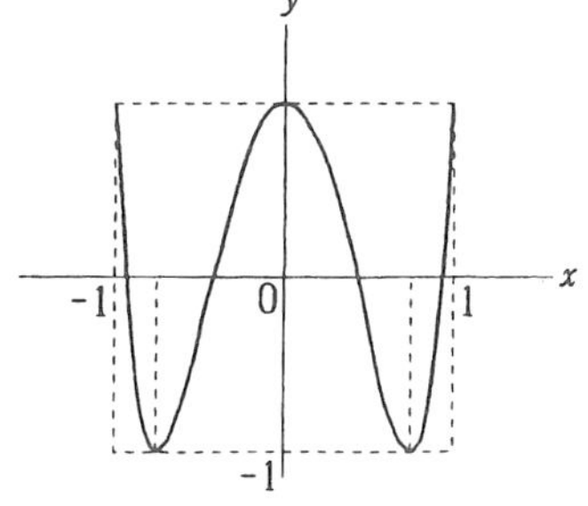

$$T_3(x)=4x^3-3x,\ \ (-1\leqq x\leqq 1)$$

$$T_3'(x)=3(4x^2-1)=0 \quad \text{から} \quad x=\pm\frac{1}{2}$$

$$T_4(x)=8x^4-8x^2+1 \ \ (-1\leqq x\leqq 1)$$

$$T_4'(x)=16x(2x^2-1)=0 \quad \text{から} \quad x=0,\ \pm\frac{1}{\sqrt{2}}$$

どのグラフも原点を中心とする１辺の長さ２の正方形の中にぴったりと納まるとは不思議，いや，当然であるのだが，あまりにもうまく納まる様子をみせつけられると，本当にこれでよいのかなと疑いたくなる．

極値を与える x の値は導関数によって求めたが，これは方程式 $\cos n\theta=0$ を解いて求めてもよい．たとえば $T_3(x)=4x^3-3x$

$\cos 3\theta=1$ から，$\theta=\frac{2\pi}{3}r,\ (r=0,\ 1,\ 2)$，この θ に対して，$\cos 0=1$,

$\cos\frac{2\pi}{3}=\cos\frac{4\pi}{3}=-\frac{1}{2}$ よって極大値１を与える x の値は $1,\ -\frac{1}{2}$ である．

$\cos 3\theta=-1$ から，$\theta=\frac{2\pi}{3}r+\frac{\pi}{3},\ (r=0,\ 1,\ 2)$ この θ に対して，

$$\cos\frac{\pi}{3}=\cos\frac{5\pi}{3}=\frac{1}{2},\ \ \cos\pi=-1$$

よって極小値-1 を与える x の値は $\frac{1}{2},\ -1$ である．

これを一般化したのが次の結論である．

	極大点	極小点	合計
$T_{2r}(x)$	$r+1$ 個	r 個	$2r+1$
$T_{2r+1}(x)$	$r+1$ 個	$r+1$ 個	$2r+2$

さらにまとめて，$T_n(x)$ の極小を与える点は $(n+1)$ 個である．この事実はチェビシェフの定理の証明に役に立ちそうである．

定理の直観的証明を探る

チェビシェフの定理の証明は高級な方法を避け，初等的な方法を探ってみたい．２次の関数で試みた３種の証明のうち，一般化の可能性の大きいのは最後の方法であろう．その大要を４次関数

$$f(x)=x^4+a_1x^3+a_2x^2+a_3x+a_4$$

で考えてみたい．

$$\frac{1}{8}T_4(x)=x^4-x^2+\frac{1}{8}$$

ここで，２つの関数の差を $R(x)$ とおく．

$$R(x)=f(x)-\frac{1}{8}T_4(x)=b_0x^3+b_1x^2+b_2x+b_3$$

この関数は高々３次であることに目をつける．

$\frac{1}{8}T_4(x)$ の極大値 $\frac{1}{8}$ を与える点は３個，極小値 $-\frac{1}{8}$ を与える点は２個ある．それを大きさの順に，次のように表す．

$$\alpha_5<\alpha_4<\alpha_3<\alpha_2<\alpha_1$$

ただし α_1, a_3, α_5 は極大になる点で，α_2, α_4 は極小になる点である．

証明は背理法による．$M<\frac{1}{8}$ と仮定すると

$$-\frac{1}{8}<f(\alpha_i)<\frac{1}{8},\ (i=1,\ 2,\ \cdots,\ 5)$$

したがって

$R(\alpha_5)$	$R(\alpha_4)$	$R(\alpha_3)$	$R(\alpha_2)$	$R(\alpha_1)$
負	正	負	正	負

ロールの定理により $y=R(x)$ のグラフは x 軸と異なる４点で交わらなければならない．見方をかえれば方程式 $R(x)=0$ は４つの異なる実数解をも

たねばならないが，$R(x)$ は高々3次の整関数であり，そうはなり得ない．したがって，$M \geqq \frac{1}{8}$ である．

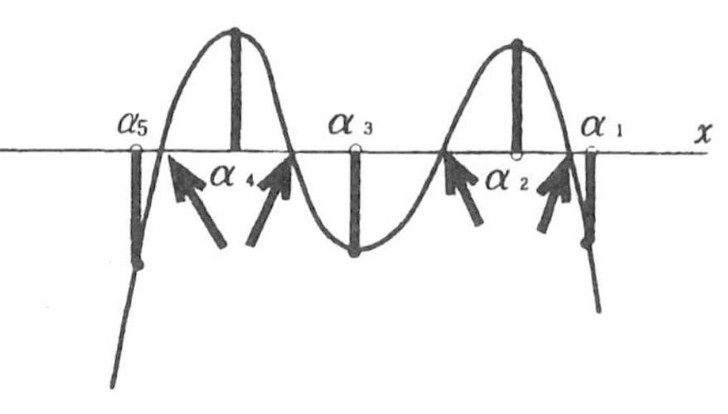

後半の証明．$M=\frac{1}{8}$ とすると

$$-\frac{1}{8} \leqq f(\alpha_i) \leqq \frac{1}{8},\ (i=1,\ 2,\ \cdots,\ 5)$$

したがって

$R(\alpha_5)$	$R(\alpha_4)$	$R(\alpha_3)$	$R(\alpha_2)$	$R(\alpha_1)$
負，0	正，0	負，0	正，0	負，0

高々3次の関数 $R(x)$ で，上の条件をみたすのは値が常に 0 の定値関数，すなわち $R(x)=0$ に限る．したがって，$M=\frac{1}{8}$ となるのは

$$f(x)=\frac{1}{8}T_4(x)$$

に限る．

やや直観的な証明になってしまった．もっと論理的な証明は読者の研究に期待しよう．

22. 母関数を用いてみよう

母関数とは何か

数列を調べるのに，その母関数を用いると有効なことがある．では，母関数とは何か．

数列を

$$a_0,\ a_1,\ a_2,\ \cdots,\ a_r,\ \cdots$$

と表わす．無限でも有限でもよい．ある番号から先の項が 0 のときは有限数列を表しているとみればよい．

この数列に対して，無限級数

$$F(x) = a_0 + a_1x + a_2x + \cdots + a_rx^r + \cdots$$

を考え，この関数を**母関数**という．

無限級数をみれば収束するかどうかが気にかかるが，母関数では無関心であってよい．x は全く形式的に導入した変数に過ぎないのである．その名は関数であるが，正体は代数学における単なる式とみればよい．したがって，その計算も次のように形式的に定めたものとみたのでよい．

２つの無限級数を

$$F(x) = a_0 + a_1x + a_2x^2 + \cdots + a_rx^r + \cdots$$
$$G(x) = b_0 + b_1x + b_2x^2 + \cdots + b_rx^r + \cdots$$

としたとき，加法は

$$F(x) + G(x) = (a_0 + b_0) + (a_1 + b_1)x + (a_2 + b_2)x^2 + \cdots + (a_r + b_r)x^r + \cdots$$

と定める．減法も同様．乗法は

$$F(x)G(x)=a_0b_0+(a_0b_1+a_1b_0)x+\cdots+(a_0b_r+a_1b_{r-1}+\cdots+a_rb_0)x^r+\cdots$$

と定める．この特別な場合として，定数を掛けるのが含まれる．

$$kF(x)=ka_0+ka_1x+\cdots+ka_rx^r+\cdots$$

その他の計算も，これにならって形式に定めればよいのだから，気楽に計算することをすすめたい．

自然数の母

下準備として，最も簡単な無限数列

$$1, 1, 1, \cdots 1, \cdots$$

の母関数から話をはじめよう．

$$y=1+x+x^2+\cdots+x^r+\cdots$$

この母関数が分数式

$$\frac{1}{1-x} \quad \text{すなわち} \quad (1-x)^{-1}$$

で表されることは，等比級数の和の極限から明かであろう．

$$\lim_{r\to\infty}\frac{1-x^r}{1-x}=\frac{1}{1-x} \qquad (|x|<1)$$

しかし，ここでは，収束を考えず，形式的計算で導いておく．y の両辺に x をかけ

$$xy=x+x^2+\cdots+x^r+\cdots$$

y から xy を引いて $(1-x)y=1$

$$\frac{1}{1-x}=1+x+x^2+\cdots+x^r+\cdots \qquad ①$$

これが分れば，自然数の数列

$$0,\ 1,\ 2,\ 3,\ \cdots,\ r,\ \cdots$$

の母関数

$$y = x + 2x^2 + \cdots + (r-1)x^{r-1} + \cdots$$

を表す式を求めることは予想できよう．この両辺に x をかけて

$$xy = x^2 + 2x^3 + \cdots + (r-1)x^r + \cdots$$

２式の差をとると

$$(1-x)y = x + x^2 + x^3 + \cdots + x^r + \cdots$$

右辺はすでに分っている．

$$(1-x)y = \frac{1}{1-x} - 1, \quad y = \frac{x}{(1-x)^2}$$

$$\frac{x}{(1-x)^2} = x + 2x^2 + 3x^3 + \cdots rx^r + \cdots \qquad ②$$

自然数の和の公式

自然数の和の公式

$$1 + 2 + \cdots + r = \frac{r(r+1)}{2}$$

も周知のものであるが，ここでは母関数の利用の練習の積りで取り挙げる．

自然数の和の数列を作るには，②の両辺に①の両辺を掛ければよい．

$$\frac{x}{(1-x)^3} = x + (1+2)x^2 + \cdots + (1+2+\cdots+r)x^r + \cdots$$

この左辺の分数式を無限級数に展開して x^r の係数を求めればよい．左辺は

$$x(1-x)^{-3}$$

$(1-x)^{-3}$ の展開は２項定理

$$(1+x)^n=\binom{n}{0}+\binom{n}{1}x+\cdots+\binom{n}{r}x^r+\cdots+\binom{n}{n}x^n$$

を，n が負の数や分数の場合へ形式的に拡張したものを用いる.

$(1-x)^{-3}$ の x^r の係数を B_r で表すと

$$B_r=\frac{(-3)(-4)\cdots(-3-r+1)}{r!}(-1)^r$$

分母の因数は r 個であるから，その符号をかえれば $(-1)^r$ は消える.

$$B_r=\frac{3\cdot 4\cdots\cdots(r+2)}{r!}=\frac{(r+1)(r+2)}{2}$$

したがって $x(1-x)^{-3}$ の x^r の係数は

$$B_{r-1}=\frac{r(r+1)}{2}$$

であって，これは $1+2+\cdots+r$ に等しい.

× ×

上の実例でみたように，ある無限級数の係数の和を求めたいときは，その無限級数に①の無限級数をかければよい.

すなわち，一般に

$$F(x)=a_0+a_1x+a_2x^2+\cdots+a_rx^r+\cdots$$

とすると

$$F(x)\cdot\frac{1}{1-x}=F(x)(1-x)^{-1}$$

の x^r 係数は，$F(x)$ の係数の和

$$a_0 + a_1 + a_2 + \cdots + a_r + \cdots$$

に等しい．それで①のことを**和分演算子**と呼ぶことがある．

自然数の平方の和の公式

自然数の和を求めるのは，あまりにも平凡過ぎた．ほんの少しレベルを上げ，平方の和を求めてみよう．とはいっても，結果を知る人が多く新鮮味はうすいが……．その目的を果すには，自然数の平方の母関数が必要である．

$$y = x + 2^2 x^2 + \cdots + r^2 x^r + \cdots$$

前の例にならって xy, $y - xy$ を作ると，x^r の係数は $r^2 - (r-1)^2 = 2r - 1$ に等しいから

$$(1-x)y = x + 3x^2 + \cdots + (2r-1)x^r + \cdots$$

右辺は次のように２つの級数の差に分解できる．

$$\begin{aligned} &2(x + 2x^2 + \cdots + rx^r + \cdots) \\ &-(x + x^2 + \cdots + x^r + \cdots) \end{aligned}$$

これは，すでに求めた①，②で表されるから

$$(1-x)y = 2\frac{x}{(1-x)^2} - \left(\frac{1}{1-x} - 1\right)$$

これを y について解いて

$$\frac{x + x^2}{(1-x)^3} = x + 2^2 + \cdots + r^2 x^r + \cdots$$

この級数の和を求めたいから，両辺に和分演算子①をかけて，右辺を

$$\frac{x+x^2}{(1-x)^4} = A_1x + A_2x^2 + \cdots + A_rx^r + \cdots$$

と表せば，

$$A_r = 1^2 + 2^2 + \cdots + r^2$$

$(1-x)^{-4}$ を展開した級数の x^r の係数を B_r で表すと，$A_r = B_{r-1} + B_{r-2}$ である．B_r は２項定理で求めればよい．

$$\begin{aligned} B_r &= \frac{(-4)(-5)\cdots(-4-r+1)}{r!}(-1)^r \\ &= \frac{4\cdot 5\cdots(r+3)}{r!} = \frac{(r+1)(r+2)(r+3)}{3!} \end{aligned}$$

これをもとにして B_{r-1}, B_{r-2} を求めて

$$A_r = \frac{r(r+1)(r+2)}{6} + \frac{(r-1)r(r+1)}{6}$$

この式を簡単にして

$$1^2 + 2^2 + \cdots + r^2 = \frac{r(r+1)(2r+1)}{6}$$

同様のことを繰り返せば，自然数の３乗の和，４乗の和と順に求められるが，楽な計算とはいえない．もっと有効な応用の例へ進むことにしよう．

漸化式を解く

数列 a_1, a_2, $\cdots a_r$, $\cdots$ の漸化式の基本になるのは１次の同次式のものである．その中でも簡単な

$$a_{r+1} = pa_r + qa_{r-1} \qquad (\text{初期値 } a_0,\ a_1)$$

の解き方を考えてみたい．解き方はいろいろ知られているが，ここでの狙いは母関数の応用である．一般の場合を解くほどのこともないから実例で

試みる．

有名なフィボナッチ数列を取り挙げよう．この数列は次の漸化式で与えられる．

$$a_{r+1} = a_r + a_{r-1} \qquad （初期値\, a_0 = 1,\ a_1 = 1）$$

この数列の母関数を $y = a_0 + a_1 x + a_2 x^2 + \cdots + a_r x^r + \cdots$
とおくことは，いままでと同じ．漸化式を用いるため，y に x をかけて a_{r-1} が x^r の係数となるようにする．

$$xy = a_0 x + a_1 x^2 + \cdots + a_{r-1} x^r + \cdots$$

２式を加えてみよ．

$$y + xy = a_0 + (a_1 + a_0)x + \cdots + (a_r + a_{r-1})x^r + \cdots$$
$$(1+x)y = a_0 + a_2 x + \cdots + a_{r+1} x^r + \cdots$$
$$(1+x)y = a_0 + \frac{1}{x}(y - a_0 - a_1 x)$$

初期値を代入してから y について解く．

$$y = \frac{1}{1 - x - x^2}$$

これを無限級数に展開したい．そのために頼りになるのは２項定理で，そのためには部分分数に分解せねばならない．

$1 - x - x^2 = 0$ は x についての方程式とみるよりは $\left(\frac{1}{x}\right)^2 - \left(\frac{1}{x}\right) - 1 = 0$ と変形して $\frac{1}{x}$ についての２次方程式とみるのがよい．その理由はあとで分る．

２つの解を

$$\alpha = \frac{1+\sqrt{5}}{2}, \quad \beta = \frac{1-\sqrt{5}}{2}$$

とおき，y の分母を $\alpha,\ \beta$ で表し，部分分数に分解する．

$$y = \frac{1}{(1-\alpha x)(1-\beta x)} = \frac{A}{1-\alpha x} + \frac{B}{1-\beta x}$$
$$A(1-\beta x) + B(1-\alpha x) = 1$$

この恒等式をみたす A, B を求めると

$$A = \frac{\alpha}{\alpha - \beta} = \frac{\alpha}{\sqrt{5}}, \quad B = \frac{\beta}{\beta - \alpha} = -\frac{\beta}{\sqrt{5}}$$

したがって

$$y = \frac{\alpha}{\sqrt{5}} \cdot \frac{1}{1-\alpha x} - \frac{\beta}{\sqrt{5}} \cdot \frac{1}{1-\beta x}$$

これを展開したときの x^r の係数は a_r であるから,

$$a_r = \frac{\alpha}{\sqrt{5}}\alpha^r - \frac{\beta}{\sqrt{5}}\beta^r = \frac{\alpha^{r+1} - \beta^{r+1}}{\sqrt{5}}$$

これでフィボナッチ数列の一般項は求められた.

読者は念のため数列の初めの数項を実際に計算し, 1, 1, 2, 3, 5, … となることを確められよ.

上の解で現れた方程式

$$\lambda^2 - \lambda - 1 = 0 \quad \left(\lambda = \frac{1}{x}\right)$$

は, $a_{r+1} - a_r - a_{r-1} = 0$ において $a_{r+1} = \lambda a_r$ とおいて導かれるものである. この方程式は**固有方程式**, その解は**固有値**と呼ばれており, 漸化式にとっては極めて重要なもので, どんな解き方を試みても, どこかで姿をみせる.

一般に, 3項間の漸化式

$$Aa_{r+1} + Ba_r + Ca_{r-1} = 0$$

の固有方程式は

$$A\lambda^2 + B\lambda + C = 0$$

である.

固有値が重根のとき

フィボナッチ数列の漸化式では２つの固有値は異っていた．固有値が等しいと，この解き方の後半は実行できない．さて，それでは，どこから修正が必要なのか．実例に当ってみる．

漸化式を

$$a_{r+1} = 6a_r - 9a_{r-1}, \quad a_0 = 1, \quad a_1 = 2$$

とすると，前の例の前半の解と同様にして母関数は次の式になる．

$$y = \frac{1-4x}{1-6x+9x^2}$$

したがって固有方程式は $\lambda^2 - 6\lambda + 9 = 0$，これは重根３をもつから固有値は３のみであり，部分分数への分解は次の形である．

$$y = \frac{1-4x}{(1-3x)^2} = \frac{A}{(1-3x)^2} + \frac{B}{1-3x}$$

$$1-4x = A + B(1-3x)$$

この恒等式から $A = -\frac{1}{3}, \quad B = \frac{4}{3}$

$$\therefore \quad y = \frac{-1}{3}(1-3x)^{-2} + \frac{4}{3}(1-3x)^{-1}$$

２項定理で展開すれば，x^r の係数が a_r である．

$$a_r = \frac{-1}{3} \cdot \frac{(-2)(-3)\cdots(-2-r+1)}{r!}(-3)^r + \frac{4}{3}3^r$$

$$\therefore \quad a_r = (3-r)3^{r-1}$$

係数に変数のあるとき

以上の２つの例の漸化式は a_{r+1}, a_r, a_{r-1} の係数が定数であった．定数でなかったらどうなるだろう．定数が r の１次式になる２項間の漸化式が

$$(r+1)a_{r+1}=(2r+3)a_r \qquad (a_0=1,\ a_1=3)$$

のとき，数列 a_0, a_1, a_2, $\cdots$ の母関数

$$y=a_0+a_1x+a_2x^2+\cdots+a_rx^r+\cdots$$

を求めてみよう．

この例では，a_r を求めるのはやさしい．

$$a_{r+1}=\frac{2r+3}{r+1}a_r$$

これを反復して用いればよい．

$$a_r=\frac{1\cdot3\cdot5\cdots(2r+1)}{r!}$$

一般項は分ったが，母関数を表す式は明かでない．それを求めるのが目標である．母関数を微分すれば

$$y'=a_1+2a_2x+3a_3x^2+\cdots+ra_rx^{r-1}+\cdots$$

となるから，これを用いるために漸化式を次のように書きかえる．

$$ra_r=2(r-1)a_{r-1}+3a_{r-1}$$

y' に $2x$, y に３をかける．

$$\begin{aligned}2xy'&=2a_1x+2\cdot2a_2x^2+\cdots+2(r-1)a_{r-1}x^{r-1}+\cdots\\3y&=3a_0+3a_1x+3a_2x^2+\cdots+3a_{r-1}x^{r-1}+\cdots\end{aligned}$$

この２式を加えれば y' になる．

$$y'=2xy'+3y$$

微分方程式が現れた．変数が分離するタイプであるから解くのはやさしい．

$$\frac{y'}{y} = -\frac{3}{2} \cdot \frac{-2}{1-2x}$$

両辺を積分すれば

$$\log y = -\frac{3}{2} \log(1-2x) + C$$

$x=0$ のとき $y=1$ とおいて $C=0$

$$\therefore \quad y = (1-2x)^{-\frac{3}{2}}$$

意外な式の母関数である．不安ならば，２項定理によって展開してみてはどうか．展開した級数の x^r の係数は

$$a_r = \frac{\left(-\frac{3}{2}\right)\left(-\frac{3}{2}-1\right)\cdots\left(-\frac{3}{2}-r+1\right)}{r!}(-2)^r$$

$$= \frac{\frac{3}{2}\cdot\frac{5}{2}\cdots\left(\frac{2r+1}{2}\right)}{r!}2^r = \frac{1\cdot 3\cdot 5\cdots\cdots(2r+1)}{r!}$$

前に求めた結果と一致し，一安心．

２変数の漸化式を解く

数学の本で，組合せと順列のところをみると，導入部分に必ず現れる公式が２つある．

$$C(n, r) = C(n, n-r)$$
$$C(n, r) = C(n-1, r-1) + C(n-1, r)$$

第２式は n，r を変数とみてよいから２変数の漸化式である．

応用例としては必ずといってよいほどパスカルの三角形が挙げられるが，その他の応用例は少なく，公式の導き方のスマートさのみが印象として残る．

パスカルの三角形

$(1+x)^0$　　1

$(1+x)^1$　　1　1

$(1+x)^2$　　1　2　1

$(1+x)^3$　　1　3　3　1

$(1+x)^4$　　1　4　6　4　1

そのスマートさを具体例で示してみる．5文字 a, b, c, d, e から3文字を選ぶ組合せの個数は $C(5, 3)$ で表される 10 である．これらの組合せを，a を含むグループAと a を含まないグループBとに分けてみよ．

A		B	
$\{a, b, c\}$	$\{a, b, d\}$	$\{b, c, d\}$	$\{b, c, e\}$
$\{a, b, e\}$	$\{a, c, d\}$	$\{b, d, e\}$	$\{c, d, e\}$
$\{a, c, e\}$	$\{a, d, e\}$		

Aの組合せは，a を除いた4文字 b, c, d, e から2個選び，それに a を追加したもので，その個数は $C(4, 2)$ で表される．一方Bの組合せは a を除いた4文字から3文字選んだもので，その個数は $C(4, 3)$ で表される．したがって

$$C(5, 3) = C(4, 2) + C(4, 3)$$

これを一般化したのが公式である．

×　　　　×

n 個の異なるものから r 個を選んで作る組合せの総数を表わす公式

$$C(n, r) = \frac{n(n-1)\cdots(n-r+1)}{r!}$$

を導くのに，先の漸化式を用いた本は少ない．順列の数から導くのが，あまりにも易しすぎるためであろう．n 個の異なるものから r 個選んで並べ

る順列の数が

$$P(n, r) = n(n-1)\cdots(n-r+1)$$

で与えられることの証明はやさしい．この順列で順序を無視すれば組合せであり，その個数は $P(n, r)$ を $r!$ で割った数に等しい．こんなスマートな方法があるのに，漸化式の解法などで苦労するのは馬鹿げていよう．いや，そうではないのだ．ある問題の解き方としては難渋であっても，他の問題の解き方としては鮮明ということがしばしばある．だから**問題をいろいろな方法で解いてみることは，無駄のようで無駄ではないのだ**．これを世人は「無駄の効用」という．計画経済と称する理論は無駄を省こうとして失敗した．社会主義も手痛い教訓を残しつつあるではないか．数学も人間の営みで，世俗の教訓にそむくことはできない．脱線はこの程度にして，漸化式

$$C(n, r) = C(n-1, r-1) + C(n-1, r)$$

の解法こ移るとしよう．n, r は正の整数であるが，形を整えるには 0 まで拡張しておくのがよく，さらに次の約束も追加しておく．

$$n \geqq 0 \quad \text{のとき} \quad C(n, 0) = 1$$
$$r \geqq 0 \quad \text{のとき} \quad C(0, r) = 0$$

求める母関数を $F_n(x)$ で表わす．

$$F_n(x) = C(n, 0) + C(n, 1)x + \cdots + C(n, r)x^r + \cdots$$

パスカルの三角形を上から下へ順に作ってゆく手法にならう．

$$F_{n-1}(x) = C(n-1, 0) + C(n-1, 1)x + \cdots C(n-1, r)x^r + \cdots$$

これに x をかけた式を加え，漸化式を用いると

$$(1+x)F_{n-1}(x) = C(n-1, 0) + C(n, 1)x + \cdots + C(n, r)x^r + \cdots$$

$C(n-1, 0) = C(n, 0)$ であるから，上の式の右辺は $F_n(x)$ に等しい．したが

って

$$F_n(x) = (1+x)F_{n-1}(x)$$

1変数の漸化式が現れた．解くのはやさしい．

$$F_n(x) = (1+x)^n F_0(x)$$

初期値を与える式は

$$F_0(x) = C(0,\ 0) + C(0,\ 1)x + \cdots + C(0,\ r)x^r + \cdots$$

であるが，約束によると $C(0,\ 0)=1$ で，その他の $C(0,\ 1)$, $C(0,\ 2)$, $\cdots$ はすべて 0 であるから $F_0(x)=1$ よって

$$F_n(x) = (1+x)^n$$

となって母関数が求まった．

この関数を展開した式が分っておれば，$C(n,\ r)$ を求める式も導かれる．

23. Lagrange の等式と空間

ラグランジュの等式というのは，よく知られている次の等式のことである．

$$(x_1^2+y_1^2)(x_2^2+y_2^2)=(x_1x_2+y_1y_2)^2+(x_1y_2-x_2y_1)^2$$

$$\begin{aligned}&(x_1^2+y_1^2+z_1^2)(x_2^2+y_2^2+z_2^2)\\&\quad=(x_1x_2+y_1y_2+z_1z_2)^2+(x_1y_2-x_2y_1)^2+(y_1z_2-y_2z_1)^2+(z_1x_2+z_2x_1)^2\end{aligned}$$

初歩的であるのに，これほど役に立つ等式も珍しいだろう．最も基本的な応用は，コーシーの不等式（シュワルツの不等式ともいう）の誘導である．

$$(x_1^2+y_1^2)(x_2^2+y_2^2)\geqq(x_1x_2+y_1y_2)^2$$

$$(x_1^2+y_1^2+z_1^2)(x_2^2+y_2^2+z_2^2)\geqq(x_1x_2+y_1y_2+z_1z_2)^2$$

しかし，この不等式は，上の等式とは関係なく，実ベクトルを用いて導くこともできるから，この等式の応用の本命ではなさそうである．ここでは，この等式の幾何学的意義について考えてみたい．

数学は，意外なものどうしが意外な形で結びつく．その意外性に気づいた瞬間，われわれは事物に内蔵する調和をみる．これを人は数学の芸術性という．

数学の芸術性は，数学の内容が高いほど深い味があるように思うが，そういってしまったのでは，われわれ庶民の近づく余地がふさがれよう．低いところには低いなりの芸術性があろう．芸術性とは一つの驚きであり，その人の心構え，感受性との相対関係において存在し，その人にとっては絶対的でもありうる．今回の等式は，まあ，そんな気楽な気持ちで読んで頂こう．

×　　×　　×

この等式は両辺が4次だから，平方に開けば2次，図形で2次の量といえば面積．だから図形的量に関係があるとすれば，面積との関係だろうとの予想が立つ．さて，実際はどうか．

ピタゴラスの定理の一般化

ここで，グッと話題をかえ，ピタゴラスの定理の一般化に目を向けてみよう．

ピタゴラスの定理は直角三角形に関するものであるが，長方形の2辺と対角線との関係とみれば，空間への一般化が容易になり，直方体の3辺と対角線の関係が連想されよう．

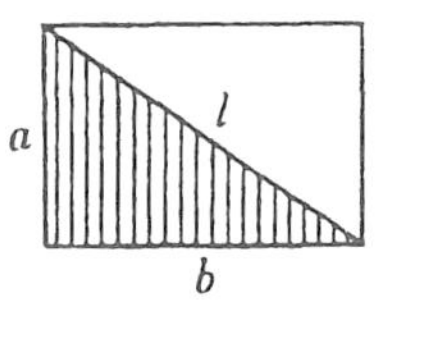

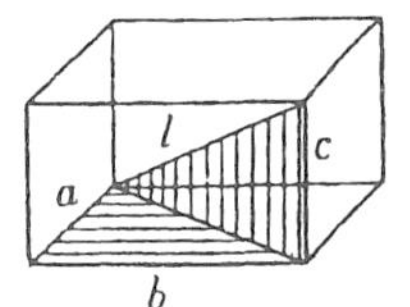

(1)　$l^2=a^2+b^2$　　(2)　$l^2=a^2+b^2+c^2$

われわれの住む空間は3次元止まりで，これ以上の拡張はできない．

そこで，面積への拡張が念頭をかすめる．「平面上で直角三角形の3辺の長さの関係」は「空間内では直角三角錐の4面の面積の関係」になろうとの予想である．

直角三角錐はききなれない用語……三角錐のうち，1つの3面角が直角のみからできているもののことである．

これについては，一部の高校生に知られている問題がある．「△ABC，△OBC，△OCA，△OAB の面積をそれぞれ S, S_1, S_2, S_3 とするとき，等式

$$S^2 = S_1^2 + S_2^2 + S_3^2 \qquad ①$$

が成り立つ」というのである.

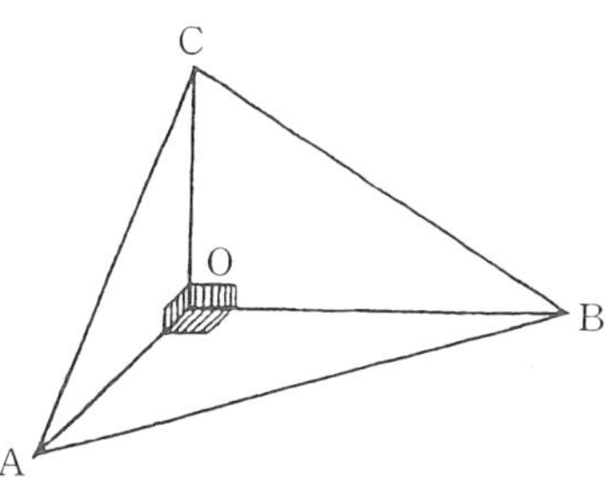

これは長さの関係（2）と形が同じだから，ピタゴラスの定理の拡張とみなそうというわけである.

× ×

順序として証明を挙げる．証明の中には，あとで有用なものも現われよう.

初等幾何による方法はよく見かけるもので，三垂線の定理が必要である．△ABC の面積を求めるのに，AB を底辺とみて，C から AB までの高さを用いる．C から AB におろした垂線を CH とし，O と H を結ぶと三垂線の定理によって，OH は AB に垂直になる．$\overline{\mathrm{OA}}$, $\overline{\mathrm{OB}}$, $\overline{\mathrm{OC}}$ をそれぞれ a, b, c で表わすと，△OAB の面積を２通りに表わして

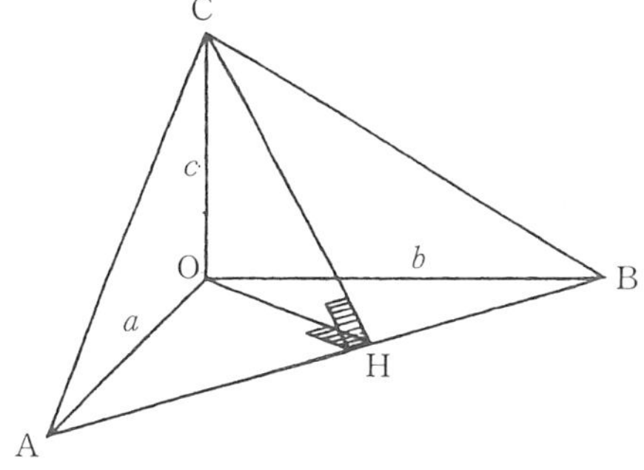

$$\frac{1}{2}\overline{\mathrm{AB}}\cdot\overline{\mathrm{OH}} = \frac{1}{2}\overline{\mathrm{OA}}\cdot\overline{\mathrm{OB}}$$

$$\overline{\mathrm{OH}} = \frac{ab}{\overline{\mathrm{AB}}}$$

次に直角三角形 COH から

$$\overline{\mathrm{CH}} = \sqrt{c^2 + \left(\frac{ab}{\overline{\mathrm{AB}}}\right)^2} = \frac{\sqrt{b^2c^2 + c^2a^2 + a^2b^2}}{\overline{\mathrm{AB}}}$$

$$S = \frac{1}{2}\overline{\mathrm{AB}}\cdot\overline{\mathrm{CH}} = \frac{1}{2}\sqrt{b^2c^2 + c^2a^2 + a^2b^2}$$

一方　$S_1 = \frac{1}{2}bc$, $S_2 = \frac{1}{2}ca$, $S_3 = \frac{1}{2}ab$ であるから，上の式とくらべて

$$S^2 = S_1^2 + S_2^2 + S_3^2$$

× ×

ヘロンの公式を用いる方法

この公式は，三角形の３辺を知って，その面積を求めるもので，有名である．

$$S = \sqrt{s(s-a)(s-b)(s-c)}$$

ここで a，b，c は三角形の３辺の長さで，s は周の半分である．これはかきかえると

$$S = \frac{1}{4}\sqrt{4b^2c^2 - (b^2 + c^2 - a^2)^2}$$

三角錐で△ABCを求めるには，上の公式の a，b，c をそれぞれ $\sqrt{b^2 + c^2}$，$\sqrt{c^2 + a^2}$，$\sqrt{a^2 + b^2}$ で置きかえればよい．

$$\begin{aligned} S^2 &= \frac{1}{16}\{4(c^2 + a^2)(a^2 + b^2) - (2a^2)^2\} \\ &= \frac{1}{4}(b^2c^2 + c^2a^2 + a^2b^2) \end{aligned}$$

これから先は前と同じ．

× ×

ベクトルの内積による方法

高校にはベクトルがあって内積も指導するのだから，積極的に使ったらよさそうなものであるが，実際は敬遠されている．

$$S = \frac{1}{2}\overline{\mathrm{CA}} \cdot \overline{\mathrm{CB}} \sin\theta$$

$$4S^2 = \overline{\mathrm{CA}}^2 \cdot \overline{\mathrm{CB}}^2 - (\overline{\mathrm{CA}} \cdot \overline{\mathrm{CB}}\cos\theta)^2$$

$\mathrm{A} = (a,\ 0,\ 0)$, $\mathrm{B} = (0,\ b,\ 0)$, $\mathrm{C}(0,\ 0,\ c)$ であるから $\overrightarrow{\mathrm{CA}} = (a,\ 0,\ -c)$,
$\overrightarrow{\mathrm{CB}} = (0,\ b,\ -c)$.
よって

$$\overline{\mathrm{CA}}^2 = a^2 + c^2,\ \overline{\mathrm{CB}}^2 = b^2 + c^2$$
$$\overline{\mathrm{CA}} \cdot \overline{\mathrm{CB}}\cos\theta = \overrightarrow{\mathrm{CA}} \cdot \overrightarrow{\mathrm{CB}} = c^2$$

そこで

$$4S^2 = (a^2 + c^2)(b^2 + c^2) - c^4$$
$$= b^2c^2 + c^2a^2 + a^2b^2$$

この方が，前のどの方法よりも簡単であるのに，新しい方法は，とかく嫌われるものらしい.

×

さて，直角三角錐の面積の関係は，真にピタゴラスの定理の拡張と呼ぶにふさわしいだろうか. ピタゴラスの定理は，空間の任意のベクトル $\boldsymbol{a} = (x,\ y,\ z)$ でみると

$$|\boldsymbol{a}|^2 = x^2 + y^2 + z^2$$

x, y, z は $\boldsymbol{a}$ の x 軸，y 軸，z 軸上への正射影であるから

$$|\boldsymbol{a}|^2 = (\boldsymbol{a}\text{の正射影})^2\text{の和}$$

これからみて，面積へ拡張したものは，２つのベクトルを

$$\boldsymbol{a} = (x_1,\ y_1,\ z_1),\quad \boldsymbol{b} = (x_2,\ y_2,\ z_2)$$

とし，矢線$\overrightarrow{\mathrm{OP}}=\boldsymbol{a}$, $\overrightarrow{\mathrm{OQ}}=\boldsymbol{b}$をひいたとき

$(\square\mathrm{OPRQ})^2=(\square\mathrm{OPRQ}$の正射影$)^2$の和となるべきだろうとの予想が立つ．

この予想をもっとはっきりかいてみる，

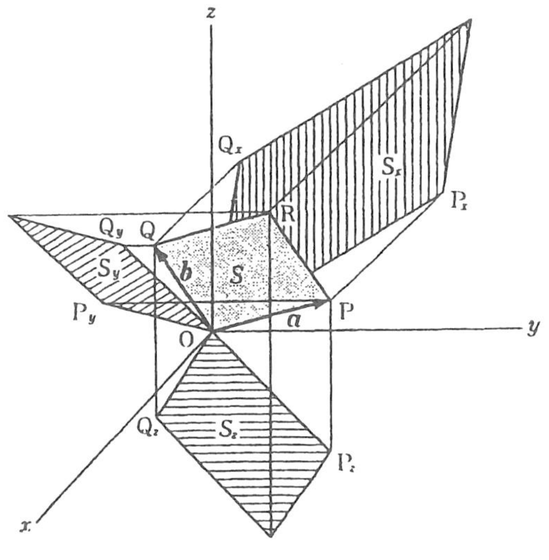

$\square$OPRQ，およびこのyz平面，zx平面，xy平面上への正射影の面積をそれぞれS, S_x, S_y, S_zとすれば

$$S^2=S_x^2+S_y^2+S_z^2 \qquad ②$$

この予想の正しいことを，はじめに初等的方法であきらかにしてみる．三角形の面積と，その正射影の面積との関係は，高校でも教科書によっては載っていよう．この関係は三角形に限らず，任意の図形について成り立つものである．

平面α上の図形Fの平面β上への正射影をF'とする．F, F'の面積をそれぞれS, S'とし，α，βの交角をθとすれば

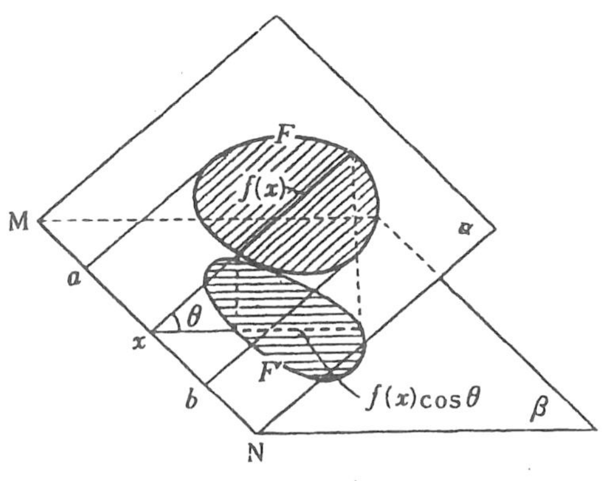

$$S'=S\cos\theta$$

これを古くはカバリエリの原理で証明していたようだが，積分法が常識化した現在ではそこまで立ちもどる理由がない．α，βの交線MN上の点xで，MNに垂直な平面を作り，FとF'を切る．切口の長さはxの関数になるから，F'の方の切口の長さを$f(x)$とすると，F'の方の切口の長さは$f(x)\cos\theta$

になる．そこで

$$S' = \int_a^b f(x)\cos\theta\,dx$$
$$= \left(\int_a^b f(x)\,dx\right)\cos\theta = S\cos\theta$$

これを用いれば，先の予想した定理の証明はいたって簡単である．

平面OPRQの法線ベクトル$\boldsymbol{n}$の方向余弦を$\cos\alpha$, $\cos\beta$, $\cos\gamma$としてみよ．x軸の正の方向の単位ベクトル$\boldsymbol{i}$とすると，

$$\boldsymbol{n} \perp \text{平面 OPRQ}, \qquad \boldsymbol{i} \perp yz \text{ 平面}$$

このことから，平面OPRQとyz平面の交角は，$\boldsymbol{n}$と$\boldsymbol{i}$との交角αに等しいことがわかる．したがって

$$S_x = S\cos\alpha$$

が成り立つ．全く同様にして

$$S_y = S\cos\beta, \qquad S_z = S\cos\gamma$$

方向余弦の平方の和は1であったから

$$S_x^2 + S_y^2 + S_z^2 = S^2(\cos^2\alpha + \cos^2\beta + \cos^2\gamma) = S^2$$

ラグランジュの等式との関係

前座が長すぎたようだ．ラグランジュの等式との関係はどうなったのだと，しびれを切らしている読者が目に浮ぶ，あとしばしの辛抱を……

$P(x_1, y_1, z_1)$, $Q(x_2, y_2, z_2)$だから，このyz平面上への正射影はそれぞれ

$$P_x(0, y_1, z_1), \quad Q_x(0, y_2, z_2)$$

yz平面上の座標とみれば

$$P_x(y_1, z_1), \quad Q_x(y_2, z_2)$$

でよい．このとき $\overrightarrow{\mathrm{OP}_x}$, $\overrightarrow{\mathrm{OQ}_x}$ の作る平行四辺形の面積 S_x が，次の式で表わされることは，衆知のことと思う．

$$S_x = |y_1 z_2 - y_2 z_1|$$

同様にして

$$S_y = |z_1 x_2 - z_2 x_1|, \qquad S_z = |x_1 y_2 - x_2 y_1|$$

一方 $\overrightarrow{\mathrm{OP}} = \boldsymbol{a}$, $\overrightarrow{\mathrm{OQ}} = \boldsymbol{b}$ とおき，$\boldsymbol{a}$, $\boldsymbol{b}$ の交角を 0 とすると

$$S = |\boldsymbol{a}||\boldsymbol{b}|\sin\theta = \sqrt{|\boldsymbol{a}|^2|\boldsymbol{b}|^2 - (\boldsymbol{a}\cdot\boldsymbol{b})^2}$$

であった．この式で

$$|\boldsymbol{a}|^2 = x_1^2 + y_1^2 + z_1^2, \qquad |\boldsymbol{b}|^2 = x_2^2 + y_2^2 + z_2^2$$
$$\boldsymbol{ab} = x_1 x_2 + y_1 y_2 + z_1 z_2$$

以上で導いた式を

$$S^2 = S_x^2 + S_y^2 + S_z^2 \qquad ②$$

に代入すれば，ラグランジュの等式になる．

つまり，ラグランジュの等式というのは，幾何学的にみると，平行四辺形と，その座標面上への正射影の面積の関係②を表すのである．

ベクトルの外積への道

ベクトル $\boldsymbol{a}$ の x, y, z 軸上への正射影というのは実数で，符号をもっている．これを逆にみれば，正射影に符号をつけることによって，もとの線分をベクトル化できるということ．

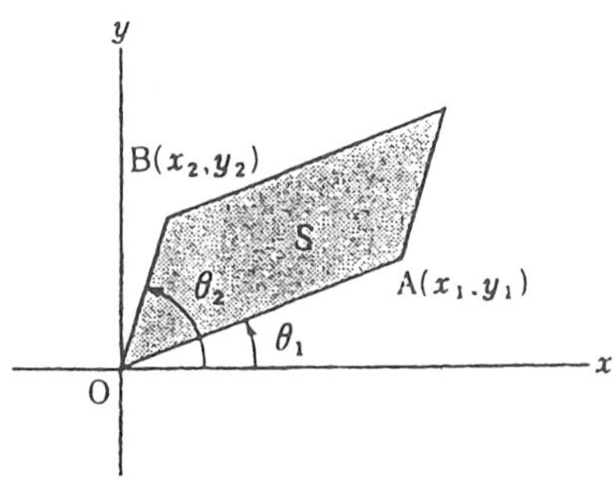

この考えを面積にもあてはめれば，面積のベクトル化が可能になるだろ

う．さて，それでは正射影の面積に対して，どのように符号をつけるか．これは平面上の図形の面積に符号をつけること．

２つのベクトル $\boldsymbol{a}=(x_1, y_1)$, $\boldsymbol{b}=(x_2, y_2)$ を与えられたとき，矢線 $\overrightarrow{\mathrm{OA}}=\boldsymbol{a}$, $\overrightarrow{\mathrm{OB}}=\boldsymbol{b}$ をひく．これらのベクトルの極形式をそれぞれ (r_1, θ_1), (r_2, θ_2) とおいてみると平行四辺形の面積は

$$S=r_1 r_2 \left|\sin(\theta_1-\theta_2)\right|$$

であるが，いま絶対値を除いて

$$S=r_1 r_2 \sin(\theta_1-\theta_2)$$

としてみよ．正弦は奇関数だから，$\theta_1-\theta_2$ の正負に応じ，$\sin(\theta_1-\theta_2)$ の値も正負の値をとり，平行四辺形の面積にも符号がつく．

この符号をつけた面積を x_1, y_1, x_2, y_2 で表わすには，加法定理によって展開してみればよい．

$$\begin{aligned}S&=r_1 r_2 \sin(\theta_1-\theta_2)\\&=r_1 r_2(\sin\theta_1\cos\theta_2-\cos\theta_2\sin\theta_1)\\&=x_1y_2-x_2y_1\end{aligned}$$

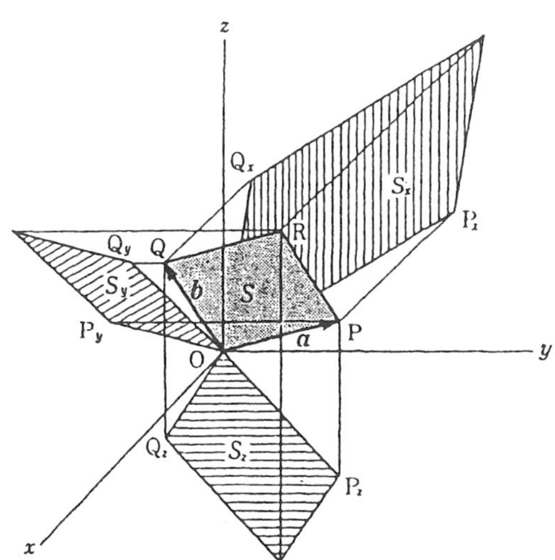

ここで，空間へもどる．2つのベクトル $\boldsymbol{a}=(x_1,\ y_1,\ z_1)$, $\boldsymbol{b}=(x_2,\ y_2,\ z_2)$ に対して $\overrightarrow{\mathrm{OP}}=\boldsymbol{a}$, $\overrightarrow{\mathrm{OQ}}=\boldsymbol{b}$ の作る平行四辺形の面積を S，この座標平面上への正射影の面積に，符号をつけた値をそれをそれぞれ S_x, S_y, S_z とすると

$$S_x = y_1 z_2 - y_2 z_1 = \begin{vmatrix} y_1 & z_1 \\ y_2 & z_2 \end{vmatrix}$$

$$S_y = z_1 x_2 - z_2 x_1 = \begin{vmatrix} z_1 & x_1 \\ z_2 & x_2 \end{vmatrix}$$

$$S_z = x_1 y_2 - x_2 y_1 = \begin{vmatrix} x_1 & y_1 \\ x_2 & y_2 \end{vmatrix}$$

これらのスカラーを成分とするベクトル

$$\boldsymbol{s} = (S_x,\ S_y,\ S_z)$$

が考えられる．このベクトルの大きさは

$$|\boldsymbol{s}| = \sqrt{S_x^2 + S_y^2 + S_z^2} = S$$

となって，$\overrightarrow{\mathrm{OP}}$, $\overrightarrow{\mathrm{OQ}}$ の作る平行四辺形の面積に等しい．なお，計算してみると

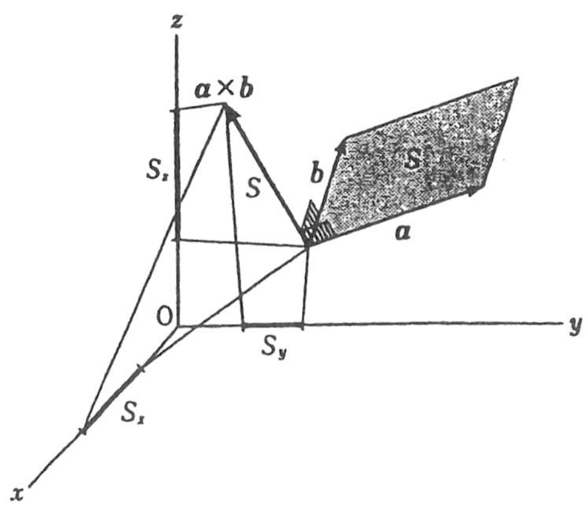

$$\boldsymbol{a} \cdot \boldsymbol{s} = x_1 S_x + y_1 S_y + z_1 S_Z = 0$$

となるから，$\boldsymbol{s}$ は $\boldsymbol{a}$，$\boldsymbol{b}$ に垂直である．

ベクトル $\boldsymbol{a}$，$\boldsymbol{b}$ の外積というのは，このベクトル $\boldsymbol{s}$ のことで，ふつう $\boldsymbol{a} \times \boldsymbol{b}$ で表わす．

ベクトル $\boldsymbol{a}$，$\boldsymbol{b}$ によって定まる平行四辺形の面積８は，外積 $\boldsymbol{a} \times \boldsymbol{b}$ を考えたことによってベクトル化されるから，軸上への正射影がその成分 S_x, S_y, S_z で，これらはスカラーである．

Ⅳ　２次行列の奥義

24. 固有ベクトルを巡りて

予備知識の確認

行列の固有値と固有ベクトルを学ぶのに必要な予備知識に，同次方程式の理論がある．最初に最も簡単な

$$ax + by = 0$$

を取り挙げる．「なんだ！そんなもの」といわれそう．「じゃ $2x = 0$ のとき x，y の比を求めよ」と問い返せば返事がない．まして「$0 \cdot x = 0$ のとき x，y の比を…」となると「解きようがない」などとぼやく学生もおる昨今である．

文字係数の方程式を解くむずかしさは場合分けによることが多い．上の方程式の場合分けは２つで十分である．

（1） $a = b = 0$ のとき x，y は任意の実数．

（2） $a \neq 0$ または $b \neq 0$ のとき，たとえば $a \neq 0$ のときは x について解いて

$x = -\dfrac{by}{a}$，ここで $\dfrac{y}{a} = t$ とおくと

$$x = -bt, \quad y = at \quad (t \text{は任意の実数})$$

$b \neq 0$ のときも，同様の解き方で同じ結果が得られる．

ベクトルの表現を用い，まとめておく．

定理１　$ax+by=0$ の解
（i）$(a,\ b)=(0,\ 0)$ のとき
$(x,\ y)$ は任意
（ii）$(a,\ b)\neq(0,\ 0)$ のとき
$(x,\ y)=t(-b,\ a)$ （t は任意）

×　　　　　　　　×

次は連立同次方程式の解である．

$$\begin{cases} ax+by=0 & ① \\ cx+dy=0 & ② \end{cases}$$

行列を用いたいところであるが，予備知識であることを考慮し，より初歩的解き方をめざそう．

①×d−②×b　　$(ad-bc)x=0$　　③

②×a−①×c　　$(ad-bc)y=0$　　④

式の形からみて，場合分けはad − bcが０かどうかで２つにする．

（i）$ad-bc\neq 0$ のとき $x=0,\ y=0$

上の推論を振り返ると①，②→③，④は自明であるが，逆に①，②←③，④の保証はない．したがって，$x=0,\ y=0$ が①，②をみたすことを確めてから解と認めるべきものである．馬鹿らしいほどの手順ではあるが無視できないことは，次の場合で分かる．

（ii）$ad-bc=0$ のとき

③，④の解は $x,\ y$ がともに任意であるが残念なことに①，②を満たすとは限らない．これで①，②と③，④は同値でないことが納得されよう．①，②へもどり，出なおすことになる．

仮定の等式 $ad-bc=0$ を用いる最も基本的方法は１文字の消去である．それには１文字について解かねばならず，a，b，c，d が０かどうかが問題

になる．そこで，更に場合分けを

（1） a，b，c，d がすべて 0 のとき，もとの方程式から x，y はともに任意．

（2） a，b，c，d に 0 でないものがあるとき

たとえば $a \neq 0$ とすると $d = \dfrac{bc}{a}$，これを②に代入して

$$c(ax + by) = 0 \qquad ⑤$$

①が成り立てば⑤は成り立つから⑤は不要．⑤は②の身代わりゆえ②も不要．

残る①を解くだけでよい．①の解はすでに明らかにした．

$$x = -bt, \quad y = at \qquad (t \text{ は任意})$$

$b \neq 0$ のときも全く同じ解であった．

$c \neq 0$ または $d \neq 0$ のときは

$$x = -dt, \quad y = ct \qquad (t \text{ は任意})$$

以上の結果をベクトルと行列を用いてまとめておく．

定理 2　$A\boldsymbol{x} = \boldsymbol{0}$ の解

$$A = \begin{pmatrix} a & b \\ c & d \end{pmatrix}, \quad \boldsymbol{x} = \begin{pmatrix} x \\ y \end{pmatrix}$$

（i） $\det A \neq 0$ の場合 $\boldsymbol{x} = \boldsymbol{0}$

（ii） $\det A = 0$ の場合

$A = O$ のとき $\boldsymbol{x}$ は任意

$A \neq O$ のとき

$$(a, b) \neq (0, 0) \quad \text{ならば} \quad \boldsymbol{x} = t\begin{pmatrix} -b \\ c \end{pmatrix}$$

$$(c, d) \neq (0, 0) \quad \text{ならば} \quad \boldsymbol{x} = t\begin{pmatrix} -d \\ c \end{pmatrix}$$

$\boldsymbol{x}=\boldsymbol{0}$ は上のすべての場合に含まれる．つまり常に解なので自明の解といい，これ以外の解すなわち $\boldsymbol{x}\neq\boldsymbol{0}$ をみたす解は自明でない解という．

この視点から，次のように単純にまとめ直すことも有益である．

（Ⅰ） $\det A\neq 0$ → 解は $\boldsymbol{0}$ のみ．

（Ⅱ） $\det A=0$ → $\boldsymbol{0}$ 以外の解もある．

これらの命題は仮定が両立せず，結論も両立しないので，逆も成り立つ．応用の広い（Ⅱ）をまとめておく．

> **定理３**　$A\boldsymbol{x}=0$ が $\boldsymbol{x}=\boldsymbol{0}$ 以外の解をもつための必要十分な条件は $\det A=0$ である．

「方程式 $ax=0$ が 0 以外の解をもつのは $a=0$ のときに限る」を行列の場合へ拡張したものである．

一次変換の不動点

変換では，その特性を探ったり，応用を知るために不動点を調べることがある．たとえば 1 直線上の点の変換 $x'=3x-4$ において，不動点は $x=3x-4$ を解いて求められる．不動点は $x=2$，これを用いると，もとの変換の式は

$$x'-2=3(x-2)$$

と変形できて，変換の正体が明らかになる．

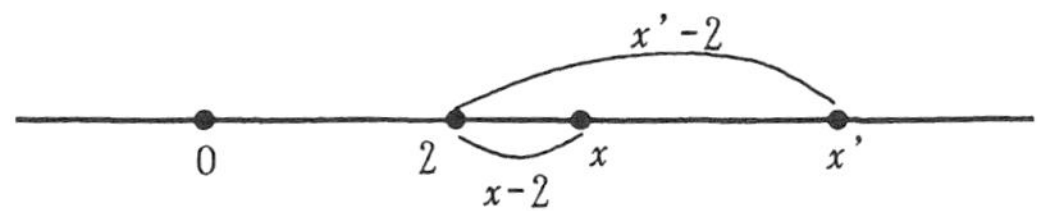

1 次変換

$$f(\boldsymbol{x})=A\boldsymbol{x}\quad A=\begin{pmatrix}a & b\\ c & d\end{pmatrix},\quad \boldsymbol{x}=\begin{pmatrix}x\\ y\end{pmatrix}$$

の不動点は方程式 $A\boldsymbol{x}=\boldsymbol{x}$，すなわち

$$(A-E)\boldsymbol{x}=\boldsymbol{0} \quad ⑤$$

を解いて求められる．予備知識で学んだ方程式と同じものが現れた．

この方程式が自明な解 $\boldsymbol{0}$ を持つことは，１次変換はすべて原点を不動点に持つことを意味するから平凡である．重要なのは $\boldsymbol{0}$ 以外の解をもつ場合で，そのための条件は

$$\det(A-E)=\det\begin{pmatrix} a-1 & b \\ c & d-1 \end{pmatrix}=0$$

$$(a-1)(d-1)-bc=0 \quad ⑥$$

この条件をみたせば１次変換は無数の不動点を持つ．くわしくみると，$A=E$ のとき⑤の解は任意，平面上のすべての点が不動，余りにも自明な事実．

$A\neq E$ のとき，不動点のようすをみたいのであったら，成分で表せばよい．

$$\begin{pmatrix} a-1 & b \\ c & d-1 \end{pmatrix}\begin{pmatrix} x \\ y \end{pmatrix}=\begin{pmatrix} 0 \\ 0 \end{pmatrix}$$

$$(a-1)x+by=0$$

$$cx+(d-1)y=0$$

方程式は２つあるが⑥が成り立つので，２式は同値．したがって，不動点は原点を通る１つの直線を作っている．そのようすは実例でみるのが速い．

例１　次の１次変換の不動点を調べよ．

$$f(\boldsymbol{x})=A\boldsymbol{x} \quad A=\begin{pmatrix} 4 & 6 \\ 1 & 3 \end{pmatrix}, \quad \boldsymbol{x}=\begin{pmatrix} x \\ y \end{pmatrix}$$

はじめに $\det(A-E)$ を求める．

$$\det(A-E)=\det\begin{pmatrix}3 & 6\\ 1 & 2\end{pmatrix}=3\cdot 2-6\cdot 1=0$$

不動点は無数にある．しかも，それらは

$$(A-E)x=0 \iff \begin{pmatrix}3 & 6\\ 1 & 2\end{pmatrix}\begin{pmatrix}x\\ y\end{pmatrix}=\begin{pmatrix}0\\ 0\end{pmatrix}$$

$$\iff \begin{cases}3x+6y=0\\ x+2y=0\end{cases} \iff x+2y=0$$

原点を通る直線$x+2y=0$をうめつくしている．

１次変換が不動点を持つのはまれなこととすると，一般にはもっとゆるやかな点の運動に目をつけなければならない．座標xの点をPとすると，矢線$\overrightarrow{\mathrm{OP}}$には向きと大きさがある．せめて向きは一定で大きさのみを変えるような運動，つまり原点を通る直線上の運動ならばどうか.

１次変換$f(\boldsymbol{x})=A\boldsymbol{x}$によって，原点と異なる点$\mathrm{P}(\boldsymbol{x})$が点$\mathrm{P}'(A\boldsymbol{x})$に移ったとする． P′が直線 OP 上にあるための条件は$\overrightarrow{\mathrm{OP}'}=\lambda\overrightarrow{\mathrm{OP}}$，すなわち

$$A\boldsymbol{x}=\lambda\boldsymbol{x}\quad(\boldsymbol{x}\neq 0)$$

$\lambda\boldsymbol{x}$は$\lambda E\boldsymbol{x}$に等しいことに注意し，かきかえれば

$$(A-\lambda E)\boldsymbol{x}=0\quad(\boldsymbol{x}\neq\boldsymbol{0}) \qquad ⑥$$

再び予備知識で取り挙げた方程式が現れた．これが解をもったための条は

$$\det(A-\lambda E)=0$$

成分で表せば

$$\det\begin{pmatrix}a-\lambda & b\\ c & d-\lambda\end{pmatrix}=0$$

$$(a-\lambda)(d-\lambda)-b=0 \qquad ⑦$$

$$\lambda^2-(a+d)\lambda+(ad-bc)=0$$

２次方程式であるから解くのはやさしい．

この方程式を，１次変換 $\boldsymbol{x}' = A\boldsymbol{x}$ または行列 λ の固有方程式といい，この解を固有値という．

⑦から求めた固有値 λ を⑥，すなわち

$$\begin{pmatrix} a-\lambda & b \\ c & d-\lambda \end{pmatrix}\begin{pmatrix} x \\ y \end{pmatrix} = \begin{pmatrix} 0 \\ 0 \end{pmatrix} \qquad ⑧$$

に代入すれば，点Ｐの運動する直線が求まる．この直線は原点を通り，１次変換によって変らない，つまり不動直線である．不動直線の方向を示すベクトルを固有ベクトルという．１つの不動直線に対して固有ベクトルは無数にあるが，ふつうは簡単に表されたものを１つ選び代表として用いる．

例２　次の１次変換の固有値，固有ベクトル，原点を通る不動直線を求めよ．

$$\boldsymbol{x}' = A\boldsymbol{x} \quad A = \begin{pmatrix} 2 & 2 \\ 5 & -1 \end{pmatrix}$$

先の解説に従えば，求め方の順序は

固有値 ⇒ 固有ベクトル ⇒ 不動直線

とおのずから定まる．

固有方程式　$(2-\lambda)(-1-\lambda) - 2 \times 5 = 0$

固　有　値　$\lambda = 4,\ -3$

$\underline{\lambda = 4}$ のときこれを⑧に代入し

$$\begin{pmatrix} -2 & 2 \\ 5 & -5 \end{pmatrix}\begin{pmatrix} x \\ y \end{pmatrix} = \begin{pmatrix} 0 \\ 0 \end{pmatrix}$$

式を眺めて解の全体は $t\begin{pmatrix} 1 \\ 1 \end{pmatrix}$，固有ベクトルの代表にふさわしいのは $\begin{pmatrix} 1 \\ 1 \end{pmatrix}$ である．

$\underline{\lambda = -3}$ のときこれも⑧に代入し

$$\begin{pmatrix} 5 & 2 \\ 5 & 2 \end{pmatrix}\begin{pmatrix} x \\ y \end{pmatrix} = \begin{pmatrix} 0 \\ 0 \end{pmatrix}$$

解の全体は $t\begin{pmatrix} -2 \\ 5 \end{pmatrix}$ 代表にふ1わしいのは $\begin{pmatrix} -2 \\ 5 \end{pmatrix}$ か $\begin{pmatrix} 5 \\ -2 \end{pmatrix}$ どちらを固有ベクトルとしてもよい.

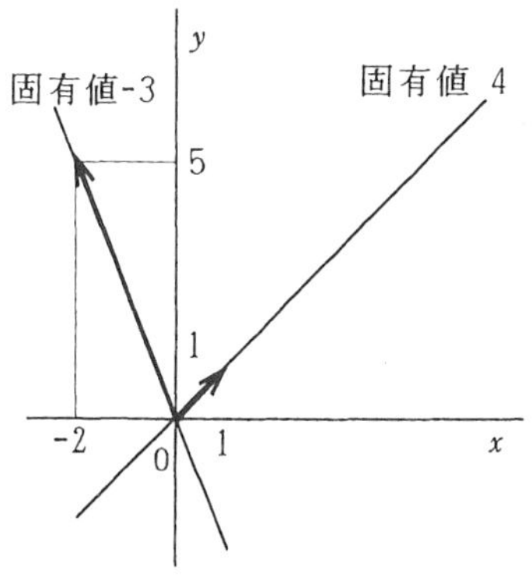

原点を通る不動直線は次の通り.

固有値 4 のとき　$x - y = 0$

固有値-3 のとき　$5x + 2y = 0$

高校では以上とは逆のコース

不動直線 ⇒ 固有ベクトル ⇒ 固有値

の順による解き方も指導されているらしい. P が直線 OP 上の点 P′ に移ったとすると OP′ ∥ OP であるから $A\boldsymbol{x} \parallel \boldsymbol{x}$, すなわち

$$\begin{pmatrix} 2x + 2y \\ 5x - y \end{pmatrix} \parallel \begin{pmatrix} x \\ y \end{pmatrix}$$

$$(2x + 2y)y - (5x - y)x = 0$$

$$x - y = 0, \quad 5x + 2y = 0$$

この 2 直線が不動直線である.

$x - y = 0$ のとき, この方向から固有ベクトルは $\begin{pmatrix} 1 \\ 1 \end{pmatrix}$ その像

$$\begin{pmatrix} 2 & 2 \\ 5 & -1 \end{pmatrix}\begin{pmatrix} 1 \\ 1 \end{pmatrix} = \begin{pmatrix} 4 \\ 4 \end{pmatrix} = 4\begin{pmatrix} 1 \\ 1 \end{pmatrix}$$

から固有値は 4 である.

$5x+2y=0$のとき，この方向から固有ベクトルは$\begin{pmatrix}-2\\5\end{pmatrix}$で，その像

$$\begin{pmatrix}2&2\\5&-1\end{pmatrix}\begin{pmatrix}-2\\5\end{pmatrix}=\begin{pmatrix}6\\-15\end{pmatrix}=(-3)\begin{pmatrix}-2\\5\end{pmatrix}$$

から固有値は-3である．

固有ベクトルの公式

一般の１次変換

$$\begin{pmatrix}x'\\y'\end{pmatrix}=\begin{pmatrix}a&b\\c&d\end{pmatrix}\begin{pmatrix}x\\y\end{pmatrix}$$

とする．ただし，$b=c=0$かつ$a=d$のときは行列が単位行列の実数倍になり，任意のベクトルが固有ベクトルになるから除いておく．

固有値λに対する固有ベクトルは次の方程式の解であった．

$$\begin{cases}(a-\lambda)x+by=0 & (*)\\ cx+(d-\lambda)y=0 & (**)\end{cases}$$

２つの方程式のどちらを選ぶかは係数によって定まる．その分類はλを含まないb，cによって行うのが常識であろう．

$b\neq0$のとき（＊）を解いて　$\begin{pmatrix}-b\\a-\lambda\end{pmatrix}$

$c\neq0$のときは（＊＊）を解いて　$\begin{pmatrix}d-\lambda\\-c\end{pmatrix}$

$b=c=0$のとき仮定によれば$a\neq d$，固有値はaとdで，等しくない．

$\lambda=a$のときは（＊）は使わず（＊＊）から固有ベクトルは$\begin{pmatrix}1\\0\end{pmatrix}$である．

$\lambda=d$のときは（＊＊）は使わず（＊）から固有ベクトルは$\begin{pmatrix}0\\1\end{pmatrix}$である．

以上の結果を用いやすいように次にまとめておく．

定理4　1次変換

$$\begin{pmatrix} x' \\ y' \end{pmatrix} = \begin{pmatrix} a & b \\ c & d \end{pmatrix} \begin{pmatrix} x \\ y \end{pmatrix} \qquad \left(\begin{array}{l} b,\ c,\ a,\ d \text{がすべて} \\ 0\text{のときを除く} \end{array} \right)$$

（i）　$b \neq 0$　または　$c \neq 0$ の場合

固有値を α, β とすると，これに対する固有ベクトルは

$$b \neq 0 \quad \text{のとき} \quad \begin{pmatrix} -b \\ a-\alpha \end{pmatrix}, \begin{pmatrix} -b \\ a-\beta \end{pmatrix}$$

$$c \neq 0 \quad \text{のとき} \quad \begin{pmatrix} d-\alpha \\ -c \end{pmatrix}, \begin{pmatrix} d-\beta \\ -c \end{pmatrix}$$

（ii）　$b = c = 0$, $a \neq d$ の場合

固有値は a と d で，これに対する固有ベクトルは $\begin{pmatrix} 1 \\ 0 \end{pmatrix}$ と $\begin{pmatrix} 0 \\ 1 \end{pmatrix}$

異なる固有値の固有ベクトル

上のまとめから容易に，異なる固有値に対する固有ベクトルは平行でないことが読みとれよう．

たとえば，異なる固有値 α, β の固有ベクトルをみると，$b \neq 0$ のときは

$$\begin{pmatrix} -b \\ a-\alpha \end{pmatrix}, \begin{pmatrix} -b \\ a-\beta \end{pmatrix}$$

において

$$(-b)(a-\beta) - (-b)(a-\alpha) = b(\beta-\alpha) \neq 0$$

あきらかに2つのベクトルは平行でない．

$c \neq 0$ のときも同様．

$b = c$, $a \neq d$ の場合は自明．

×　　　　　　　　×

以上の事実は成分を用いずに取扱うこともできる．そのほうが一般化に向くのである．

２つのベクトル $\boldsymbol{p}$，$\boldsymbol{q}$ は平行なときは，一方は他方の実数倍で表される．くわしくみると

$$\boldsymbol{p} \neq \boldsymbol{0} \quad \text{ならば} \quad \boldsymbol{q} = k\boldsymbol{p}$$
$$\boldsymbol{q} \neq \boldsymbol{0} \quad \text{ならば} \quad \boldsymbol{p} = k\boldsymbol{q}$$

２つの場合をまとめる．

> $\boldsymbol{p}$，$\boldsymbol{q}$ が平行である条件
> 共には 0 でない実数 m，n に対して $\mathrm{m}\boldsymbol{p} + \mathrm{n}\boldsymbol{q} = \boldsymbol{0}$

この否定が平行でない場合の条件である．

> $\boldsymbol{p}$，$\boldsymbol{q}$ が平行でない条件
> $\mathrm{m}\boldsymbol{p} + \mathrm{n}\boldsymbol{p} = \boldsymbol{0}$ ならば m，n は共に 0 である．

２つのベクトルが平行であることの別の名は**１次従属**で，平行でないことの別の名は**１次独立**である．

別の名を用いて，先に知ったことを定理としてまとめておく．

> **定理５**　異なる固有値の固有ベクトル
> 行列 A の２つの異なる固有値 α，β に対する固有ベクトル $\boldsymbol{p}$，$\boldsymbol{q}$ は１次独立である．

定理の姿をかえたからには，それにふさわしい証明を挙げるのが親切か．実数 m，n に対して

$$\mathrm{m}\boldsymbol{p} + \mathrm{n}\boldsymbol{q} = \boldsymbol{0} \quad ⑨$$

であったとする．両辺の左側から A をかけて

$$\mathrm{m}A\boldsymbol{p}+\mathrm{n}A\boldsymbol{q}=\boldsymbol{0}$$

固有ベクトルの定義により $A\boldsymbol{p}=\alpha\boldsymbol{p},\ A\boldsymbol{q}=\beta\boldsymbol{q}$ であるから

$$\mathrm{m}\alpha\boldsymbol{p}+\mathrm{n}\beta\boldsymbol{q}=\boldsymbol{0} \qquad ⑩$$

$$⑨\times\beta-⑩ \qquad \mathrm{m}(\beta-\alpha)\boldsymbol{p}=\boldsymbol{0}$$

$\beta-\alpha\neq 0$ かつ $\boldsymbol{p}\neq\boldsymbol{0}$ であるから $\mathrm{m}=0$，これを⑨に代入して $\mathrm{n}=0$．

証明は成分を用いずに済んだ．

25. 行列の標準形を探る

行列はそのまま用いるよりも，形を変えてから用いるほうが効果的なことがある．というよりはそうでもしない限り手のくだしようのない場合が多い．では，形を変える最も基本的な方法は何か．1 次変換で探りを入れよう．

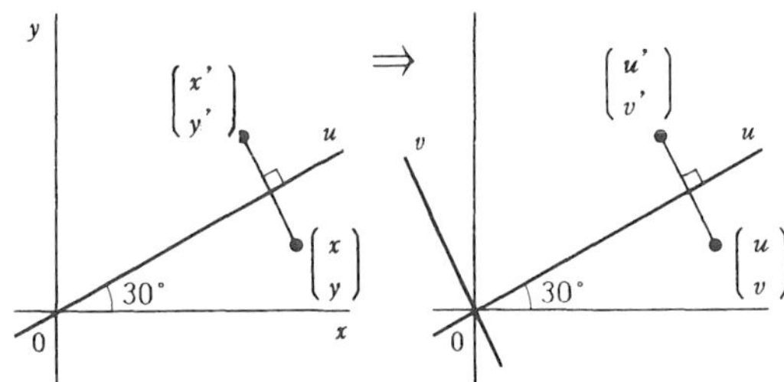

例えば，原点を通り x 軸と 30° の角をなす直線 u に関する対称移動を表す行列は

$$A=\begin{pmatrix}\cos 60^\circ & \sin 60^\circ \\ \sin 60^\circ & -\cos 60^\circ\end{pmatrix}=\frac{1}{2}\begin{pmatrix}1 & \sqrt{3} \\ \sqrt{3} & -1\end{pmatrix}$$

である．しかし，直線 u，および，O を通り直線 u に垂直な直線 v を座標軸に選ぶと，この対称移動を表す行列は

$$B=\begin{pmatrix}-1 & 0 \\ 0 & 1\end{pmatrix}$$

となって簡単である．この事実を行列の変形に生かすには，A から B を導く手順を知らなければならない．その手順は座標変換の中に探されていよう．

座標をかえる

原点を O とする，x，y 座標平面上で，行列 A の表す1次変換により，点 P($\boldsymbol{x}$) が点 P′($\boldsymbol{x}'$) に移ったとする．（太字はベクトル）

$$\boldsymbol{x}' = A\boldsymbol{x} \qquad ①$$

原点 O はそのままで $\boldsymbol{p}$，$\boldsymbol{q}$ を基本ベクトル（基底ともいう）とする u，v 座標平面を作る．この座標平面上で，1次変換の式①はどんな式に変るかを知りたい．

点 P, P′ の新しい座標を $\boldsymbol{u} = \begin{pmatrix} u \\ v \end{pmatrix}$，$\boldsymbol{v}' = \begin{pmatrix} u' \\ v' \end{pmatrix}$ とすれば $\overrightarrow{\mathrm{OP}} = \overrightarrow{\mathrm{OH}} + \overrightarrow{\mathrm{OK}}$ から

$$\boldsymbol{x} = u\boldsymbol{p} + v\boldsymbol{q} = (\boldsymbol{p}, \boldsymbol{q})\begin{pmatrix} u \\ v \end{pmatrix} \qquad ②$$

同様にして

$$\boldsymbol{x}' = (\boldsymbol{p}, \boldsymbol{q})\boldsymbol{u}' \qquad ③$$

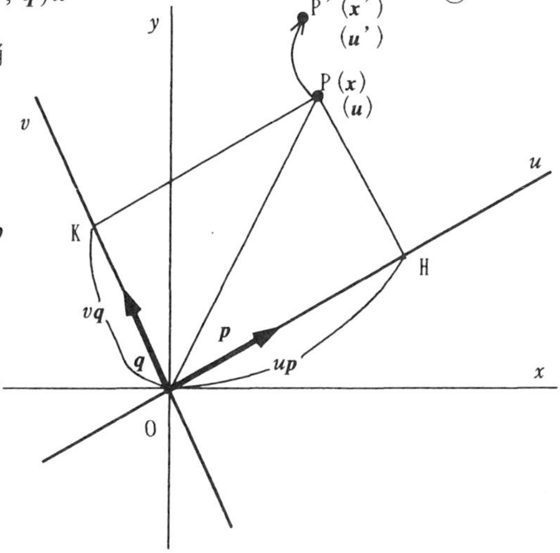

②, ③を用いて①から $\boldsymbol{x}$, $\boldsymbol{x}'$ を消去して $\boldsymbol{u}$, $\boldsymbol{u}'$ の関係を導く．

$$(\boldsymbol{p}, \boldsymbol{q})\boldsymbol{u}' = A(\boldsymbol{p}, \boldsymbol{q})\boldsymbol{u} \qquad ④$$

この式の $(\boldsymbol{p}, \boldsymbol{q})$ は2次行列で，$\boldsymbol{p}$ と $\boldsymbol{q}$ は1次独立（ともにゼロベクトルでなく，かつ平行でもない）であるから，逆行列をもつ．したがって，④から

$$\boldsymbol{u}' = (\boldsymbol{p}, \boldsymbol{q})^{-1}A(\boldsymbol{p}, \boldsymbol{q})\boldsymbol{u}$$

そこで

$$(\boldsymbol{p},\ \boldsymbol{q})^{-1}A(\boldsymbol{p},\ \boldsymbol{q})=B \qquad ⑤$$

とおくと

$$\boldsymbol{u}'=B\boldsymbol{u}$$

これが点 P($\boldsymbol{u}$) を点 P′($\boldsymbol{u}'$) に移す 1 次変換である．重要なのは⑤で，行列 A を変形して行列 B を導く原理を教える．⑤は A について解けば

$$A=(\boldsymbol{p},\ \boldsymbol{q})B(\boldsymbol{p}\cdot\boldsymbol{q})^{-1}$$

ここで $(\boldsymbol{p},\ \boldsymbol{q})=S$ とおくと

$$A=SBS^{-1} \qquad ⑥$$

一般に 2 つの行列 A，B に対して⑥の式をみたす行列 S があるとき，A と B は相似であるという．S はもちろん正則すなわち逆行列を持つ行列である．1 次変換で座標軸をかえることは，行列でみると相似な行列にかえることであり，行列の変形としては最も重要なものである．

行列の三角化

簡単な行列といえば，成分に 0 のあるものが頭に浮かぶ．0 が 1 つのものは 4 通りある．

$$\begin{pmatrix}0 & b\\ c & d\end{pmatrix},\ \begin{pmatrix}a & b\\ c & 0\end{pmatrix},\ \begin{pmatrix}a & 0\\ c & d\end{pmatrix},\ \begin{pmatrix}a & b\\ 0 & d\end{pmatrix}$$

これらの三角形の行列は，加法，減法，実数倍を行っても同じ形の三角形を保っている．しかし，乗法を行うと，3，4 番目の行列は形を保つが，1，2 番目の行列は形がくずれる．

たとえば，1 番目の行列でみると

$$\begin{pmatrix}0 & b\\ c & d\end{pmatrix}\begin{pmatrix}0 & q\\ r & s\end{pmatrix}=\begin{pmatrix}br & bs\\ dr & cq+ds\end{pmatrix}$$

となって積は三角形でない．３番目でみると，

$$\begin{pmatrix} a & 0 \\ c & d \end{pmatrix}\begin{pmatrix} p & 0 \\ r & s \end{pmatrix} = \begin{pmatrix} ap & 0 \\ cp+dr & ds \end{pmatrix}$$

となって積も同じ形の三角形である．４番目についても同様．

行列の計算では形のくずれないことが望ましい．三角形の行列のうち，３番目と４番目のものを特に三角行列と呼ぶのは，そのためである．行列を三角行列に変えることは**三角化**という．

さて，行列の三角化はつねに可能か．与えられた行列 A が三角化されたと仮定し

$$A = (\boldsymbol{p}, \boldsymbol{q})\begin{pmatrix} \alpha & \gamma \\ 0 & \beta \end{pmatrix}(\boldsymbol{p}, \boldsymbol{q})^{-1}$$

と置いてみる．書きかえて，

$$A(\boldsymbol{p}, \boldsymbol{q}) = (\boldsymbol{p}, \boldsymbol{q})\begin{pmatrix} \alpha & \gamma \\ 0 & \beta \end{pmatrix}$$

$$(A\boldsymbol{p}, A\boldsymbol{q}) = (\alpha\boldsymbol{p}, \gamma\boldsymbol{p} + \beta\boldsymbol{q})$$

分解すれば

$$\begin{cases} Ap = \alpha\, p & ⑦ \\ Aq = \gamma\, p + \beta q & ⑧ \end{cases}$$

⑦から α は A の固有値で，$\boldsymbol{p}$ は α に対する固有ベクトルであることが読みとれる．したがって A を与えられておれば α と $\boldsymbol{p}$ はおのずと定まる．一方 $\boldsymbol{q}$ と β，γ は⑧をみたすのみで定まらない．⑧を書きかえ $\boldsymbol{q}$ と β，γ を分離してみよ．

$$A\boldsymbol{q} = (\boldsymbol{p}, \boldsymbol{q})\begin{pmatrix} \gamma \\ \beta \end{pmatrix}, \quad \begin{pmatrix} \gamma \\ \beta \end{pmatrix} = (\boldsymbol{p}, \boldsymbol{q})^{-1} A\boldsymbol{q}$$

この式から $\boldsymbol{q}$ を定めれば，β と γ は求められることがわかる．$\boldsymbol{q}$ は $\boldsymbol{p}$ と１次独立，すなわち平行でないものならなんでもよく，選び方は無数にある．

以上により三角化の手順とともに，三角化は無数にあることがわかった．

行列λの三角化の手順

（1）固有値を求め，その1つをαとする．

（2）αに対する固有ベクトル$\boldsymbol{p}$を求める．

（3）$\boldsymbol{p}$と1次独立なベクトルの1つを$\boldsymbol{q}$とする．

（4）$(\boldsymbol{p}, \boldsymbol{q})^{-1}A\boldsymbol{q}$を計算すればその結果は$\begin{pmatrix}\gamma\\ \beta\end{pmatrix}$であるから$\beta, \gamma$が求まる．

次の実例により理解を深めることにする．

$$A=\begin{pmatrix}8 & -5\\ 6 & -3\end{pmatrix}$$

（1）固有方程式$\lambda^2-5\lambda+6=0$を解いて固有値は3と2，このどちらをαに選んでもよい．たとえば$\alpha=3$とする．

（2）$(A-3E)\boldsymbol{p}=0$, $\begin{pmatrix}5 & -5\\ 6 & -6\end{pmatrix}\boldsymbol{p}=\begin{pmatrix}0\\ 0\end{pmatrix}$；これを解いて$\boldsymbol{p}=\begin{pmatrix}1\\ 1\end{pmatrix}$

（3）$\boldsymbol{p}$と1次独立なベクトルは無数にある．たとえばpに直交する$\begin{pmatrix}-1\\ 1\end{pmatrix}$を選んで$\boldsymbol{q}$とする．

（4）$\begin{pmatrix}\gamma\\ \beta\end{pmatrix}=\begin{pmatrix}1 & -1\\ 1 & 1\end{pmatrix}^{-1}\begin{pmatrix}8 & -5\\ 6 & -3\end{pmatrix}\begin{pmatrix}-1\\ 1\end{pmatrix}$

$$=\begin{pmatrix}-11\\ 2\end{pmatrix}$$

以上の結果から$\boldsymbol{A}$の三角化は次の通り．

$$A=S\begin{pmatrix}3 & -11\\ 0 & 2\end{pmatrix}S^{-1},\ S=\begin{pmatrix}1 & -1\\ 1 & 1\end{pmatrix}$$

行列の対角化

三角行列よりも簡単なのは対角線以外の成分が零のもので，次の２つにつきる．

$$\begin{pmatrix} a & 0 \\ 0 & d \end{pmatrix}, \quad \begin{pmatrix} 0 & b \\ c & 0 \end{pmatrix}$$

ともに加法・減法・実数倍によって形はくずれない．しかし乗法を行ってみると，はじめのものは形を保つが，あとのものは形がかわり，はじめの形になる．

$$\begin{pmatrix} a & 0 \\ 0 & d \end{pmatrix}\begin{pmatrix} p & 0 \\ 0 & q \end{pmatrix} = \begin{pmatrix} ap & 0 \\ 0 & dq \end{pmatrix}$$

$$\begin{pmatrix} 0 & b \\ c & 0 \end{pmatrix}\begin{pmatrix} 0 & q \\ r & 0 \end{pmatrix} = \begin{pmatrix} br & 0 \\ 0 & cq \end{pmatrix}$$

この結果からみて行列の計算の簡素化に向くのは，はじめの形であることがわかる．この行列を特に**対角行列**といい，対角行列に直すことを**対角比**という．

さて，行列はすべて対角化が可能か．この問に答えるのが次の課題である．

行列 A が対角化可能であったと仮定し，次のように表してみる．

$$A = (\boldsymbol{p}, \boldsymbol{q})\begin{pmatrix} \alpha & 0 \\ 0 & \beta \end{pmatrix}(\boldsymbol{p}, \boldsymbol{q})^{-1}$$

両辺の右側から行列 $(\boldsymbol{p}, \boldsymbol{q})$ をかけて

$$A(\boldsymbol{p}, \boldsymbol{q}) = (\boldsymbol{p}, \boldsymbol{q})\begin{pmatrix} \alpha & 0 \\ 0 & \beta \end{pmatrix}$$

$$(A\boldsymbol{p}, A\boldsymbol{q}) = (\alpha\boldsymbol{p}, \beta\boldsymbol{q})$$

両辺を２つのベクトルに分解すれば

$$A\boldsymbol{p} = \alpha\boldsymbol{p}, \quad A\boldsymbol{q} = \beta\boldsymbol{q}$$

第１式はαが固有値で，$\boldsymbol{p}$ はαに対する固有ベクトルであることを，第２式はβが固有値で，$\boldsymbol{q}$ はβに対する固有ベクトルであることを表わしている．

しかも$\boldsymbol{p}$，$\boldsymbol{q}$は１次独立であるから，αとβは異ならなければならない．

以上により対角化の手順が明かになった．

行列λの対角化の手順

（１）Aの固有値$\alpha, \beta(\alpha \neq \beta)$を求める．

（２）α，βに対する固有ベクトル$\boldsymbol{p}$，$\boldsymbol{q}$を求める．

（３）$A = S\begin{pmatrix} \alpha & 0 \\ 0 & \beta \end{pmatrix}S^{-1}$，$S = (\boldsymbol{p}, \boldsymbol{q})$

実例をあげておこう．第１の例は

$$A = \begin{pmatrix} 8 & -5 \\ 6 & -3 \end{pmatrix}$$

固有方程式は$\lambda^2 - 5\lambda + 6 = 0$，固有化は２と３で，これに対する固有ベクトルの代表として$\begin{pmatrix} 5 \\ 6 \end{pmatrix}, \begin{pmatrix} 1 \\ 1 \end{pmatrix}$を選んで

$$A = S\begin{pmatrix} 2 & 0 \\ 0 & 3 \end{pmatrix}S^{-1}, \quad S = \begin{pmatrix} 5 & 1 \\ 6 & 1 \end{pmatrix}$$

第２の例として，固有値が虚数のものをあげておこう．

$$A = \begin{pmatrix} 1 & 1 \\ -2 & 3 \end{pmatrix}$$

固有方程式は$\lambda^2 - 4\lambda + 5 = 0$，これを解いて固有値は$2+i, 2-i$，これらに対する固有ベクトル$\begin{pmatrix} 1 \\ 1+i \end{pmatrix}, \begin{pmatrix} 1 \\ 1-i \end{pmatrix}$であるから

$$A = S\begin{pmatrix} 2+i & 0 \\ 0 & 2-i \end{pmatrix} S^{-1}, \quad S = \begin{pmatrix} 1 & 1 \\ 1+i & 1-i \end{pmatrix}$$

この例のように固有値が虚数の行列は，対角化は可能であるが，その式の成分に虚数が現れ，実数の範囲では対角化が不可能である．この場合の対策については，最後に取りあげる．

固有値が２重解であったら

行列の対角化が可能であるためには，相異なる２つの固有値を持たねばならなかった．では固有値が１つ，すなわち２重解のときはどうすればよいか．

行列 A が１つの固有値 α （２重解）を持つとする．α に対する固有値ベクトルの１つを $\boldsymbol{p}$ とすると

$$A\boldsymbol{p} = \alpha\boldsymbol{p} \qquad ①$$

が成り立つ．次に $\boldsymbol{p}$ と１次独立なベクトノレを１つ選び，それを $\boldsymbol{q}$ とし

$$(A - \alpha E)\boldsymbol{q} = \boldsymbol{r} \qquad ②$$

とおいてみよ．両辺に $A - \alpha E$ をかけて

$$(A - \alpha E)^2\boldsymbol{q} = (A - \alpha E)\boldsymbol{r}$$

ケーリー・ハミルトンの法則によると

$$(A - \alpha E)^2 = 0$$

であるから③より

$$(A - \alpha E)\boldsymbol{r} = 0$$

この式は $\boldsymbol{r}$ も α の固有ベクトルであることを表している．したがって $\boldsymbol{r}$ は $\boldsymbol{p}$ と同じ向きで

$$\boldsymbol{r} = k\boldsymbol{p}$$

をみたす実数 k がある．これを②に代入して

$$Aq = kp + \alpha q \qquad ④$$

①と④を合わせて

$$(Ap,\ Aq) = (\alpha p,\ kp + \alpha q)$$

$$A(p,\ q) = (p,\ q)\begin{pmatrix} \alpha & k \\ 0 & \alpha \end{pmatrix}$$

$$A = (p,\ q)\begin{pmatrix} \alpha & k \\ 0 & \alpha \end{pmatrix}(p,\ q)^{-1} \qquad (k \neq 0)$$

A は対角化ができないのであるから，k は 0 になることはない．

この式の k は，ちょっとした工夫で 1 にできる．②の式の $\boldsymbol{r}$ そのものを α の固有ベクトルの代表に選び $\boldsymbol{p}$ と表せば，前と全く同様の計算により $\boldsymbol{k}$ が 1 の式が導かれる．

固有値は重解の行列の三角化

（1）行列 A の固有値 α （重解）を求める．

（2） α に対する固有ベクトルと 1 次独立な任意のベクトル $\boldsymbol{q}$ を選ぶ．

（3） $(A - \alpha E)\boldsymbol{q} = \boldsymbol{p}$ をみたす $\boldsymbol{p}$ を求める．

（4） $A = S\begin{pmatrix} \alpha & 1 \\ 0 & \alpha \end{pmatrix}S^{-1},\ S = (\boldsymbol{p},\ \boldsymbol{q})$

くわしくみると，以上の解説には不備な点がある．$\boldsymbol{q}$ をどのように選んでも $\boldsymbol{p}$ がゼロベクトルになるなら，正則な行列 S は作れず，以上の三角化は不可能である．そのような場合は $(A - \alpha E)\boldsymbol{q} = \boldsymbol{p}$ から分かるように $A - \alpha E$ がゼロ行列の場合，すなわち $A = \alpha E$ の場合である．しかし，この場合の行列

$$A = \begin{pmatrix} \alpha & 0 \\ 0 & \alpha \end{pmatrix}$$

はもともと対角行列であって，変形を必要としない．

実例によって，理解を実感のあるものにしよう．

$$A=\begin{pmatrix}1 & -1\\ 4 & 5\end{pmatrix}$$

固有方程式 $\lambda^2-6\lambda+9=0$ を解いて，固有値は 3（二重解），$\alpha=3$ に対する固有ベクトルは方程式

$(A-\alpha E)\boldsymbol{x}=0$ すなわち

$$\begin{pmatrix}-2 & -1\\ 4 & 2\end{pmatrix}\begin{pmatrix}x\\ y\end{pmatrix}=\begin{pmatrix}0\\ 0\end{pmatrix}$$

の解である．

$$\begin{pmatrix}x\\ y\end{pmatrix}=k\begin{pmatrix}1\\ -2\end{pmatrix}$$

$\boldsymbol{q}$ はこれと 1 次独立であればよいから選び方は無数にある．例えば，$\boldsymbol{q}$ として $\begin{pmatrix}1\\ 1\end{pmatrix}$ を選び，これに $A-\alpha E$ をかける．

$$(A-\alpha E)\boldsymbol{q}=\begin{pmatrix}-2 & -1\\ 4 & 2\end{pmatrix}\begin{pmatrix}1\\ 1\end{pmatrix}=\begin{pmatrix}-3\\ 6\end{pmatrix}$$

このベクトルを $\boldsymbol{p}$ とすれば，求める三角行列は次の式で与えられる．

$$A=S\begin{pmatrix}3 & 1\\ 0 & 3\end{pmatrix}S^{-1},\quad S=\begin{pmatrix}-3 & 1\\ 6 & 1\end{pmatrix}$$

固有値が虚数のときは？

成分はすべて実数という制限がある場合に，固有値が虚数ならば三角化も対角化も不可能であった．では，どんな形の式に簡素化が可能か．この疑暗の解明は興味をそそる．

行列 A の固有値が虚数解であるとし，それを $u\pm vi(v\neq 0)$ とおく．$u-vi$ に対する固有ベクトルの成分は虚数を含むから，それを実部と虚部に分け，

$p+qi$ とおけば，次の式が成り立つ．

$$A(p+qi)=(u-vi)(p+qi)$$

両辺を計算すれば

$$A\boldsymbol{p}+A\boldsymbol{q}\boldsymbol{i}=(u\boldsymbol{p}+v\boldsymbol{q})+(-v\boldsymbol{p}+u\boldsymbol{q})\boldsymbol{i}$$

実部どうし，虚部どうしが等しくなるから，

$$A\boldsymbol{p}=u\boldsymbol{p}+v\boldsymbol{q}=(\boldsymbol{p},\ \boldsymbol{q})\begin{pmatrix}u\\v\end{pmatrix}$$

$$A\boldsymbol{q}=-v\boldsymbol{p}+u\boldsymbol{q}=(\boldsymbol{p},\ \boldsymbol{q})\begin{pmatrix}-v\\u\end{pmatrix}$$

２式を合わせて

$$A(\boldsymbol{p},\ \boldsymbol{q})=(\boldsymbol{p},\ \boldsymbol{q})\begin{pmatrix}u&-v\\v&u\end{pmatrix}$$

$$A=(\boldsymbol{p},\ \boldsymbol{q})\begin{pmatrix}u&-v\\v&u\end{pmatrix}(\boldsymbol{p},\ \boldsymbol{q})^{-1}$$

期待したものほどの簡素さはないが，２数 u, v のみで表されており，しかも親しみのある回転に関係の深い行列で，三角関数で表すこともできる．図のように r と θ を選べば，

$$r=\sqrt{u^2+v^2}$$
$$u=r\cos\theta$$
$$v=r\sin\theta$$

したがって，次の行列に変形が可能．

$$\begin{pmatrix}u&-v\\v&u\end{pmatrix}=r\begin{pmatrix}\cos\theta&-\sin\theta\\\sin\theta&\cos\theta\end{pmatrix}$$

実例を１つあげる．

$$A=\begin{pmatrix}1 & -5\\ 4 & 5\end{pmatrix}$$

固有方程式 $\lambda^2-6\lambda+25=0$

固有値 $\lambda=3\pm 4i$

$\alpha=3-4i$ とおくと

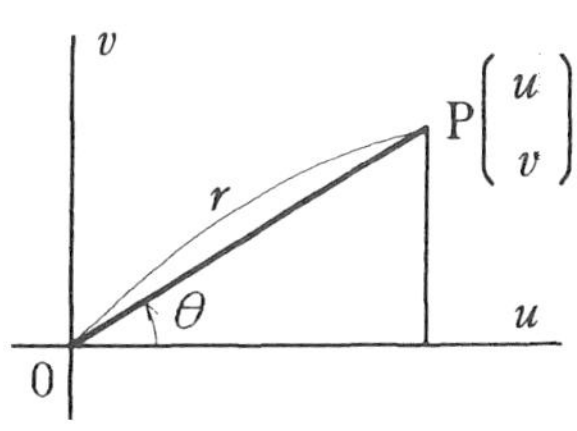

$$(A-\alpha E)x=\begin{pmatrix}-2+4i & -5\\ 4 & 2+4i\end{pmatrix}\begin{pmatrix}x\\ y\end{pmatrix}=\begin{pmatrix}0\\ 0\end{pmatrix}$$

$$\begin{pmatrix}x\\ y\end{pmatrix}=\begin{pmatrix}5\\ -2+4i\end{pmatrix}=\begin{pmatrix}5\\ -2\end{pmatrix}+\begin{pmatrix}0\\ 4\end{pmatrix}i$$

これが $3-4i$ に対する固有ベクトルで

$$\boldsymbol{p}=\begin{pmatrix}5\\ -2\end{pmatrix},\ \ \boldsymbol{q}=\begin{pmatrix}0\\ 4\end{pmatrix}$$

よって求める式は

$$A=S\begin{pmatrix}3 & -4\\ 4 & 3\end{pmatrix}S^{-1},\ \ S=\begin{pmatrix}5 & 0\\ -2 & 4\end{pmatrix}$$

または $r=\sqrt{3^2+4^2}=5,\ 3=5\cos\theta,\ 4=5\sin\theta$ を用いて

$$A=5S\begin{pmatrix}\cos\theta & -\sin\theta\\ \sin\theta & \cos\theta\end{pmatrix}S^{-1},\ \ S=\begin{pmatrix}5 & 0\\ -2 & 4\end{pmatrix}$$

×　　　　　　　　×

行列の簡素化で到達した４つの行列

$$\begin{pmatrix}\alpha & 0\\ 0 & \beta\end{pmatrix},\ \begin{pmatrix}\alpha & 0\\ 0 & \alpha\end{pmatrix},\ \begin{pmatrix}\alpha & 1\\ 0 & \alpha\end{pmatrix},\ \begin{pmatrix}u & -v\\ v & u\end{pmatrix}$$

を行列の標準形ということがある．標準形は行列の骨格のようなもので，行列の個性を鮮やかに表している．考古学者が骨格の一片から動物の正体

を探り当てるように，標準形から行列の正体を知ることができることは興味深い.

26. A^nの求め方のすべて

行列の n 乗を，行列の乗法の定義にもとづいて求めることは，特殊なものはともかく，一般には極めて困難，というよりは不可能である．

n 乗の簡単に求められる代表例に対角行列と三角行列がある．

$$\text{対角行列}\quad A=\begin{pmatrix}\alpha & 0\\ 0 & \beta\end{pmatrix}\ \to\ A^n=\begin{pmatrix}\alpha^n & 0\\ 0 & \beta^n\end{pmatrix}$$

$$\text{三角行列}\quad A=\begin{pmatrix}a & c\\ 0 & b\end{pmatrix},\quad (c\neq 0)$$

このままで計算するよりは，c を（　）の外へ出し，$a/c=\alpha,\ b/c=\beta$ とおき，さらに

$$A=c\begin{pmatrix}\alpha & 1\\ 0 & \beta\end{pmatrix},\ B=\begin{pmatrix}\alpha & 1\\ 0 & \beta\end{pmatrix}\ \to\ A=cB$$

と書きかえ，B の n 乗を求めるのがやさしい．２乗，３乗，…と続けてみよ．n 乗の姿が見えてくる．

$$B^n=\begin{pmatrix}\alpha^n & k_n\\ 0 & \beta^n\end{pmatrix}$$

ただし，$k_n=\alpha^{n-1}+\alpha^{n-2}\beta+\cdots+\beta^{n-1}$

とくに $\alpha=\beta$ の場合が大切である．

$$B=\begin{pmatrix}\alpha & 1\\ 0 & \alpha\end{pmatrix} \to B^n=\begin{pmatrix}\alpha^n & n\alpha^{n-1}\\ 0 & \alpha^n\end{pmatrix}$$

特殊なものはこの他にもあるが，一般の場合に含めておこう．

成分の漸化式による方法

n 乗の定義そのものである漸化式 $A^{n+1}=A^nA$ を成分で表すため

$$A^n=\begin{pmatrix}a_n & b_n\\ c_n & d_n\end{pmatrix},\quad A^1=A=\begin{pmatrix}a & b\\ c & d\end{pmatrix}$$

とおいてみよ．

$$\begin{pmatrix}a_{n+1} & b_{n+1}\\ c_{n+1} & d_{n+1}\end{pmatrix}=\begin{pmatrix}aa_n+cb_n & ba_n+db_n\\ ac_n+cd_n & bc_n+dd_n\end{pmatrix}$$

成分の等式に分解する．

$$a_{n+1}=aa_n+cb_n,\quad b_{n+1}=ba_n+db_n \qquad ①$$

$$c_{n+1}=ac_n+cd_n,\quad d_{n+1}=bc_n+dd_n \qquad ②$$

実数の数列に関する漸化式が４つ出来た．しかし，よく見ると，①の２式は数列 (a_n), (b_n) に関するもので，②の２式は数列 (c_n), (d_n) に関するものである．しかも，係数は等しいから漸化式としては同じもの．初期値は等しいとは限らないが．

結局，２つの数列 (x_n), (y_n) に関する次の漸化式の解法に帰する．

$$\begin{cases}x_{n+1}=ax_n+cy_n\\ y_{n+1}=bx_n+dy_n\end{cases}$$

目標は公式を導くことではなく，解く手順の理解にある．それは実例で学ぶに限る．

例１　次の行列の n 乗を求めよ．

$$A=\begin{pmatrix}2 & -1\\ 3 & 6\end{pmatrix}$$

$A^n=\begin{pmatrix}a_n & b_n\\ c_n & d_n\end{pmatrix}$ とおくと，前と同様にして

$$\begin{cases}a_{n+1}=2a_n+3b_n\\ b_{n+1}=-a_n+6b_n\end{cases}\qquad \begin{pmatrix}a_1\\ b_1\end{pmatrix}=\begin{pmatrix}2\\ -1\end{pmatrix}$$

$$\begin{cases}c_{n+1}=2c_n+3d_n\\ d_{n+1}=-c_n+6d_n\end{cases}\qquad \begin{pmatrix}c_1\\ d_1\end{pmatrix}=\begin{pmatrix}3\\ 6\end{pmatrix}$$

これを解くことは，次の漸化式を解くことと同じ．初期値には２つの場合がある．

$$\begin{cases}x_{n+1}=2x_n+3y_n\\ y_{n+1}=-x_n+6y_n\end{cases}\qquad \begin{pmatrix}x_1\\ y_1\end{pmatrix}=\begin{pmatrix}2\\ -1\end{pmatrix}\quad \text{or}\quad \begin{pmatrix}3\\ 6\end{pmatrix}$$

ここで数列 (x_n+uy_n) を考え，等比数列になるように u，v を定められるかどうかを探る．

$$x_{n+1}+uy_{n+1}=v(x_n+uy_n) \qquad ③$$

上の漸化式を代入して

$$(2-u)x_n+(3+6u)y_n=vx_n+uvy_n$$

これが $u=1, 2, 3, \cdots$ について成り立つためには $2-u=v$，$3+6u=uv$ をみたす u，v があればよい．解いてみると

$$(u, v)=(-1, 3),\ (-3, 5)$$

③に代入する．

$$\begin{cases} x_{n+1} - y_{n+1} \quad = 3(x_n - y_n) \\ x_{n+1} - 3y_{n+1} = 5(x_n - 3y_n) \end{cases}$$

よって

$$\begin{cases} x_{n+1} - y_{n+1} \quad = 3^n(x_1 - y_1) \\ x_{n+1} - 3y_{n+1} = 5^n(x_1 - 3y_1) \end{cases}$$

初期値$(x_1, y_1) = (2, -1)$のときの(x_n, y_n)が(a_n, b_n)であるから，

$$\begin{cases} a_n - b_n = 3^n \\ a_n - 3b_n = 5^n \end{cases} \Rightarrow \begin{cases} a_n = \dfrac{1}{2}(3^{n+1} - 5^n) \\ b_n = \dfrac{1}{2}(3^n - 5^n) \end{cases}$$

初期値$(x_1\, y_1) = (3, 6)$のときの(x_n, y_n)が(c_n, d_n)であることから，同様にして

$$c_n = \frac{1}{2}(-3^{n+1} + 3 \cdot 5^n)$$
$$d_n = \frac{1}{2}(-3^n + 3 \cdot 5^n)$$

よって求めるA^nは次の通り．

$$A^n = \frac{1}{2}\begin{pmatrix} 3^{n+1} - 5^n & 3^n - 5^n \\ -3^{n+1} + 3 \cdot 5^n & -3^n + 3 \cdot 5^n \end{pmatrix}$$

×　　　　　　　　×

かなり長い解説になり申し訳ない．振り返ってみるに，２次行列というのは４組の計算を１つにまとめた表示法．たとえば

$$\begin{matrix} ax + p, & bx + q \\ cx + r, & dx + r \end{matrix} \quad \Rightarrow \quad x\begin{pmatrix} a & b \\ c & d \end{pmatrix} + \begin{pmatrix} p & q \\ r & s \end{pmatrix}$$

それなのに，上記の解では行列を４つの成分に分解してしまった．これでは「なんのための行列か」といわれよう．解き方は初歩的であるが，必ずしも易しくないサンプルの感がある．

行列の漸化式の応用

行列の数列(A^n)の漸化式の一例を作る手掛りとなるものにケーリー・ハミルトンの定理がある．

行列$A=\begin{pmatrix} a & b \\ c & d \end{pmatrix}$において，固有方程式

$$\lambda^2-(a+d)\lambda+ad-bc=0 \qquad ④$$

はλにAを代入しても成り立つという定理である．

$$A^2-(a+d)A+(ad-bc)E=O \qquad ⑤$$

ただし，定数値にEを補うことを忘れないように．

④の解が固有値である．これをα，βとすると$\alpha+\beta=a+d$，$\alpha\beta=ad-bc$，したがって⑤は

$$A^2-(\alpha-\beta)A+\alpha\beta E=0 \qquad ⑥$$

ここで重要な書きかえを行う．

$$A^2-\alpha A=\beta(A-\alpha E)$$

両辺にA^{n-1}をかけて

$$A^{n+1}-\alpha A^n=\beta(A^n-\alpha A^{n-1}) \qquad (n\geqq 1)$$

この式は数列$(A^{n+1}-\alpha A^n)$が初項$A^1-\alpha A^0$すなわち$A-\alpha E$，公比βの等比数列であることを表す．したがって第$(n+1)$項は

$$A^{n+1}-\alpha A^n=\beta^n(A-\alpha E) \qquad ⑦$$

⑥はα, βの対称式，したがって⑦でαとβを入れかえた式も成り立つ．

$$A^{n+1}-\beta A^n=\alpha^n(A-\beta E) \qquad ⑧$$

A^{n+1} を消去するため⑧－⑦を作る．

$$(\alpha-\beta)A^n=\alpha^n(A-\beta E)-\beta^n(A-\alpha E)$$

A^n を求めるため両辺を $\alpha-\beta$ で割りたい．当然 $\alpha-\beta$ が 0 かどうかが問題になる．

$\alpha\neq\beta$ のとき

$$A^n=\alpha^n\frac{A-\beta E}{\alpha-\beta}+\beta^n\frac{A-\alpha E}{\beta-\alpha}$$

$\alpha=\beta$ のとき

⑦にもどり，別の解き方を工夫しなければならない．この場合の⑦は

$$A^{n+1}-\alpha A^n=\alpha^n(A-\alpha E)$$

両辺を α^{n+1} で割るところが要点．

$$\frac{A^{n+1}}{\alpha^{n+1}}-\frac{A^n}{\alpha^n}=\frac{A-\alpha E}{\alpha}$$

を数列 $\left(\dfrac{A^n}{\alpha^n}\right)$ の漸化式と見抜き，さらに初項 $\dfrac{A}{\alpha}$，公差 $\dfrac{A-\alpha E}{\alpha}$ の等差数列と読み取れるようならいうことなし．

$$\frac{A^n}{a^n}=\frac{A}{\alpha}+(n-1)\frac{A-\alpha E}{\alpha}$$

両辺に α^n をかけて A^n を求める．

$$A^n=n\alpha^{n-1}A-(n-1)\alpha^nE$$

例 2　次の行列の n 乗を求めよ．

$$A=\begin{pmatrix}5 & 3\\ 2 & 6\end{pmatrix}$$

固有方程式 $\lambda^2-11\lambda+24=0$ を解いて $\alpha=8,\ \beta=3$，公式に代入すると

$$A^n=\frac{8^n}{5}\begin{pmatrix}2&3\\2&3\end{pmatrix}-\frac{3^n}{5}\begin{pmatrix}-3&3\\2&-2\end{pmatrix}$$

$$=\frac{1}{5}\begin{pmatrix}2\cdot8^n+3\cdot3^n&3\cdot8^n-3\cdot3^n\\2\cdot8^n-2\cdot3^n&3\cdot8^n+2\cdot3^n\end{pmatrix}$$

公式を用いず，公式を導いた手順に従って解くことをすすめたい．

例 3　次の行列の n 乗を求めよ．

$$A=\begin{pmatrix}4&-1\\1&2\end{pmatrix}$$

固有方程式 $\lambda^2+6\lambda-9=0$ を解いて $\lambda=3$ は 2 重解．公式に代入して

$$A^n=n\cdot3^{n-1}\begin{pmatrix}4&-1\\1&2\end{pmatrix}-(n-1)\cdot3^n\begin{pmatrix}1&0\\0&1\end{pmatrix}$$

$$=3^{n-1}\begin{pmatrix}n+3&-n\\n&-n+3\end{pmatrix}$$

巾等行列の応用

行列λが相異なる 2 つの固有値 $\alpha,\ \beta$ を持つときは，次の書き換えが可能である．

$$A=\alpha\frac{A-\beta E}{\alpha-\beta}+\beta\frac{A-\alpha E}{\beta-\alpha}$$

右辺を計算し確められよ．$\alpha,\ \beta$ は任意の異なる実数でも成り立つ等式であるが，特に固有値を選んでおくと，次に明らかになるように意外な事実がかくされている．この式を次のように表し，M と N の性質を調べてみよう．

$$A=\alpha M+\beta M,\quad M=\frac{A-\beta E}{\alpha-\beta},\quad N=\frac{A-\alpha E}{\beta-\alpha}$$

α, βが固有値であれば，ケーリー・ハミルトンの定理により

$$(A-\alpha E)(A-\beta E)=O$$

であるから，MとNの積は零行列Oに等しい．一方MとNの和を計算してみるとEになる．

$$\begin{cases} MN=NM=O \\ M+N=E \end{cases}$$

第２式の両辺にMまたはNをかけてみよ．

$$M^2+MN=M \qquad NM+N^2=N$$

MNはOに等しいから，

$$M^2=M,\ \ N^2=N$$

このように，平方してももとのままの行列を**巾等行列**というのである．

MとNが以上のような特殊な性質をもつおかげで，Aの累乗が簡単に求められることになる．$A^2, A^3, \cdots$を順に計算してみよ．

$$A=\alpha M+\beta N$$

この両辺を平方し，$M^2=M$, $N^2=N$, $MN=O$を用いると

$$A^2=\alpha^2 M+\beta^2 N$$

さらに$\alpha M+\beta N$をかけ，M, Nの性質を用いると

$$A^3=\alpha^3 M+\beta^3 N$$

A^4を求めるまでもなく，A^nが推測される．

$$A^n=\alpha^n M+\beta^n N \quad (\alpha\neq\beta)$$

これを公式として用いればAの累乗を求めるのはいたって簡単である．実例を挙げるまでもなかろう．

× ×

$\alpha=\beta$ のときは別途の創意が必要．固有値 α が重解のときのケーリー・ハミルトンの定理は $(A-\alpha E)^2=O$ である．これを捨てておく手はない．A を

$$A=(A-\alpha E)+\alpha E$$

と書きかえ，さらに $K=A-\alpha E$ とおいてみよ．

$$A=K+\alpha E$$

K には単純そのものの性質 $K^2=O$ がある．このように平方すると零行列になる行列を**巾零行列**という．K のこの性質を用いると A の累乗は簡単に求められる．

$$A^2=2\alpha K+\alpha^2 E$$
$$A^3=3\alpha^2 K+\alpha^3 E$$

以下繰り返すまでもなく

$$A^n=n\alpha^{n-1}K+\alpha^n E \qquad (K=A-\alpha E)$$

実に意外な成果に驚くではないか．

例 4　次の行列の n 乗を求めよ．

$$A=\begin{pmatrix}3 & -2\\ 6 & -5\end{pmatrix} \qquad B=\begin{pmatrix}3 & -2\\ 2 & 7\end{pmatrix}$$

A では固有方程式 $\lambda^2+2\lambda-3=0$ を解いて，$\alpha=1,\ \beta=-3$ とおく．

$$M=\frac{A-\beta E}{\alpha-\beta}=\frac{1}{4}\begin{pmatrix}6 & -2\\ 6 & -2\end{pmatrix}=\frac{1}{2}\begin{pmatrix}3 & -1\\ 3 & -1\end{pmatrix}$$

$$N=\frac{A-\alpha E}{\beta-\alpha}=\frac{1}{-4}\begin{pmatrix}2 & -2\\ 6 & -6\end{pmatrix}=\frac{1}{2}\begin{pmatrix}-1 & 1\\ -3 & 3\end{pmatrix}$$

$$A=\frac{1^n}{2}\begin{pmatrix}3 & -1\\ 3 & -1\end{pmatrix}+\frac{(-3)^n}{2}\begin{pmatrix}-1 & 1\\ -3 & 3\end{pmatrix}$$

$$=\frac{1}{2}\begin{pmatrix}3-(-3)^n & -1+(-3)^n\\ 3-3(-3)^n & -1+3(-3)^n\end{pmatrix}$$

B では固有方程式 $\lambda^2-10\lambda+25=0$ を解くと重解５である． $\alpha=5$ とおいて公式を用いる．

$$K=B-\alpha E=\begin{pmatrix}-2 & -2\\ 2 & 2\end{pmatrix}$$

$$B^n=n\cdot 5^{n-1}\begin{pmatrix}-2 & -2\\ 2 & 2\end{pmatrix}+5^n\begin{pmatrix}1 & 0\\ 0 & 1\end{pmatrix}$$

$$=5^{n-1}\begin{pmatrix}5-2n & -2n\\ 2n & 5+2n\end{pmatrix}$$

整除の余りを用いる方法

行列 A が異なる固有値 $\alpha,\ \beta$ を持つときは，x^n を $(x-\alpha)(x-\beta)$ で割ったときの余りを求めるたくみな方法がある．まず商を $g(x)$，余りを $px+q$ とおくと

$$x^n=(x-\alpha)(x-\beta)g(x)+px+q \qquad ⑩$$

p，q を求めるには x に $\alpha,\ \beta$ を代入すればよい．

$$\alpha^n=p\alpha+q, \qquad \beta^n=p\beta+q$$

２式を p，q について解いて

$$p=\frac{\alpha^n-\beta^n}{\alpha-\beta}, \quad q=-\frac{\alpha^{n-1}-\beta^{n-1}}{\alpha-\beta}\alpha\beta$$

一方⑩の x に A を代入して，

$$A^n = (A-\alpha E)(A-\beta E)g(A) + pA + qE$$

定数のところに単位行列 E をつけることをお忘れなく． $g(A)$ の前にかけてある式は，ケーリー・ハミルトンの定理によれば零行列 O に等しいから

$$A^n = pA + qE$$

これで A^n が求められた．

×　　　　　　　　　　　　　　　　×

固有値が重解 α のときは， x^n を $(x-\alpha)^2$ で割ったときの余りを利用すればよい．前と同様に

$$x^n = (x-\alpha)^2 g(x) + px + q \tag{11}$$

とおき両辺を x について微分すれば

$$nx^{n-1} = 2(x-\alpha)g(x) + (x-\alpha)^2 g'(x) + p$$

２式で x に α を代入して

$$\alpha^n = p\alpha + q, \quad n\alpha^{n-1} = p$$

p，q について解いて

$$p = n\alpha^{n-1}, \quad q = -(n-1)\alpha^n$$

一方⑪の x に A を代入して

$$A^n = (A-\alpha E)^2 g(A) + pA + qE$$

$g(A)$ の左にかけてある式は O に等しいから

$$A^n = pA + qE$$

これで A^n が求められた．

標準形による方法

標準形のくわしいことは「行列の標準形を探る」の稿にゆずり，ここでは応用に目標をおく.

（1）異なる固有値 α, β をもつとき

$$A = S\begin{pmatrix}\alpha & 0\\ 0 & \beta\end{pmatrix}S^{-1},\ S = (\boldsymbol{p},\ \boldsymbol{q})$$

ただし $\boldsymbol{p}$, $\boldsymbol{q}$ は α, β に対する固有ベクトルである.

（2）１つの固有値 α（重解）をもつとき

$$A = S\begin{pmatrix}\alpha & 1\\ 0 & \alpha\end{pmatrix}S^{-1},\quad S = (\boldsymbol{p},\ \boldsymbol{q})$$

ここの $\boldsymbol{q}$ は α に対する固有ベクトルと１次独立な任意のベクトルで，$\boldsymbol{p}$ は $(A-\alpha E)\boldsymbol{q}$ に等しい.

以上の標準型を用いると A^n は簡単に求められる.

（1）$A^n = S\begin{pmatrix}\alpha & 0\\ 0 & \beta\end{pmatrix}^n S^{-1} = S\begin{pmatrix}\alpha^n & 0\\ 0 & \beta^n\end{pmatrix}S^{-1}$

（2）$A^n = S\begin{pmatrix}\alpha & 1\\ 0 & \beta\end{pmatrix}^n S^{-1} = S\begin{pmatrix}\alpha^n & n\alpha^{-1}\\ 0 & \alpha^n\end{pmatrix}S^{-1}$

> **例５**　次の行列の n 乗を求めよ.
>
> $$A = \begin{pmatrix}1 & -2\\ 1 & 4\end{pmatrix}\qquad B = \begin{pmatrix}10 & 3\\ -3 & 4\end{pmatrix}$$

A の固有方程式 $\lambda^2 - 5\lambda + 6 = 0$ を解いて $\alpha = 2,\ \beta = 3$ とおく.

$$(A-\alpha E)\boldsymbol{p} = \begin{pmatrix}-1 & -2\\ 1 & 2\end{pmatrix}\boldsymbol{p} = \boldsymbol{0}\ \rightarrow\ \boldsymbol{p} = \begin{pmatrix}-2\\ 1\end{pmatrix}$$

$$(A-\beta E)\boldsymbol{q}=\begin{pmatrix}-2 & -2\\ 1 & 1\end{pmatrix}\boldsymbol{q}=\boldsymbol{0} \ \rightarrow\ \boldsymbol{q}=\begin{pmatrix}-1\\ 1\end{pmatrix}$$

$$A^n=\begin{pmatrix}-2 & -1\\ 1 & 1\end{pmatrix}\begin{pmatrix}2^n & 0\\ 0 & 3^n\end{pmatrix}\begin{pmatrix}-2 & -1\\ 1 & 1\end{pmatrix}^{-1}$$

$$=\begin{pmatrix}2^{n+1}-3^n & 2^{n+1}-2\cdot 3^n\\ -2^n+3^n & -2^n+2\cdot 3^n\end{pmatrix}$$

βの固有方程式$\lambda^2-14\lambda+49=0$をといて$\alpha=7$（重解）とおく.

$$(A-\alpha E)(\boldsymbol{x})=\begin{pmatrix}3 & 3\\ -3 & -3\end{pmatrix}\begin{pmatrix}x\\ y\end{pmatrix}=\begin{pmatrix}0\\ 0\end{pmatrix} \ \rightarrow\ \begin{pmatrix}x\\ y\end{pmatrix}=k\begin{pmatrix}1\\ -1\end{pmatrix}$$

これ1次独立なベクトルは無数にある. その一つ, たとえば$\begin{pmatrix}0\\ 1\end{pmatrix}$を$\boldsymbol{q}$に選べば

$$\boldsymbol{p}=(A-\alpha E)\boldsymbol{q}=\begin{pmatrix}3 & 3\\ -3 & -3\end{pmatrix}\begin{pmatrix}0\\ 1\end{pmatrix}=\begin{pmatrix}3\\ -3\end{pmatrix}$$

$$A^n=\begin{pmatrix}3 & 0\\ -3 & 1\end{pmatrix}\begin{pmatrix}7^n & n7^{n-1}\\ 0 & 7^n\end{pmatrix}\begin{pmatrix}3 & 0\\ -3 & 1\end{pmatrix}^{-1}$$

$$=7^{n-1}\begin{pmatrix}7+3n & 3n\\ -3n & 7-3n\end{pmatrix}$$

×　　　　　　　　　　×

標準形を避け, 固有ベクトルの特性をフルに活かした方法もある.

（1）Aが異なる固有値α, βをもつときα, βに対する固有ベクトルを$\boldsymbol{p}$, $\boldsymbol{q}$とする.

$$A\boldsymbol{p}=\alpha\boldsymbol{p}$$

$$A^2\boldsymbol{p}=A\cdot A\boldsymbol{p}=A\cdot\alpha\boldsymbol{p}=\alpha\cdot A\boldsymbol{p}=\alpha^2\boldsymbol{p}$$

$$A^3\boldsymbol{p}=A\cdot A^2\boldsymbol{p}=A\cdot\alpha^2\boldsymbol{p}=\alpha^2\cdot A\boldsymbol{p}=\alpha^3\boldsymbol{p}$$

一般に

$$A^n\boldsymbol{p}=\alpha^n\boldsymbol{p}$$

同様にして　$A^n\boldsymbol{q}=\beta^n\boldsymbol{q}$

２式をまとめて

$$(A^n\boldsymbol{p},\ A^n\boldsymbol{q})=(\alpha^n\boldsymbol{p},\ \beta^n\boldsymbol{q})$$
$$A^n(\boldsymbol{p},\ \boldsymbol{q})=(\boldsymbol{p},\ \boldsymbol{q})\begin{pmatrix}\alpha^n & 0\\ 0 & \beta^n\end{pmatrix}$$

両辺の右側から $A^n(\boldsymbol{p},\ \boldsymbol{q})^{-1}$ をかけて

$$A^n=(\boldsymbol{p},\ \boldsymbol{q})\begin{pmatrix}\alpha^n & 0\\ 0 & \beta^n\end{pmatrix}(\boldsymbol{p},\ \boldsymbol{q})^{-1}$$

（２）A が重解の固有値 α をもつとき

$(A-\alpha E)\boldsymbol{q}=\boldsymbol{p}$ における $\boldsymbol{p}$ は α の固有値でもあるから，（１）と同様にして $A^n\boldsymbol{p}=\alpha^n\boldsymbol{p}$ を導く．次に $A\boldsymbol{q}=\boldsymbol{p}+\alpha\boldsymbol{q}$

$$\begin{aligned}\therefore\quad A^2\boldsymbol{q}&=A\boldsymbol{p}+\alpha A\boldsymbol{q}\\&=\alpha\boldsymbol{p}+\alpha(\boldsymbol{p}+\alpha\boldsymbol{q})\\&=2\alpha\boldsymbol{p}+\alpha^2\boldsymbol{q}\\A^3\boldsymbol{q}&=2\alpha A\boldsymbol{p}+\alpha^2(\boldsymbol{p}+\alpha\boldsymbol{q})\\&=2\alpha\cdot\alpha\boldsymbol{p}+\alpha^2\boldsymbol{p}+\alpha^3\boldsymbol{q}\\&=3\alpha^2\boldsymbol{p}+\alpha^3\boldsymbol{q}\end{aligned}$$

一般に　$A^n\boldsymbol{q}=n\alpha^{n-1}\boldsymbol{p}+\alpha^n\boldsymbol{q}$

これと　$A^n\boldsymbol{p}=\alpha^n\boldsymbol{p}$

とをまとめて

$$(A^n\boldsymbol{p},\ A^n\boldsymbol{q})=(\alpha^n\boldsymbol{p},\ n\alpha^{n-1}\boldsymbol{p}+\alpha^n\boldsymbol{q})$$

これを書きかえるのは楽でないが，次の式になる．

$$A^n(\boldsymbol{p},\ \boldsymbol{q}) = (\boldsymbol{p},\ \boldsymbol{q})\begin{pmatrix} \alpha^n & n\alpha^{n-1} \\ 0 & \alpha^n \end{pmatrix}$$

前と同様に$(\boldsymbol{p},\ \boldsymbol{q})^{-1}$をかけて

$$A^n = (\boldsymbol{p},\ \boldsymbol{q})\begin{pmatrix} \alpha^n & n\alpha^{n-1} \\ 0 & \alpha^n \end{pmatrix}(\boldsymbol{p},\ \boldsymbol{q})^{-1}$$

27. 原点を通らない不動直線

１次変換の原点を通る不動直線は広く知られており，求めるのもやさしい．１次変換

$$\boldsymbol{x}' = A\boldsymbol{x},\quad A = \begin{pmatrix} a & b \\ c & d \end{pmatrix}$$

に原点を通る不動直線があったとし，その方向ベクトルを $\boldsymbol{p}$ とすると，$\boldsymbol{p}$ の像 $A\boldsymbol{p}$ は $\boldsymbol{p}$ の実数倍になるから $\lambda\boldsymbol{p}$ で表すと

$$A\boldsymbol{p} = \lambda\boldsymbol{p},\quad \boldsymbol{p} \neq 0$$

移項して書きかえると

$$(A - \lambda E)\boldsymbol{p} = \boldsymbol{0},\quad \boldsymbol{p} \neq \boldsymbol{0} \qquad (*)$$

同次の１次方程式の基本的理論によると，上の式が成り立つための必要十分な条件は，行列 $A - \lambda E$ の行列式が 0 になることである．すなわち

$$\det(A - \lambda E) = 0$$

成分で表せば

$$A - \lambda E = \begin{pmatrix} a & b \\ c & d \end{pmatrix} - \lambda\begin{pmatrix} 1 & 0 \\ 0 & 1 \end{pmatrix} = \begin{pmatrix} a-\lambda & b \\ c & d-\lambda \end{pmatrix}$$

$$\det(A - \lambda E) = (a-\lambda)(d-\lambda) - bc = 0$$

$$\lambda^2 - (a+d)\lambda + ad - bc = 0$$

これを固有方程式といい，解を固有値というのである．固有値が実数ならば，それを（＊）に代入すれば $\boldsymbol{p}$ が定まり，$\boldsymbol{p}$ を方向ベクトルにもち原

点を通る不動直線が定まる．$\boldsymbol{p}$には固有ベクトルの名がある．

以上から固有値が異なる実数か，１つの実数（重解）か，虚数かに対応して，原点を通る不動直線は２つか，１つか，存在しないかが定まることがわかる．

例１　次の１次変換に原点を通る不動直線があるならば，それを求めよ．

$$\boldsymbol{x}' = A\boldsymbol{x},\quad A = \begin{pmatrix} 4 & 2 \\ -4 & -2 \end{pmatrix}$$

固有方程式は

$$\lambda^2 - (4-2)\lambda + 4\cdot(-2) - (-4)\cdot 2 = 0$$

これを解いて固有値は２と０である．$\lambda = 2$のとき

$$(A - 2\cdot E)\boldsymbol{p} = \begin{pmatrix} 2 & 2 \\ -4 & -4 \end{pmatrix}\boldsymbol{p} = \boldsymbol{0}$$

$$\Rightarrow \boldsymbol{p} = t\begin{pmatrix} 1 \\ -1 \end{pmatrix}$$

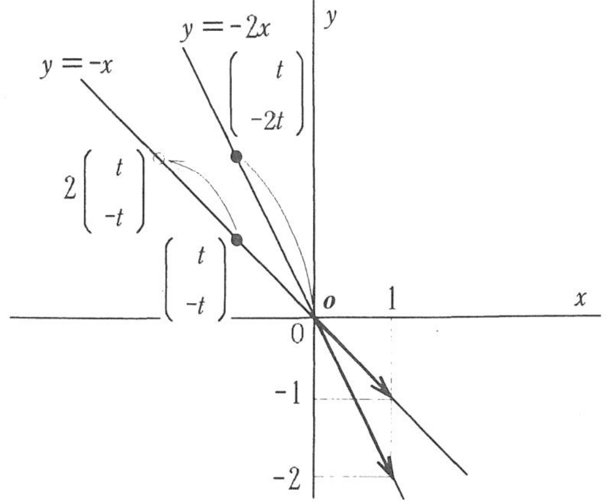

t は任意の実数であるから $\boldsymbol{p}$ は無数にあるが代表として $\begin{pmatrix} 1 \\ -1 \end{pmatrix}$ を選べば十分で，原点を通る不動直線は

$$\begin{pmatrix} x \\ y \end{pmatrix} = t\begin{pmatrix} 1 \\ -1 \end{pmatrix} \quad \text{すなわち} \quad y = -x$$

$$\lambda = 0 \text{のとき} (A - 0\cdot E)\boldsymbol{p} = \begin{pmatrix} 4 & 2 \\ -4 & -2 \end{pmatrix}\boldsymbol{p} = 0 \Rightarrow \boldsymbol{p} = t\begin{pmatrix} 1 \\ -2 \end{pmatrix}$$

$\boldsymbol{p}$ の代表として $\begin{pmatrix} 1 \\ -2 \end{pmatrix}$ を選べば，原点を通る不動直線は

$$\begin{pmatrix} x \\ y \end{pmatrix} = t\begin{pmatrix} 1 \\ -2 \end{pmatrix} \quad \text{すなわち} \quad y = -2x$$

告白すれば例 1 は意地悪と承知で選んだ実例である．直線 $y = -x$ 上の任意の点 $\begin{pmatrix} t \\ -t \end{pmatrix}$ に 1 次変換を行うと，，その像は

$$\begin{pmatrix} 4 & 2 \\ -4 & -2 \end{pmatrix}\begin{pmatrix} t \\ -t \end{pmatrix} = \begin{pmatrix} 2t \\ -2t \end{pmatrix} = 2\begin{pmatrix} t \\ -t \end{pmatrix}$$

となって，もとの直線上にあり，しかも t を変化させれば，もとの直線上の点をすべて尽す．

一方，直線 $y = -2x$ の任意の点 $\begin{pmatrix} t \\ -2t \end{pmatrix}$ に 1 次変換を行うと，その像は

$$\begin{pmatrix} 4 & 2 \\ -4 & -2 \end{pmatrix}\begin{pmatrix} t \\ -2t \end{pmatrix} = \begin{pmatrix} 0 \\ 0 \end{pmatrix}$$

となって原点になる．つまり直線 $y = -2x$ は変換によって，その上の 1 点に縮小する．

はじめの直線 $y = -x$ は不動直線と呼ぶにふさわしいが，あとの直線 $y = -2x$ を不動直線と呼ぶことにためらいを感じよう．しかし，これも不動直線と呼ぶことが多い．そこで，2 種の不動直線を区別する用語がほしくなる．

慣用語ではないが，ここでは狭い意味と広い意味とに分けることにする．

すなわち，変換によって直線 l が図形 l' に変ったとき，l' が l と一致するならば l を狭い意味の不動直線といい，l' が l の一部分になるならば広い意味の不動直線と呼ぶことにする．

$l' = l$ ならば l は狭い意味の不動直線

$l' \subset l$ ならば l は広い意味の不動直線

どちらの意味でもよい場合は単に不動直線と呼べばよい．この意味での不動直線の証明はやさしい．点Pが変換によって点P′になったとき

$$\mathrm{P}\in l \ \rightarrow\ \mathrm{P}'\in l$$

を示せば十分である．しかし狭い意味の不動直線の場合は上の証明では足りない．Pが l 上を運動するとき，P′は l 上のすべての点を尽すことを示さなければならない．

原点を通らない不動直線

1次変換が原点を通らない不動直線をもつことは極めてまれである．それを明らかにするのが，今回の主眼である．結論を先に挙げ，証明へと話をすすめよう．

定理　原点を通らない不動直線の存在
1次変換 $\boldsymbol{x}'=A\boldsymbol{x}$ に原点を通らない不動直線が存在するための必要十分な条件は，1を固有値にもつこと，すなわち

$$\det(A-E)=0$$

が成り立つことである．

証明は不動直線として，x と y についての方程式を用いるか，それとも x と y をパラメータ‘で表したものを用いるかによって，2つに大別される．はじめにパラメータ表示を用いてみる．

必要条件の証明
原点を通らない不動直線があったとし，その方程式を

$$\boldsymbol{x}=\boldsymbol{p}+t\boldsymbol{q}\quad(t\text{ 任意の実数})\qquad ①$$

$$\boldsymbol{p},\ \boldsymbol{q}\text{ は1次独立}\qquad ②$$

とする．②の条件は直線①が原点を通らないためのもので重要である．
①に1次変換 $\boldsymbol{x}'=A\boldsymbol{x}$ を行ったものは

$$x' = Ap + tAq \qquad ③$$

③が①に含まれるための条件は，点 Ap が直線①上にあり，方向ベクトル Aq の方向が q の方向と一致することである．式で示せば，次の２式をみたす実数 h，k が存在することである．

$$Ap = p + hq$$
$$Aq = kq$$

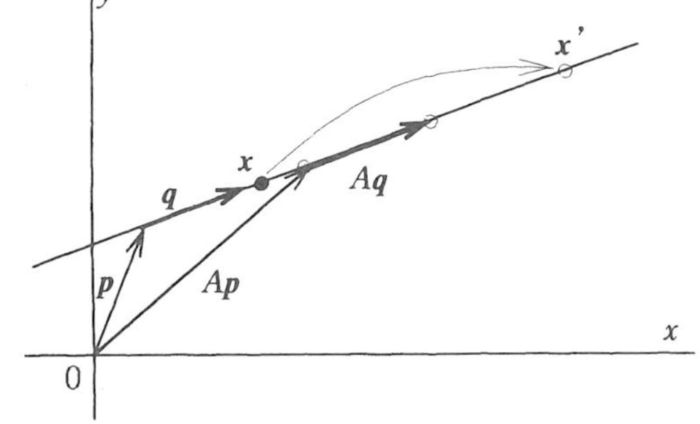

第１式では p を，第２式では q を両辺から引いて書きかえると

$$(A-E)p = hq$$
$$(A-E)q = (k-1)q$$

これらの２式を合わせて

$$(A-E)(p, q) = (hq, (k-1)q) \qquad ④$$

②によって行列 (p, q) は正則，hq と $(k-1)q$ とは平行なベクトルであるから右辺の行列 $(hq, (k-1)q)$ は正則でない．したがって左辺の行列 $A-E$ は正則でない．よって

$$\det(A-E) = 0 \qquad ⑤$$

十分条件の証明

逆に⑤が成り立つとすると，１は固有方程式

$$\det(A-\alpha E) = \lambda^2 - t\lambda + \delta = 0$$
$$(\text{ただし}\ t = a+d,\ \ \delta = \det A = ad - bc)$$

をみたすから固有値であり，他の固有値は δ である．したがって，ケーリー・ハミルトンの定理により，次の等式が成り立つ．

$$(A-\delta E)(A-E) = O$$

固有値δに対する固有ベクトルの1つを$\boldsymbol{q}$とすると

$$A\boldsymbol{q}=\delta\boldsymbol{q} \qquad ⑥$$

次に$\boldsymbol{q}$と1次独立な任意のベクトルを1つ選び$\boldsymbol{p}$とし$(A-E)\boldsymbol{p}=\boldsymbol{r}$とおく．この両辺の左側から$A-\delta E$をかけると

$$(A-\delta E)(A-E)\boldsymbol{p}=(A-\delta E)\boldsymbol{r}$$

左辺は$\boldsymbol{0}$であるから$A\boldsymbol{r}=\delta\boldsymbol{r}$となって$\boldsymbol{r}$は$\delta$に対する固有ベクトルであることが分った．そこで$\boldsymbol{r}=h\boldsymbol{q}$とおけば$(A-E)\boldsymbol{p}=h\boldsymbol{q}$

$$A\boldsymbol{p}=\boldsymbol{p}+h\boldsymbol{q} \qquad ⑦$$

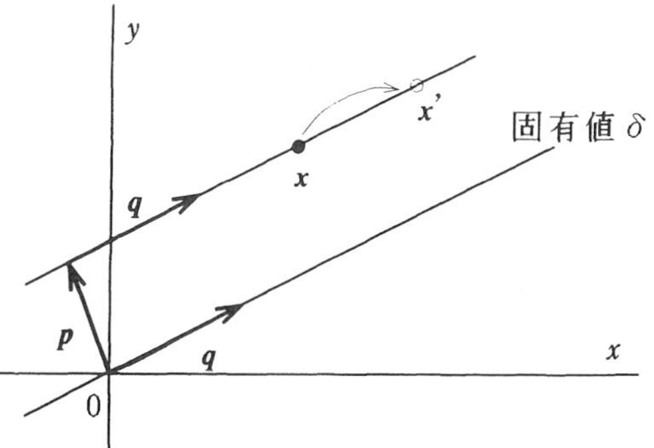

ここで，次の直線を考え，原点を通らない不動直線であることを明らかにする．

$$\boldsymbol{x}=\boldsymbol{p}+t\boldsymbol{q} \qquad ⑧$$

$\boldsymbol{p}$，$\boldsymbol{q}$は1次独立に選んであるから原点を通らないことは明らか．⑧に1次変換$\boldsymbol{x}'=A\boldsymbol{x}$を行うと$A\boldsymbol{x}=A\boldsymbol{p}+tA\boldsymbol{q}$，これに⑥，⑦を用いて書きかえれば

$$\boldsymbol{x}'=(\boldsymbol{p}+h\boldsymbol{q})+t\cdot\delta\boldsymbol{q}$$

したがって

$$\boldsymbol{x}'=\boldsymbol{p}+(h+\delta t)\boldsymbol{q}$$

この式は$\delta\neq 0$ならば直線を表し，しかも直線⑧と一致するから，直線⑧は狭義の不動直線である．もし$\delta=0$ならば上の式は1点$\boldsymbol{p}+h\boldsymbol{q}$を表し，しかも直線⑧の上にあるから，直線⑧は広義の不動直線である．

いずれにしても直線⑧は原点を通らない不動直線である．

× ×

以上によりようやく証明が終った．ことの外，十分条件の証明はむずか

しいと思うが，不動直線の実体も解明されたのは得難い収穫であつた．

実例で実感を深める

> **例２**　次の１次変換が原点を通らない不動直線をもつように a の値を定め，その不動直線をすべて求めよ．
>
> $$\boldsymbol{x}' = A\boldsymbol{x} \quad \text{すなわち} \quad \begin{pmatrix} x' \\ y' \end{pmatrix} = \begin{pmatrix} 3 & 1 \\ a & 3 \end{pmatrix}\begin{pmatrix} x \\ y \end{pmatrix}$$

原点を通らない不動直線をもつための条件は

$$\det(A-E) = \det\begin{pmatrix} 2 & 1 \\ a & 2 \end{pmatrix} = 4-a = 0$$

$$a = 4, \quad A = \begin{pmatrix} 3 & 1 \\ 4 & 3 \end{pmatrix}$$

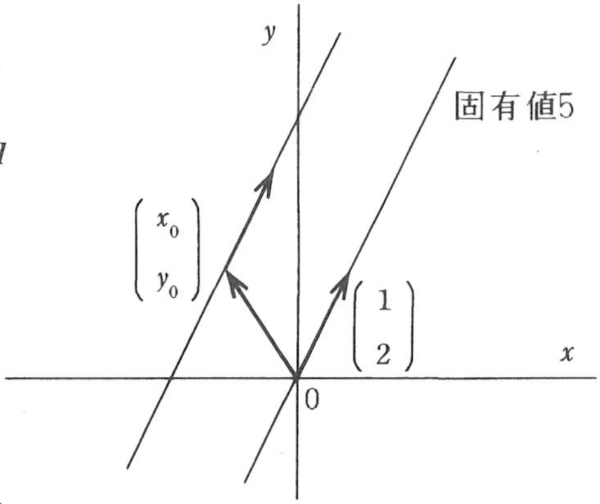

固有方程式 $\lambda^2 - 6\lambda + 5 = 0$，$\lambda = 1, 5$

固有値５に対する固有ベクトル $\boldsymbol{q}$ は

$$(A-5E)\boldsymbol{q} = \begin{pmatrix} -2 & 1 \\ 4 & -2 \end{pmatrix}\boldsymbol{q} = \begin{pmatrix} 0 \\ 0 \end{pmatrix}$$

$$\Rightarrow \quad \boldsymbol{q} = \begin{pmatrix} 1 \\ 2 \end{pmatrix}$$

$\boldsymbol{q}$ と１次独立なベクトル $\boldsymbol{p}$ を $\begin{pmatrix} x_0 \\ y_0 \end{pmatrix}$ とする原点を通らない不動直線は

$$\begin{pmatrix} x \\ y \end{pmatrix} = \begin{pmatrix} x_0 \\ y_0 \end{pmatrix} + t\begin{pmatrix} 1 \\ 2 \end{pmatrix}, \quad (2x_0 - y_0 \neq 0) \qquad ①$$

である．

念のため①に変換を行ってみると

$$\begin{pmatrix} x' \\ y' \end{pmatrix} = \begin{pmatrix} 3x_0 + y_0 \\ 4x_0 + 3y_0 \end{pmatrix} + 5t\begin{pmatrix} 1 \\ 2 \end{pmatrix}$$

①と一致しないようであるが，書きかえた次の式を見れば疑いは晴れよう．

$$\begin{pmatrix} x' \\ y' \end{pmatrix} = \begin{pmatrix} x_0 \\ y_0 \end{pmatrix} + (2x_0 + y_0 + 5t)\begin{pmatrix} 1 \\ 2 \end{pmatrix}$$

例３　次の１次変換が原点を通らない不動直線をもつように a の値を定め，その不動直線をすべて求めよ．

$$\boldsymbol{x}' = A\boldsymbol{x} \quad \text{すなわち} \quad \begin{pmatrix} x' \\ y' \end{pmatrix} = \begin{pmatrix} a & -4 \\ 1 & -1 \end{pmatrix}\begin{pmatrix} x \\ y \end{pmatrix}$$

原点を通らない不動直線をもつための条件は $\det(A - E) = 0$

$$(a-1)\cdot(-2) - (-4)\cdot 1 = 0, \quad a = 3$$

$$\therefore \quad A = \begin{pmatrix} 3 & -4 \\ 1 & -1 \end{pmatrix}$$

固有方程式を解いて固有値を求める．

$$\lambda^2 - 2\lambda + 1 = 0, \quad \lambda = 1 \quad (２重解)$$

固有値１に対する固有ベクトルは

$$(A - E)\boldsymbol{q} = \begin{pmatrix} 2 & -4 \\ 1 & -2 \end{pmatrix}\boldsymbol{q} = \begin{pmatrix} 0 \\ 0 \end{pmatrix} \Rightarrow \boldsymbol{q} = \begin{pmatrix} 2 \\ 1 \end{pmatrix}$$

$\boldsymbol{q}$ と１次独立な任意のベクトルを $\boldsymbol{p} = \begin{pmatrix} x_0 \\ y_0 \end{pmatrix}$ とすれば，原点を通らない不動直線は

$$\begin{pmatrix} x \\ y \end{pmatrix} = \begin{pmatrix} x_0 \\ y_0 \end{pmatrix} + t\begin{pmatrix} 2 \\ 1 \end{pmatrix} \quad (x_0 - 2y_0 \neq 0) \qquad ①$$

である．t を消去した方程式で示せば

$$y = \frac{x}{2} + \left(y_0 - \frac{x_0}{2}\right)$$

念のため直線①に変換を行うと

$$\begin{pmatrix} x' \\ y' \end{pmatrix} = \begin{pmatrix} 3x_0 - 4y_0 \\ x_0 - y_0 \end{pmatrix} + t\begin{pmatrix} 2 \\ 1 \end{pmatrix}$$

書きかえて

$$\begin{pmatrix} x' \\ y' \end{pmatrix} = \begin{pmatrix} x_0 \\ y_0 \end{pmatrix} + (x_0 - 2y_0 + t)\begin{pmatrix} 2 \\ 1 \end{pmatrix}$$

あきらかに直線①に一致する．

よく見かける証明

最後に，参考書などでよく見かける高校生向きの証明をあげる．この証明は「行列嫌い」なのが特徴である．

$$1\text{ 次変換}\begin{cases} x' = ax + by \\ y' = cx + dy \end{cases}$$

必要条件の証明

原点を通らない不動直線があるとして，それを

$$px + qy = 1 \qquad ①$$

とする．この直線を変換した像を求めるには変換の式を x, y について解き，上の方程式に代入すればよい．しかし，変換の式は

$$ad - bc = 0$$

のときはうまく解けないのが泣きどころ．正門が無理なら裏門へ，からめ

手で攻めることも考えられる．

点(x, y)が不動直線①の上にあれば，その点の像(x', y')も①の上にあるから

$$px' + qy' = 1 \quad ②$$

が成り立つ．そこでx，yの消去の代りにx'，y'の消去を考える．変換の式を②に代入すれば

$$p(ax + by) + q(cx + dy) = 1 \quad ③$$
$$(ap + cq)x + (bp + dq)y = 1 \quad ④$$

これは何物か．ちょっと答えに迷うであろう．点(x, y)は直線①上の任意の点で，しかも，それらの点がすべて④をみたすとすると，④は①自身ということになる．

④が①に一致するための条件へ

$$\begin{cases} ap + cq = p \\ bp + dq = q \end{cases} \Rightarrow \begin{cases} (a-1)p + cq = 0 \\ bp + (d-1)q = 0 \end{cases} \quad ⑤$$

①は直線を表すからp，qの少なくとも一方は0でない．このようなp，qを⑤が解にもつための条件は，1次の同次方程式の理論によれば

$$(a-1)(d-1) - bc = 0 \quad ⑥$$

である．

見かけは定理の結論と異なるが，行列・行列式で表した式$\det(A - E) = 0$と同じもの．

十分条件の証明

逆の証明は，もとの証明を逆にたどって達せられることが多い．この場合はそれに当たる．⑥が成り立つとすると，⑤をみたす

$$p, q \quad (p \neq 0 \quad \text{または} \quad q \neq 0)$$

がある．そのp，qを用いて方程式

$$px+qy=1 \qquad ⑦$$

を作れば直線を表す．ここで⑤の左側の等式を用い p，q をそれぞれ $ap+cq$，$bp+dq$ で置きかえると④の式ができ，さらに書きかえれば③の式へ．ここで変換の式を用いると②の式へもどる．

②の式は，直線⑦上の任意の点 (x, y) の像 (x', y') がもとの直線⑦の上にあることを示す．したがって，直線⑦は不動直線で，原点を通らないことは自明である・

行列を用いて見直す

第２の証明を行列を用いて書き直してみる．予備知識が多少増えるが，表現はすっきりする．

必要条件の証明

１次変換

$$\begin{pmatrix} x' \\ y' \end{pmatrix} = \begin{pmatrix} a & b \\ c & d \end{pmatrix} \begin{pmatrix} x \\ y \end{pmatrix}$$

$$(x',\ y') = (x,\ y)\begin{pmatrix} a & c \\ b & d \end{pmatrix} \qquad ①$$

に，原点を通らない不動直線があったとし，

$$(x,\ y)\begin{pmatrix} p \\ q \end{pmatrix} = 1 \qquad ②$$

で表す．この直線上の点 (x, y) は１次変換によって点 (x', y') に移り，しかも直線②の上にあるから

$$(x',\ y')\begin{pmatrix} p \\ q \end{pmatrix} = 1 \qquad ③$$

③に①の右辺を代入して

$$(x,\ y)\begin{pmatrix} a & c \\ b & d \end{pmatrix}\begin{pmatrix} p \\ q \end{pmatrix} = 1 \qquad ④$$

④と②は同一直線であるから

$$\begin{pmatrix} a & c \\ b & d \end{pmatrix}\begin{pmatrix} p \\ q \end{pmatrix} = \begin{pmatrix} p \\ q \end{pmatrix} \qquad ⑤$$

$$\left(\begin{pmatrix} a & c \\ b & d \end{pmatrix} - \begin{pmatrix} 1 & 0 \\ 0 & 1 \end{pmatrix}\right)\begin{pmatrix} p \\ q \end{pmatrix} = \begin{pmatrix} 0 \\ 0 \end{pmatrix}$$

$$\begin{pmatrix} a-1 & c \\ b & d-1 \end{pmatrix}\begin{pmatrix} p \\ q \end{pmatrix} = \begin{pmatrix} 0 \\ 0 \end{pmatrix} \qquad ⑥$$

の方程式は$\begin{pmatrix} p \\ q \end{pmatrix} \neq \begin{pmatrix} 0 \\ 0 \end{pmatrix}$なる解をもつから

$$(a-1)(d-1) - bc = 0 \qquad ⑦$$

十分条件の証明

逆に⑦が成り立つとすると，１次の同次方程式⑥は$(p,\ q) \neq (0,\ 0)$をみたす解をもつ．その１組を法線ベクトルとする直線②に着目する．$(p,\ q)$は⑤をみたすから，これと②から④が導かれる．次に④と①から③が導かれ，③は②の上の点$\begin{pmatrix} x \\ y \end{pmatrix}$の像$\begin{pmatrix} x' \\ y' \end{pmatrix}$の上にあることを表す．したがって②は不動直線である．

２種の不動直線は一致するか

第１の証明における不動直線はパラメータtを用いた式

$$\boldsymbol{x} = \boldsymbol{p} + t\boldsymbol{q} \qquad ①$$

であった．ただし，方向ベクトル$\boldsymbol{q}$は行列

$$A=\begin{pmatrix} a & b \\ c & d \end{pmatrix}$$

の固有値δに対する固有ベクトルである．

一方，第２の証明における不動直線は

$$ {}^t\boldsymbol{r}\boldsymbol{x}=1,\ (\boldsymbol{r},\ \boldsymbol{x}\text{は列ベクトル}) \qquad ②$$

であった．ただし法線ベクトル $\boldsymbol{r}$ は，行列

$${}^tA=\begin{pmatrix} a & c \\ b & d \end{pmatrix}$$

の固有値１に対する固有ベクトルである．

これら２つの直線①，②は同じものであろうか．いや，同じもののはず．それを確めるには $\boldsymbol{q}$ と $\boldsymbol{r}$ を実際に求めてみればよい．

$$(A-\delta E)\boldsymbol{q}=\begin{pmatrix} a-\delta & b \\ c & d-\delta \end{pmatrix}\boldsymbol{q}=\boldsymbol{0} \quad\Rightarrow\quad \boldsymbol{q}=\begin{pmatrix} -b \\ a-\delta \end{pmatrix}$$

$$({}^tA-1E)\boldsymbol{r}=\begin{pmatrix} a-1 & c \\ b & d-1 \end{pmatrix}\boldsymbol{r}=\boldsymbol{0} \quad\Rightarrow\quad \boldsymbol{r}=\begin{pmatrix} d-1 \\ -b \end{pmatrix}$$

A と ${}^tA$ の固有方程式は同じもの

$$\lambda^2-(a+d)\lambda+ad-bc=0$$

この解は１とδであったから $1+\delta=a+d$

$$d-1=\delta-a$$

これを用いて $\boldsymbol{r}$ を書きかえると

$$\boldsymbol{r}=\begin{pmatrix} \delta-a \\ -b \end{pmatrix}=\begin{pmatrix} a-\delta \\ b \end{pmatrix}$$

$\boldsymbol{q}$ とくらべてみよ．$\boldsymbol{q}$ と

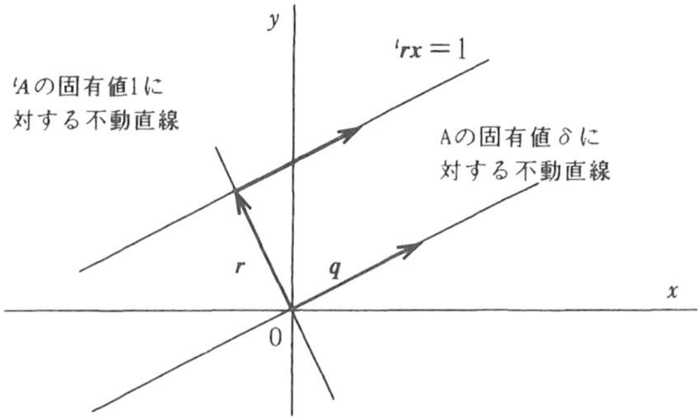

$\boldsymbol{r}$ は垂直である．

一方直線②は $\boldsymbol{r}$ に垂直であるから，直線②は $\boldsymbol{q}$ に平行であり，①と②は平行であることが確められた．

28. サイクリック一次変換

次の１次変換の問題は難易中庸の良問である．これを糸口として，あとで一般化を試みよう．

> 相異なる３点 A，B，C があって，原点 O は直線 AB 上にない．１次変換 f によって A は B に，B は C に，C は A に移る．このとき３点 A，B，C の重心は原点と一致することを示せ．

３点 A，B，C の位置ベクトルをそれぞれ $\boldsymbol{a}$，$\boldsymbol{b}$，$\boldsymbol{c}$ とすれば３点の重心 G の位置ベクトルが

$$\frac{\boldsymbol{a}+\boldsymbol{b}+\boldsymbol{c}}{3}$$

となることは，よく知られていることがら．したがって重心が原点と一致することを示すには

$$\boldsymbol{a}+\boldsymbol{b}+\boldsymbol{c}=\boldsymbol{0} \qquad ①$$

を導けばよい．そこで１次変換 f の行列を F として仮定を式で表す．

$$f\boldsymbol{a}=\boldsymbol{b},\ f\boldsymbol{b}=\boldsymbol{c},\ f\boldsymbol{c}=\boldsymbol{a} \qquad ②$$

①を導くには，②の３式を加えればよさそうである．

$$F(\boldsymbol{a}+\boldsymbol{b}+\boldsymbol{c})=\boldsymbol{b}+\boldsymbol{c}+\boldsymbol{a}$$

単位行列を E で表し，書きかえれば

$$(F-E)(\boldsymbol{a}+\boldsymbol{b}+\boldsymbol{c})=\boldsymbol{0}$$

これから①を導きたい．それには$F-E$が正則，すなわち逆行列を持てばよい．だが，それが簡単にはいえず，行詰る学生が多い．②の３式をあれこれ操作してみても，この壁は破れそうにない．見逃している仮定があるのではないかと問題を読み返してみる．「原点 O は直線 AB 上にない」これはさほど重要な仮定に見えないが，ベクトルでは１次独立と切り離せないもので重要である．$\boldsymbol{a}$ と $\boldsymbol{b}$ は１次独立であるから，第３のベクトル $\boldsymbol{c}$ は$\boldsymbol{a}$と$\boldsymbol{b}$の１次結合で表される．それを

$$\boldsymbol{c} = h\boldsymbol{a} + k\boldsymbol{b} \qquad ③$$

とおき，両辺の左側から F を作用させると

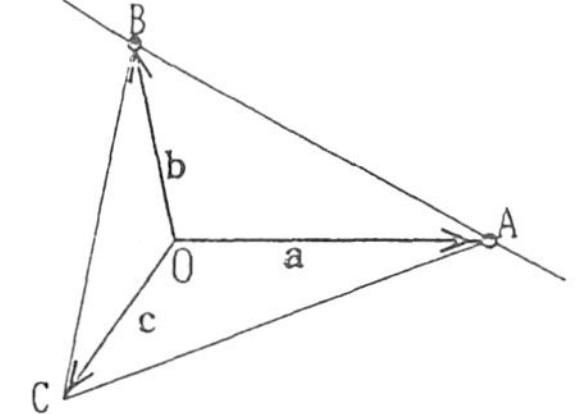

$$F\boldsymbol{c} = hF\boldsymbol{a} + kF\boldsymbol{b}$$
$$\boldsymbol{a} = h\boldsymbol{b} + k\boldsymbol{c}$$

これに③を代入して $\boldsymbol{c}$ を消去し，整理すれば

$$(hk-1)\boldsymbol{a} + (h+k^2)\boldsymbol{b} = \boldsymbol{0}$$

ここでも「$\boldsymbol{a}$，$\boldsymbol{b}$ は１次独立」が役に立ち

$$hk-1=0\text{，かつ}\quad h+k^2=0$$

これを解いて$h=k=-1$，③に代入すれば

$$\boldsymbol{a}+\boldsymbol{b}+\boldsymbol{c}=\boldsymbol{0}$$

となって目的が達せられた．

サイクリック変換

以上の問題を３個以上の点の場合へ拡張することを考える．

相異なる$n(n \geqq 3)$個の点を$\mathrm{A}_1, \mathrm{A}_3, \cdots, \mathrm{A}_n$とし，１次変換$f$によって$\mathrm{A}_1$は$\mathrm{A}_2$に，$\mathrm{A}_2$は$\mathrm{A}_3$に，…，$\mathrm{A}_{n-1}$は$\mathrm{A}_n$に移り，最後の$\mathrm{A}_n$は$\mathrm{A}_1$に戻るとする．

このような変換を**サイクリック変換**と呼ぶことにしよう．

原点 O は直線 A_1A_2 上にないように選んでおけば，２つのベクトル $\overrightarrow{OA_1}$，$\overrightarrow{OA_2}$ は１次独立であるから，これを基本ベクトルに選んで座標を作ることができる．もちろん，その座標は一般には平行座標である．

直線 OA_1 を x 軸，直線 OA_2 を y 軸に選べば A_1 の座標は $\begin{pmatrix}1\\0\end{pmatrix}$，$A_2$ の座標は $\begin{pmatrix}0\\1\end{pmatrix}$ である．A_3 の座標は明らかでないから $\begin{pmatrix}h\\k\end{pmatrix}$ とおく．

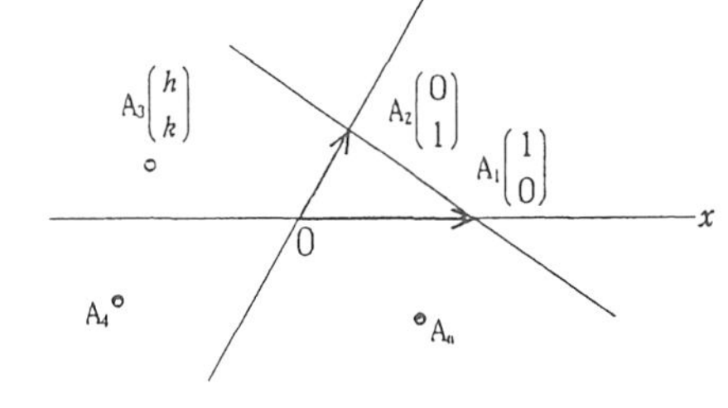

１次変換 f の行列を F とすると，仮定から

$$F\begin{pmatrix}1\\0\end{pmatrix}=\begin{pmatrix}0\\1\end{pmatrix},\quad F\begin{pmatrix}0\\1\end{pmatrix}=\begin{pmatrix}h\\k\end{pmatrix}$$

この２式を合わせて表せば

$$F\begin{pmatrix}1&0\\0&1\end{pmatrix}=\begin{pmatrix}0&h\\1&k\end{pmatrix}\quad\therefore\ F=\begin{pmatrix}0&h\\1&k\end{pmatrix}$$

となるから，h，k の値を求めれば F は定まる．

たとえば，$n=3$ のときは，A_3 は A_1 に戻るから

$$F\begin{pmatrix}h\\k\end{pmatrix}=\begin{pmatrix}0&h\\1&k\end{pmatrix}\begin{pmatrix}h\\k\end{pmatrix}=\begin{pmatrix}hk\\h+k^2\end{pmatrix}=\begin{pmatrix}1\\0\end{pmatrix}$$

$$\begin{cases}hk=1\\h+k^2=0\end{cases}\qquad\therefore\begin{cases}h=-1\\k=-1\end{cases}$$

したがって，３点 A_1，A_2，A_3 の座標は

$$\begin{pmatrix}1\\0\end{pmatrix},\ \begin{pmatrix}0\\1\end{pmatrix},\ \begin{pmatrix}-1\\-1\end{pmatrix}$$

であって，和は明らかに等しい.

なお，１次変換の行列は

$$\begin{pmatrix}0 & -1\\1 & -1\end{pmatrix}$$

であって，行列方程式

$$F^3-E=O,\ \ F^2+F+E=O$$

などを満たすことも容易に確かめられる.

４点のサイクリック変換

４点A_1, A_2, A_3, A_4のサイクリック変換の場合についても，３点の場合と同様のこと，すなわち，次の３つの事柄を調べてみたい.

（１）Fはどんな行列になるか.

（２）４点はどんな四角形を作るか.

（３）４点の重心は原点と一致するか.

前と同様に座標を定め，A_3の座標を$\begin{pmatrix}h\\k\end{pmatrix}$とおくと

$$F=\begin{pmatrix}0 & h\\1 & k\end{pmatrix}$$

であった．したがってA_4の座標は

$$F\begin{pmatrix}h\\k\end{pmatrix}=\begin{pmatrix}0 & h\\1 & k\end{pmatrix}\begin{pmatrix}h\\k\end{pmatrix}=\begin{pmatrix}hk\\h+k^2\end{pmatrix}$$

で，これは１次変換fによってA_1に戻るから

$$\begin{pmatrix} 0 & h \\ 1 & k \end{pmatrix}\begin{pmatrix} hk \\ h+k^2 \end{pmatrix}=\begin{pmatrix} h^2+hk^2 \\ 2hk+k^3 \end{pmatrix}$$

ゆえに $\begin{cases} h^2+hk^2=1 \\ 2hk+k^3=0 \end{cases}$

この実数解は$(h,\ k)=(1,\ 0),\ (-1,\ 0)$の２つ．しかし，はじめの解によると点$A_3$は$A_1$に一致することになるので条件に合わない．後の解のときは

$$A_3 \text{の座標は}\begin{pmatrix} -1 \\ 0 \end{pmatrix},\quad A_4 \text{の座標は}\begin{pmatrix} 0 \\ -1 \end{pmatrix}$$

図から明らかなように４点A_1, A_2, A_3, A_4は平行四辺形を作り，その中心（重心でもある）は原点と一致する．

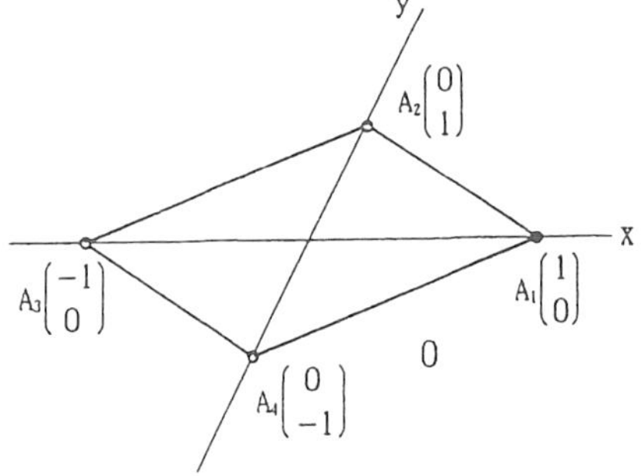

さらに，このときの１次変換fの行列は

$$F=\begin{pmatrix} 0 & -1 \\ 1 & 0 \end{pmatrix}$$

である．これは行列方程式

$$F^4-E=O,\quad F^2+E=O$$

を満たすことを確かめよ．

５点のサイクリック変換

４点の場合の計算によるとA_5の座標は

$$\begin{pmatrix} h^2+hk^2 \\ 2hk+k^3 \end{pmatrix}$$

であった．この点にさらに１次変換を行うとA_1に戻るのであるから

$$\begin{pmatrix}0 & h\\ 1 & k\end{pmatrix}\begin{pmatrix}h^2+hk^2\\ 2hk+k^3\end{pmatrix}=\begin{pmatrix}1\\ 0\end{pmatrix}$$

よって
$$\begin{cases}2h^2k+hk^3=1 & ④\\ h^2+3hk^2+k^4=0 & ⑤\end{cases}$$

これを解くのは手強い．⑤が k^2 についての２次方程式であることに着眼し

$$k^2=\frac{-3\pm\sqrt{5}}{2}h \qquad ⑥$$

④に代入して k の次数を下げ，それをさらに k について解いて

$$k=-\frac{1\mp\sqrt{5}}{2h^2}$$

⑥に代入し，簡単にすると $h^5=-1$，よって

$$h=-1,\ \ k=\frac{-1\pm\sqrt{5}}{2}$$

k の２つの値を次のように a と $\bar{a}$ で表わすことにする．

$$a=\frac{-1+\sqrt{5}}{2},\ \ \bar{a}=\frac{-1-\sqrt{5}}{2}$$

×　　　　　　　　×

$h=-1,\ k=a$ のときの１次変換 f の行列は

$$F=\begin{pmatrix}0 & -1\\ 1 & a\end{pmatrix}$$

$F^2, F^3, \cdots$ を順に計算してみよ． $F^5=E$ が成り立つ． $A_1, A_2, \cdots, A_5$ の座標は順に

$$\begin{pmatrix}1\\0\end{pmatrix},\ \begin{pmatrix}0\\1\end{pmatrix},\ \begin{pmatrix}-1\\a\end{pmatrix},\ \begin{pmatrix}-a\\-a\end{pmatrix},\ \begin{pmatrix}a\\-1\end{pmatrix}$$

$a>0$ を考慮して図をかいてみると，5点は凸5角形を作る．しかも，5点の座標の和はゼロベクトルになるから，5点の重心は原点と一致する．

$h=-1,\ k=\bar{a}$ のとき前の場合と同様で，a を $\bar{a}$ で置きかえたのでよい． $A_1, A_2, \cdots, A_5$ の座標は

$$\begin{pmatrix}1\\0\end{pmatrix},\ \begin{pmatrix}0\\1\end{pmatrix},\ \begin{pmatrix}-1\\\bar{a}\end{pmatrix},\ \begin{pmatrix}-\bar{a}\\-\bar{a}\end{pmatrix},\ \begin{pmatrix}\bar{a}\\-1\end{pmatrix}$$

$\bar{a}<-1$ を考慮して図をかくと，５点は星形５角形を作るが，５点の動心が原点と一致することに変りはない．

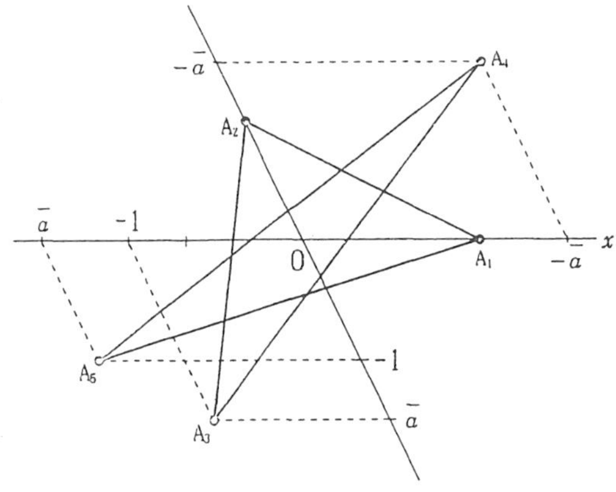

６点のサイクリック変換

５点の場合の計算によると点 A_6 の座標は

$$\begin{pmatrix} 2h^2k + hk^3 \\ h^2 + 3hk^2 + k^4 \end{pmatrix}$$

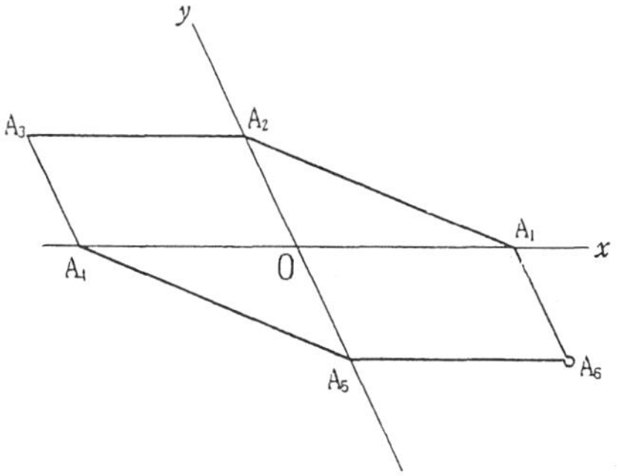

であった．A_6 にさらに１次変換 f を行うと A_1 に戻るのであるから

$$\begin{pmatrix} 0 & h \\ 1 & k \end{pmatrix}\begin{pmatrix} 2h^2k + hk^3 \\ h^2 + 3hk^2 + k^4 \end{pmatrix} = \begin{pmatrix} 1 \\ 0 \end{pmatrix}$$

よって

$$\begin{cases} h^3 + 3h^2k^2 + hk^4 = 1 & ⑦ \\ 3h^2k + 4hk^3 + k^5 = 0 & ⑧ \end{cases}$$

これを解くのは一見難しそうであるが，実際は５次の場合より易しい．⑧は左辺が因数分解され，簡単な方程式に変わる．この解のうち条件に合うものは，$h = -1,\ k = 1$ に限る．

このときの１次変換 f の行列は

$$F = \begin{pmatrix} 0 & -1 \\ 1 & 1 \end{pmatrix} \qquad (F^6 = E)$$

である．これを用いた５点の座標を求めてかいた図が前ページの図である．

６点は対称の中心をもつ６角形を作り，その中心は原点に一致する．

思考転換を恐れずに

一般化の時期が近づいているのに，先が見えないのは座標の値を求めることにこだわるからであろうか．目標はすべての点の座標の和が零になることであって，個々の点の座標を知ることではない．思いきった思考転換が必要なようである．

一般化した問題を正文化しておこう．

> 相異なる n ($n \geqq 3$) 個の点 $A_1, A_2, \cdots, A_n$ があって，原点 O は直線 A_1A_2 上にない．ある 1 次変換 f によって，A_1 は A_2 に，A_2 は A_3 に，$\cdots$, A_{n-1} は A_n に移り，A_n ははじめて A_1 に戻る．このとき n 個の点 $A_1, A_2, \cdots, A_n$ の重心は原点 O に一致する．

点 A_i の位置ベクトルは $\boldsymbol{a}_i$ で表すことにする．その他は前と同様の約束でよい．なわち $\boldsymbol{a}_1 = \begin{pmatrix} 1 \\ 0 \end{pmatrix}$, $\boldsymbol{a}_2 = \begin{pmatrix} 0 \\ 1 \end{pmatrix}$, $\boldsymbol{a}_3 = \begin{pmatrix} h \\ k \end{pmatrix}$ に変換 f を表わす行列は

$$F = \begin{pmatrix} 0 & h \\ 1 & k \end{pmatrix}$$

F は A_3 の座標 h, k によって定まることに注意しよう．

定理の仮定から

$$\boldsymbol{a}_2 = F\boldsymbol{a}_1,\ \boldsymbol{a}_3 = F\boldsymbol{a}_2 = F^2\boldsymbol{a}_1, \cdots$$

同様のくり返しによって

$$\boldsymbol{a}_n = F^{n-1}\boldsymbol{a}_1 \qquad ①$$

しかも $F\boldsymbol{a}_n = \boldsymbol{a}_1$ であるから

$$F^n\boldsymbol{a}_1 = \boldsymbol{a}_1 \qquad ①$$

重心が原点に一致することを証明するには次の式が O になることを示せばよい．

$$\begin{aligned} K &= a_1 + a_2 + a_3 + \cdots + a_n \\ &= a_1 + Fa_1 + F^2a_1 + \cdots F^{n-1}a_1 \\ &= (E + F + F^2 + \cdots + F^{n-1})\boldsymbol{a}_1 \end{aligned}$$

(　)の中の級数の求めたい.

$$X = E + F + F^2 + \cdots + F^{n-1}$$
$$FX = F + F^2 + \cdots + F^{n-1} + F^n$$

差をとると　$$(F - E)X = F^n - E \quad ②$$

これを X について解こうとすると, $F-E$ が正則かどうか, つまり逆行列をもつかどうかが問題になる.

$$F - E = \begin{pmatrix} 0 & h \\ 1 & k \end{pmatrix} - \begin{pmatrix} 1 & 0 \\ 0 & 1 \end{pmatrix} = \begin{pmatrix} -1 & h \\ 1 & k-1 \end{pmatrix}$$
$$|F - E| = \begin{vmatrix} -1 & h \\ 1 & k-1 \end{vmatrix} = 1 - h - k$$

正則かどうかは, $1-h-k$ が 0 でないかどうかによって定まる.

×　　　　×

(i) $h+k \neq 1$ のとき (A_3 は A_1A_2 上にない)

このときは $F-E$ には逆行列 $(F-E)^{-1}$ がある. これを②の両辺の左側からかければ

$$X = (F - E)^{-1}(F^n - E)$$

したがって

$$K = (F - E)^{-1}(F^n - E)\boldsymbol{a}_1$$
$$= (F - E)^{-1}(F^n\boldsymbol{a}_1 - \boldsymbol{a}_1) = \boldsymbol{0}$$

見事に目的を果たしたが, 喜ぶのはまだ早い. $h+k=1$ の場合が未解決である. この場合には点 A_3 は直線 A_1A_2 上にあるので, 定理の仮定に合わない公算が大きい,

×　　　　×

(ii) $h+k=1$ のとき (A_3 は A_1A_2 の上にある) $k=1-h$ を用いて k を消

去する．

$$F=\begin{pmatrix}0 & h\\ 1 & 1-h\end{pmatrix}$$

この１次変換の正体を知らねばならない．直線 A_1A_2 上の任意の点 U にこの１次変換を行った点を U′ としてみる．U の座標を $\begin{pmatrix}u\\ 1-u\end{pmatrix}$ とすれば U′ の座標は

$$\begin{pmatrix}0 & h\\ 1 & 1-h\end{pmatrix}\begin{pmatrix}u\\ 1-u\end{pmatrix}=\begin{pmatrix}h(1-u)\\ 1-h(1-u)\end{pmatrix}$$

x 座標と y 座標の和は１に等しいから，点 U′ も直線 A_1A_2 上にある．つまり直線 A_1A_2 は不動直線である．

F^n を求めるには F の固有値を求めなければならない．固有方程式は

$$|F-\lambda E|=\begin{vmatrix}-\lambda & h\\ 1 & 1-h-\lambda\end{vmatrix}$$
$$=(-\lambda)(1-h-\lambda)-h=0$$

これを解いて $\lambda=1,\ -h$

重根かどうかで２つの場合に分ける．

×　　　　　　　　　　×

（１）　$h\neq-1$ のとき

固有値 $1,\ -h$ に対す固有ベクトルを求めてみると $\begin{pmatrix}h\\ 1\end{pmatrix},\begin{pmatrix}-1\\ 1\end{pmatrix}$ であるから

$$F=\begin{pmatrix}h & -1\\ 1 & 1\end{pmatrix}\begin{pmatrix}1 & 0\\ 0 & -h\end{pmatrix}\begin{pmatrix}h & -1\\ 1 & 1\end{pmatrix}^{-1}$$

と表すことができる．したがって

$$F^n = \begin{pmatrix} h & -1 \\ 1 & 1 \end{pmatrix} \begin{pmatrix} 1 & 0 \\ 0 & (-h)^n \end{pmatrix} \begin{pmatrix} h & -1 \\ 1 & 1 \end{pmatrix}^{-1}$$

この式を計算し，１つの行列に直せば

$$F^n = \frac{1}{h+1} \begin{pmatrix} h+(-h)^n & h-h(-h)^n \\ 1-(-h)^n & 1+h(-h)^n \end{pmatrix}$$

両辺の右側に $\boldsymbol{a}_1$ をかけて

$$F^n \boldsymbol{a}_1 = \frac{1}{h+1} \begin{pmatrix} h+(-h)^n & h-h(-h)^n \\ 1-(-h)^n & 1+h(-h)^n \end{pmatrix} \begin{pmatrix} 1 \\ 0 \end{pmatrix}$$

これが $\boldsymbol{a}_1$ に一致することがあるかどうかを調べる．仮りに一致したとすると

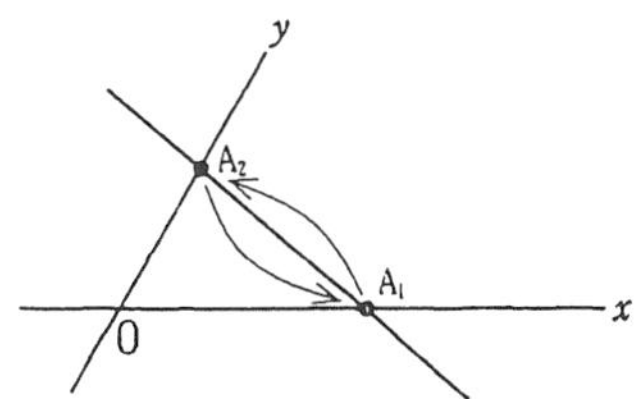

$$\begin{cases} h+(-h)^n = 1+h \\ 1-(-h)^n = 0 \end{cases}$$

これを仮定 $h \neq -1$ の許で解くと $h=1$ であるが，この値に対しては $\boldsymbol{a}_3 = \boldsymbol{a}_1$ となって定理の仮定に反する．

このときの１次変換は A_1A_2 の中点に関する点対称変換であることを確かめてみよ．

×　　　　×

（２）$h=-1$ のときこのときの１次変換の行列は，

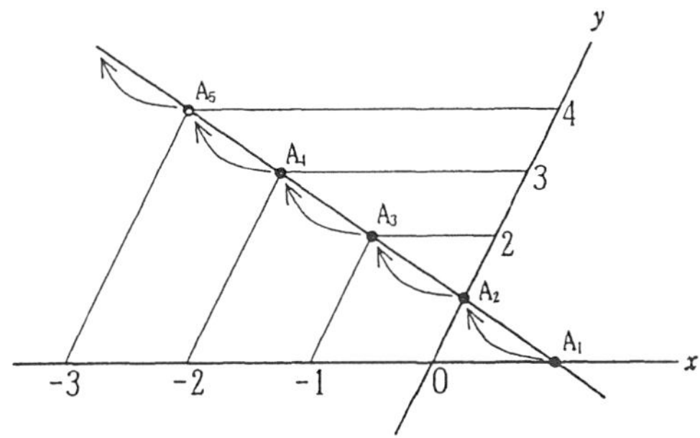

$$F = \begin{pmatrix} 0 & -1 \\ 1 & 2 \end{pmatrix}$$

となって，いたって簡単．

固有値を用いるほどのことはなさそう． $\boldsymbol{a}_3$, $\boldsymbol{a}_4$, $\cdots$ を求めてみる．

$$\boldsymbol{a}_3 = \begin{pmatrix} -1 \\ 2 \end{pmatrix},\ \boldsymbol{a}_4 = \begin{pmatrix} -2 \\ 3 \end{pmatrix},\ \boldsymbol{a}_5 = \begin{pmatrix} -3 \\ 4 \end{pmatrix}, \cdots$$

$n \geqq 3$ のとき， $\boldsymbol{a}_{n+1}$ が $\boldsymbol{a}_1$ に一致することはあり得ない．図のように A_3, A_4, $\cdots$ は A_1 から限りなく遠ざかる．これでは定理の仮定に合うはずがない．

結局（ii）の場合は起きないから定理は成り立つ．

V　個数の処理の妙味

29. 玉を箱に配る話

ある事象がある条件の許で起りうるすべての場合を数えあげることを組合せ論的問題とか，場合分けの問題とか呼んでいる．前者の呼び方は堅苦しいし，組合せには n 個のものから r 個を選び出すという特殊な使い方もあるのでまぎらわしい恐れもある．ここでは平凡な個数の処理を用いたい．

個数の処理というのは一筋縄では解けないものが多い．難解なものも見方をかえ，他の事象の問題に姿をかえると，意外と易しくなることがある．つまり事象の転換が解決のキーを握る．玉を箱にくばることも転換用の事象としては，かなり有効なものである．

×　　　　　　　　　　×

一言で「玉を箱に配る」というが，その配り方にはいろいろの場合がある．

まず，玉でみると，異なる玉なのか，見分けのつかない同じ玉なのかが問題になる．

箱においても同じことで，異なる箱か，同じ箱かを考慮しなければならない．

これらを組合せることによって４つの場合に分かれるので，これをⅠ，Ⅱ，Ⅲ，Ⅳで表わすことにする．

玉 (X, m)	箱 (Y, n)	空箱	記号
異なる	異なる	ない	I_1
		あってもよい	I_2
同じ	異なる	ない	II_1
		あってもよい	II_2
異なる	同じ	ない	III_1
		あってもよい	III_2
同じ	同じ	ない	IV_1
		あってもよい	IV_2

まだある．どの箱にも必ず玉を入れ空箱がないように配るのか，それとも空箱のあるのを許すのか．

結局8つの場合が起きるから，Iは I_1 と I_2 に，IIは II_1 と II_2 というように2つの場合に分けて表わす．

なお玉の集合は X，玉の個数は $|X| = m$ で，箱の場合は y，箱の個数は $|Y| = n$ で表すことに定めておく．

I 型の配り方の話

I 型の配り方の話は玉も箱も異なる場合である．この配り方の総数の求め方は，空箱を許すか許さないかによって，大げさにいえば，天地の差がある．空箱を許す方はやさしく，許さない方が難解である．やさしい方を先に済すのが人情というものであろう．

× ×

I 型空箱があってもよい場合実例でゆこう．4個の異なる玉を x_1, x_2, x_3, x_4 とし，3個の異なる箱を y_1, y_2, y_3 とする．

玉 x_1 はどの箱に入れてもよいから，3通り．玉 x_2, x_3, x_4 についても同様である．したがって玉を箱に配る仕方の総数は積の法則によって

$$3\times3\times3\times3\times=3^4$$

一般化はいたって易しい.

> **定理１**　m 個の異なる玉を n 個の異なる箱に，空の箱があってもよい配り方の総数は n^m である.

事象の転換を試みると，この配り方は写像に姿をかえる．玉 x_1 を箱 y_1 に配ることは，x_1 を y_1 に対応させることと何んの変りもない.

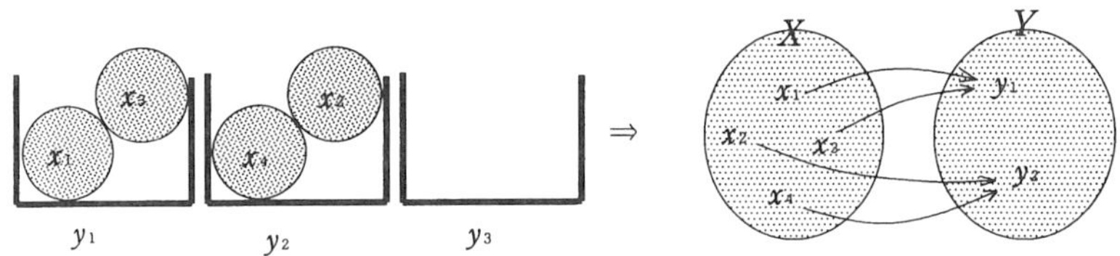

したがって，先の例は集合 $X=\{x_1,\ x_2,\ x_3,\ x_4\}$ から集合 $Y=\{y_1,\ y_2,\ y_3\}$ への写像で，その写像の個数が 3^4 なのである.

×　　　　　　　　×

Ⅰ$_1$　空箱を許さない場合

この配り方は一見易しいようで実際は難しい．配り方の総数を一気に求める巧妙な技法も知られているが，予備知識が必要なので次の機会にゆずらざるを得ない．ここでは次善の策として，空箱を許すⅠ$_2$の場合から，空箱のあるものをすべて除くという間接的方法を選んでみる.

実例として４つの玉 $X=\{x_1,\ x_2,\ x_3,\ x_4\}$ を３つの箱 $Y=\{y_1,\ y_2,\ y_3\}$ へ，空の箱のないように配る場合を取り挙げる.

ここで集合の大きさに関する包除の原理を思い出す．すべての配り方を v 通りとし，そのうちで，y_1 が空の配り方を a_1 通り，y_2 が空の配り方を a_2 通り，y_3 が空の配り方は a_3 通りとする．また y_1 と y_2 が空の配り方は a_{12} 通りというよう表わし，$y_1,\ y_2,\ y_3$ がすべて空の配り方は a_{123} 通りと表わす.

包除の原理によれば，y_1, y_2, y_3がすべて空でない配り方の数は

$$v-(a_1+a_2+a_3)+(a_{12}+a_{13}+a_{23})-a_{123} \qquad (*)$$

である．

定理１によって$v=3^4$．次に「y_1が空のもの」は親切にいえば「少くともy_1が空のもの」ということで，y_1を除いた残りの箱y_2, y_3に４つの玉を配ることであるから，$a_1=2^4$・a_2, a_3も同様である．

次にa_{12}は「少くともy_1とy_2が空のもの」の数で，箱y_3に４つの玉を配る場合になるから，その数は１に等しい．a_{13}, a_{23}も同様である．

最後のa_{123}は３つの箱がすべて空のものの数．そのような配り方は考えないが，しいて数えれば０通り．これらの数を（＊）に代入し，求める配り方の総数は

$$3^4-3\cdot 2^4+3\cdot 1-0=36$$

一般化のため形を整えれば

$$3^4-{}_3C_1\cdot 2^4+{}_3C_2\cdot 1^4$$

一般にm個の玉をn個の箱に空のものがないように配る配り方の総数は

$$n^m-{}_nC_1(n-1)^m+{}_nC_2(n-2)^m-\cdots+(-1)^{n-1}{}_nC_{n-1}(1)^m$$

すべての項は総和の記号ひとつでまとめられる．

定理２　m個の異なる玉をn個の異なる箱へ，空き箱がないように配る配り方の総数は

$$\sum_{k=0}^{n-1}(-1)^k{}_nC_k(n-k)^m \quad (m\geqq n)$$

$m<n$のときは配りようがないが，配り方の総数は０と定めてもよい．定理２は玉の集合Xから箱の集合Yへの写像でみると全射のものの総数を

表わす．

たとえば $X=\{x_1, x_2, \cdots, x_5\}$，$Y=\{y_1, y_2, y_3, y_4\}$ とすると全射 $X \to Y$ の総数は

$$\sum_{k=0}^{3}(-1)^k {}_4C_k(4-k)^5 = 1\cdot 4^5 - 4\cdot 3^5 + 6\cdot 2^5 - 4\cdot 1^5 = 240$$

IIの型の配り方の話

この型は同じ玉を異なる箱へ配る場合である．この配り方は空の箱の有り無しで大きな差はない．II_1 と II_2 は別々に求められるが II_1 を知って II_2 を導くこと，および，この逆も可能である．

×　　　　　　　　×

II_1 空の箱があってもよい場合

5 個の同じ玉を 3 個の異なる箱に配る例で考える．玉は同じであるから箱の中の玉は個数に注目するだけでよい．箱は異なるから a，b，c と名づけ，この順に並べておく．ここで手品に近い工夫を試みる．箱を接続してみよ．両端の板は取り去っても箱を見分けるのに支障がない．箱の境の板は大切に残しておく．次の図をみれば分かるように，玉と板の順列に姿をかえる．

5 個の玉と 2 個の板の順列の総数は，同じもののある順列の法則によって

$$\frac{(5+2)!}{5!2!} = 21$$

21 通りである．2 は $3-1$ であることに注意すれば一般化はやさしい．

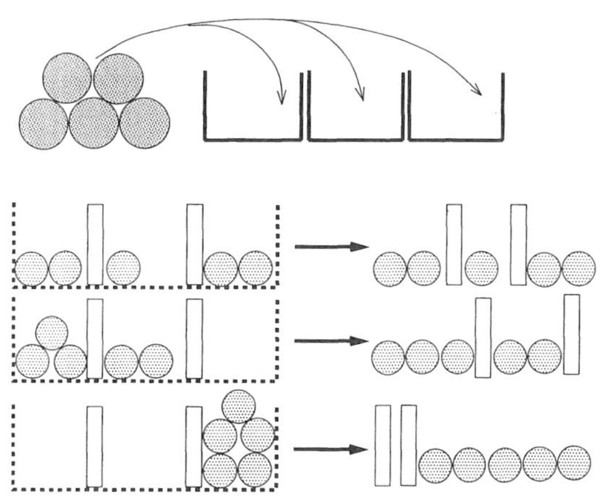

> **定理３**　m 個の同じ玉を n 個の異なる箱に配る配り方の総数は
>
> $$\frac{(m+n-1)!}{m!(n-1)!}$$

組合せの記号を用いれば $C(m+n-1,\, m)$ または $C(m+n-1,\, n-1)$ と表わされる．

> **例題１**　３文字 a，b，c の５次の単項式をすべて求め，同型項ごとにまとめて示せ．ただし，係数は省く．

玉を箱に配るのとは無縁のように見える．不思議の国の言語に翻訳するような積もりで，「玉３つを箱 a に配る」を「文字 a を３つ用いる」と訳す．この要領で訳すと「玉３つ箱 a に配り，２つを箱 b に配る」ことから単項式 a^3b^2 を作ることができる．

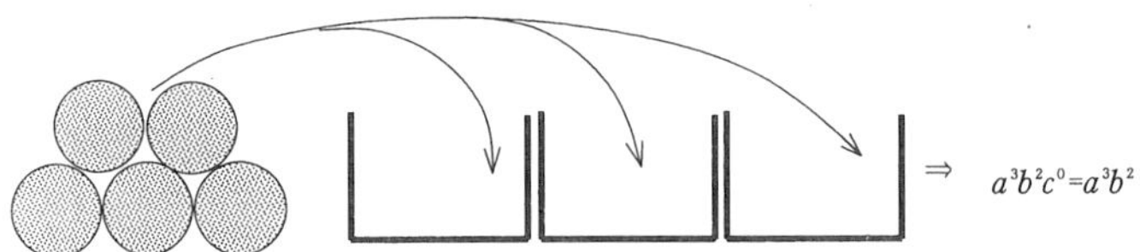

単項式は 21 個できるはず.

型	同型類
[5, 0, 0]	a^5　b^5　c^5
[4, 1, 0]	a^4b　a^4c　b^4a　b^4c　c^4a　c^4b
[3, 2, 0]	a^3b^2　a^3c^2　b^3a^2　c^3a^2　c^3b^2　b^3c^2
[3, 1, 1]	a^3bc　b^3ac　c^3ab
[2, 2, 1]	a^2b^2c　a^2c^2b　b^2c^2a

II_2 空の箱がない場合

空の箱がないようにするには，あらかじめすべての箱に玉を 1 つずつ配っておき，残りを II_1 の方式で追加すればよい．したがって，求める数は定理 3 の m を $m-n$ で置き換えたものに等しい．

定理 4　m 個の同じ玉を n 個の異なる箱に，空の箱がないように配る配り方の総数は

$$\frac{(m-1)!}{(m-n)!(n-1)!}=C(m-1,\ n-1)$$

たとえば 3 文字 a，b，c をすべて含む 5 次の単項式を，定理 4 の証明の手順で作ってみる．単項式の総数は ${}_{5-1}C_{3-1}={}_4C_2=6$ で 6 つのはず．

$$abc\text{に追加}\begin{cases} a^2 \to a^3bc \\ b^2 \to ab^3c \\ c^3 \to abc^3 \\ ab \to a^2b^2c \\ ac \to a^2bc^2 \\ bc \to ab^2c^2 \end{cases}$$

Ⅲ型の配り方の話

Ⅲの型は異なる玉を同じ箱に配る場合である．空の箱の有る無しに関係なく手ごわいが，無い場合 Ⅲ_1 を求めれば，それを用いて有る場合 Ⅲ_2 は求められる．しかも Ⅲ_1 は Ⅰ_1 と密接な関係があるので

$$\text{Ⅰ}_1 \to \text{Ⅲ}_1 \to \text{Ⅲ}_2$$

の順序で考えるのがよい．

× ×

Ⅲ_1 空の箱がない場合

異なる４つの玉 a，b，c，d を同じ３つの箱 y，y，y に配る例で考える．

もし，箱を区別して y_1, y_2, y_3 と名づけたとすると，Ⅲ_1 の配り方ではなく Ⅰ_1 の配り方になり，その総数は定理２の公式により

$$3^4 - {}_3C_1 \cdot 2^4 + {}_3C_2 \cdot 1^4$$

ここで，箱の区別をやめ，y_1, y_2, y_3 をすべて y に変えたとすると，3!分の１に減る．

$$\frac{1}{3!}(3^4 - {}_3C_1 \cdot 2^4 + {}_3C_2 \cdot 1^4) = 6$$

これが求める配り方の総数である．

配り方は３個の単項式の集合として具体的に示すことができる．

$\{ab, c, d\}$ $\{ac, b, d\}$ $\{ad, b, c\}$ $\{bc, a, d\}$ $\{bd, a, c\}$ $\{cd, a, b\}$

一般化したのが次の定理である．

> **定理５**　異なる m 個の玉を同じ n 個の箱へ，空き箱がないように配る配り方の総数を $S(m, n)$ で表わせば
>
> $$S(m, n) = \frac{1}{n!}\sum_{k=0}^{n-1}(-1)^k \ {}_nC_k(n-k)^m$$
>
> ただし $m \geqq n$ とする．

$m < n$ のときは配りようがないので

$$S(m, n) = 0$$

と定める．なお

$$S(m, 1) = 1,\ \ S(m, m) = 1$$

は自明であろう．

×　　　　　　　　　　×

この配り方では次の簡単な漸化式も成り立つことを明かにしよう．

> **定理６**　$m \geqq n$ のとき
>
> $$S(m, n) = S(m-1, n-1) + nS(m-1, n)$$

組合せの漸化式

$$C(m, n) = C(m-1, n-1) + C(m-1, n)$$

と比べると，最後の項に n が付くことを除き全く同じ．したがって似た証明が出来るのではないかの予感がある．

m 個の玉 $x_1, x_2, \cdots, x_m$ を n 個の同じ箱に配る．玉の配り方を１つの玉 x_m

に目をつけ，次の２種に分ける．

① x_m を１つだけ入れた箱がある場合
② x_m を入れた箱には他の玉が必ずある場合

この２種の配り方には共通なものがない．つまり排反事象である．

①のように配るには，x_m を１つの箱に入れ，x_m を除く残りの $m-1$ 個の玉を，x_m を入れてない $n-1$ 個の箱に空の箱がないように配ればよいから，その配り方は

$$S(m-1,\ n-1)\ \text{通り}$$

である．

②のように配るには，x_m を除く $m-1$ 個の玉を n 個の箱に空の箱がないように配っておき，その結果に x_m を箱に追加する．箱の中味はすべて異なるから追加の仕方は，それぞれの配り方について n 通りある．したがって，この場合の配り方は

$$nS(m-1,\ n)\ \text{通り}$$

である．以上の２つを加えたものが $S(m,\ n)$ に等しい．

×　　　　　　　　　　×

証明の手助けの積りで，$m=4,\ n=3$ のときの式

$$S(4,\ 3)=S(3,\ 2)+3\cdot S(3,\ 3)=3+3\cdot 1=6$$

を図解しておく．

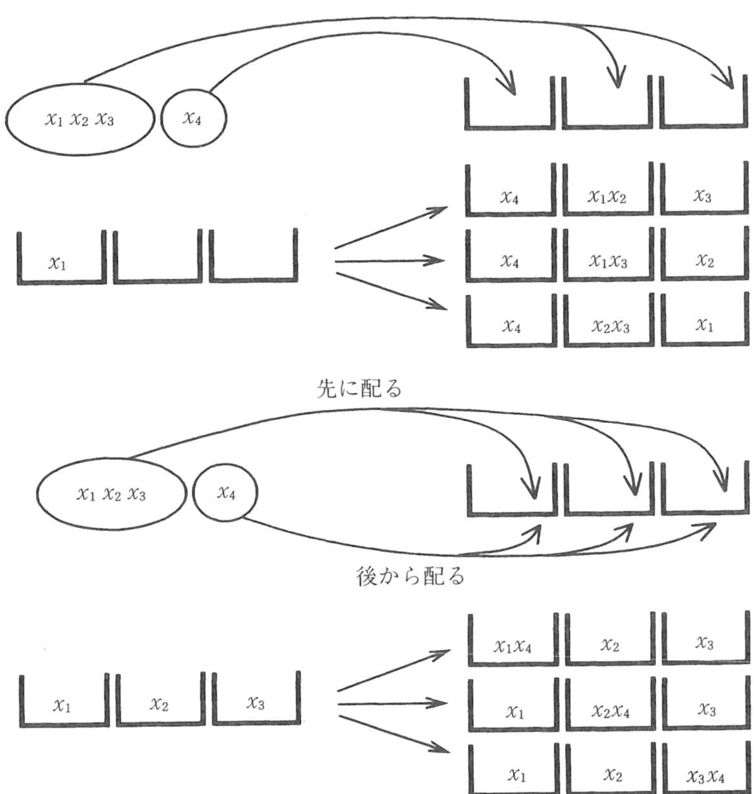

定理５と定理６の応用を試みる．

> **例題２**　（１）$S(m,\ 2)=2^{m-1}-1$を示せ．
> （２）４文字a，b，c，dから２つの単項式を作る仕方は幾通りあるか．その単項式をすべて挙げよ．ただし係数は除く．

（１）定理５の公式で一気に求めると

$$S(m,\ 2)=\frac{1}{2!}({}_2C_0\cdot 2^m-{}_2C_1\cdot 1^m)=2^{m-1}-1$$

定理６の漸化式を用いるのも興味がある．

$$S(m,\ 2)=S(m-1,\ 1)+2S(m-1,\ 2)$$

$S(m-1,\ 1)=1$ であるから

$$S(m,\ 2)=1+2S(m-1,\ 2)$$

書きかえれば

$$S(m,\ 2)+1=2\{S(m-1,\ 2)+1\}$$

公比２，初項 $S(0,\ 2)+1=1$ の等比数列をなすから

$$S(m,\ 2)+1=1\cdot 2^{m-1} \quad \therefore\ S(m,\ 2)=2^{m-1}-1$$

（２）見方を変えよ．４文字 a, b, c, d を２つの同じ箱に配ること．その総数は

$$S(4,\ 2)=2^3-1=7$$

$\{a,\ bcd\}\ \ \{b,\ acd\}\ \ \{c,\ abd\}\ \ \{d,\ abc\}\ \ \{ab,\ cd\}\ \ \{ac,\ bd\}\ \ \{ad,\ bc\}$

例題３　次の等式を証明せよ．

$$S(m,\ m-1)=\frac{m(m-1)}{2}$$

漸化式を用いてみる．

$$S(m,\ -1)=S(m-1,\ m-2)+(m-1)S(m-1,\ m-1)$$

$S(m-1,\ m-1)=1$ であるから

$$S(m,\ m-1)-S(m-1,\ m-2)=m-1$$

m に 2, 3, 4, … を代入して

$$S(2,\ 1)=S(1,\ 0)+1$$
$$S(3,\ 2)=S(2,\ 1)+2$$
$$S(4,\ 3)=S(3,\ 2)+3$$
$$\cdots\cdots\cdots\cdots$$
$$S(m,\ m-1)=S(m-1,\ m-2)+(m-1)$$

これらの式を加えると

$$S(m,\ m-1)=1+2+3+\cdots+(m-1)=\frac{m(m-1)}{2}$$

もっと簡単な証明がある．m 個の玉を $m-1$ 個の箱に配れば，1つの箱には玉が2つで，残りの箱には1つずつ．したがって，玉の配り方は2つ配るところに何を配るかによって定まる．その仕方は m 個から2個選ぶ組合せに等しいから

$$S(m,\ m-1)={}_mC_2=\frac{m(m-1)}{2}$$

定理5の公式によって一気に解決しようとすると

$$S(m,\ m-1)=\frac{1}{(m-1)!}\{(m-1)^m-{}_{m-1}C_1(m-2)^m+{}_{m-1}C_2(m-3)^m+\cdots$$
$$\cdots+(-1)^{m-2}{}_{m-1}C_{m-2}\cdot 1^m\}$$

「やぶへび」とはこのことであろうか．手に負えない式が現れた．これを簡単にすれば ${}_mC_2$ に等しくなるとは信じがたいような事実．

× ×

Ⅲ$_2$ 空の箱があってもよい場合

これはⅢ$_1$ の応用にすぎない．たとえば5個の玉を3つの同じ箱に配る場でみると，

① 空の箱が2つの場合　1つの箱に配るのと同じで $S(5,\ 1)$ 通り．

② 空の箱が1つの場合　2つの箱に空がないように配るのと同じで $S(5,\ 2)$ 通り．

③　空の箱がない場合　$S(5, 3)$ 通り．

求める総数は

$$S(5, 1)+S(5, 2)+S(5, 3)$$

$S(5, 1)=1$ は自明．$S(5, 2)$ は例題２を用いて

$$S(5, 2)=2^4-1=15$$

残りの $S(5, 3)$ は定理５の公式により

$$S(5, 3)=\frac{1}{3!}\{3^5-{}_3C_1\cdot 2^5+{}_3C_2\cdot 1^5\}$$

求める数は

$$1+15+25=41$$

定理７　m 個の異なる玉を n 個の同じ箱へ，空の箱があってもよいように配る配り方の総数は

$$S(m, 1)+S(m, 2)+\cdots+S(m, n)\quad (m\geqq n)$$

Ⅳの型の配り方の話

この型の配り方は玉も箱も区別しない場合である．玉は区別しないとすると，その個数だけが問題になる．したがって，この配り方は整数をいくつかの整数に分割することと同じ．

たとえば 6 個の玉を３つの箱に 2 個，1 個，3 個と分けることは，6 を $2+1+3$ と分けること．しかも箱も区別しないから

$$2+1+3,\ 1+2+3,\ 3+2+1,\ \cdots$$

などは同じ分け方になる．

このように整数

を和に分割することは極めて重要で，話題も豊富であるから，稿を改めて取り上げたい．

30. カタラン数とは？

大学の入試などでよく見かける問題に，京都や名古屋のような整備された街中の最短通路に関するものがある．

たとえば，右の図で，O から P までの最も短い通路はいくつあるか．図上で正直に数えあげるのは容易でない．それを手際よく求めるのが数学の使命である．

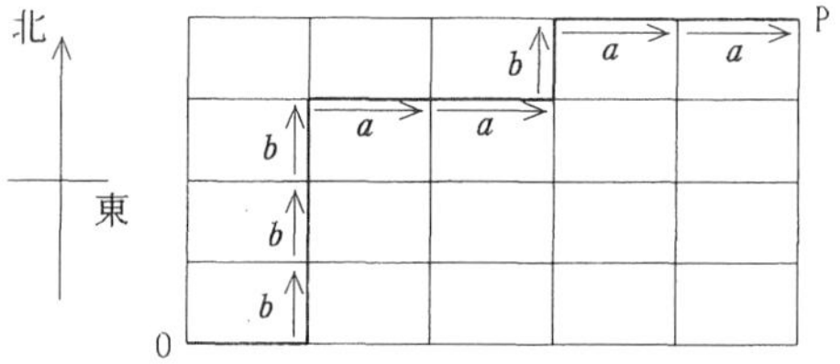

数学は好んで記号を使う．数学にとって記号使用は特技というよりは常套手段である．記号の代表は文字である．最短通路を文字で表すことを試みる．

１区間を東へ進むことを a，北へ進むことを b 表すことにすれば，図の中の最短通路は

$$abbbaabaa$$

と表すことができる．これは５個の a と４個の b を並べた順列の１つである．すべての最短通路とすべての順列とは１対１に対応するから，通路の数と順列の数は一致する．５個の a と４個の b の順列の数は公式によって

$$\frac{(5+4)!}{5!4!}=126$$

予想外に大きな数．これでは図上で１つ１つ数え上げるのが無理であり，

数学の有難さが分かる.

カタラン数とは?

上の問題はカタラン数に直接の関係はないが，見掛だけは似ている.

次は図のような正方形の街で，O から P へ行くのに，対角線の上方は通れない場合の最短通路の数を求める問題である.

選挙で街が真二つに割れれば，こんな事態になりかねない．対角線の下方が右派で，上方が左派であったとすると，右派の人は左派の領域は通らないのが無難．境界すれすれまではマアーよかろうということか.

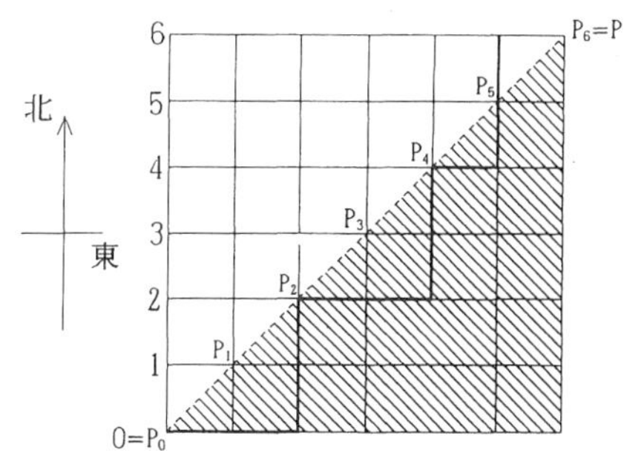

カタラン数というのは，上の制限された最短通路の数のことである．O を原点とみたとき，座標が (n, n) の点を P_n で表わし，O か P_n までの最短通路の数を c_n で表そう．ただし図では $P_0 = O$，$P_6 = P$ と約束する.

c_n の計算式を直接求める名案は保留，せめて漸化式を導き，そのあとで，その解き方を考えることにしよう.

通路の適当な分類ができれば，それに対応して漸化式が作れそうである．さてどのように分類すればよいか.

対角線上の街角に目をつけてはどうか．図でみると対角線上の点のうち両端の $P_0 = O$ と P_6 には立ち寄らざるをえない．したがって通過するかどうかが気になるのは，残りの 5 点 P_1, P_2, P_3, P_4, P_5 である.

P_1 を通るもの，P_2 を通るもの，というように分類したのでは P_1 と P_2 を通るものは重複するので都合が悪い.

P_1 を通らないもの，P_2 を通らないもの，というように分類しても同じこと.

さて，それでは，次の分類はどうか．

（1）　P_0 を通り，P_1, P_2, P_3, P_4, P_5 は通らない．

（2）　P_1 を通り，P_2, P_3, P_4, P_5 は通らない．

（3）　P_2 を通り，P_3, P_4, P_5 は通らない．

（4）　P_3 を通り，P_4, P_5 は通らない．

（5）　P_4 を通り，P_5 は通らない．

（6）　P_5 を通る．

この分類の，たとえば（4）は，P_3 の前の点 P_1, P_2 は通っても通らなくてもよいということで，他の場合も同様である．

6つの場合には共通なものはなく，しかもすべての通路はいずれか1つの場合に属し，漏れるものがない．したがって，これは完全な分類であるから，（1），（2），…，（6）をみたす通路の数をそれぞれ求め，加えればカタラン数 c_6 になるはず．

代表として（4）をみたす通路の数を求めてみよう．

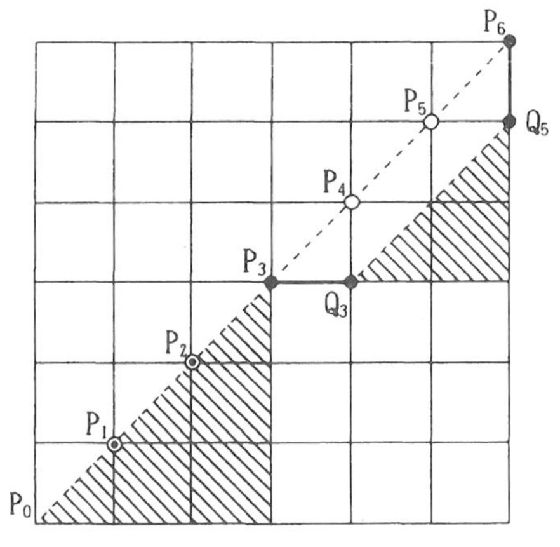

P_1, P_2 は通っても通らなくてもよいから，P_0 から P_3 に達するまでの最短通路の数は c_3 に等しい．P_3 に達してから P_4, P_5 を避けて P_6 に達する最短通路の数は，Q_3 から Q_5 に至る最短通路の数に等しいから c_2 である．したがって（4）の場合の通路の総数は $c_3 \times c_2$ に等しい．同様のことは他の場合にもあてはまるから，（1），（2），…，（6）の場合をまとめて，次の等式がえられる．ただし $c_0 = 1$ と約束する．

$$c_6 = c_0c_5 + c_1c_4 + c_2c_3 + c_3c_2 + c_4c_1 + c_5c_0$$

これを一般化したものが求めようとしていた漸化式である．

$$c_n = c_0 c_{n-1} + c_1 c_{n-2} + \cdots + c_{n-1} c_0$$

漸化式を母関数で解く

これを解くには，式の形からみて母関数を用いるのがよさそうである．

数列 c_0, c_1, …, c_{n-1}, c_n の母関数を

$$y = c_0 + c_1 x + \cdots + c_{n-1} x^{n-1} + c_n x^n + \cdots$$

とおく．漸化式の右辺は，y^2 の x^{n-1} の係数に等しい．

$$y^2 = c_0 c_0 + (c_0 c_1 + c_1 c_0) x + \cdots + (c_0 c_{n-1} + c_1 c_{n-2} + \cdots + c_{n-1} c_0) x^{n-1} + \cdots$$

$c_0 c_0 = 1 = c_1$ となることを考慮して

$$y^2 = c_1 + c_2 x + c_3 x^2 + \cdots + c_n x^{n-1} + \cdots$$

ゆえに
$$xy^2 = y - c_0$$

$$xy^2 - y + 1 = 0$$

y について解いて

$$y = \frac{1 \pm \sqrt{1-4x}}{2x}$$

複号のどちらを選ぶかで迷う．$x=0$ のとき $y=1$ となることに目をつける．分母を払った式 $2xy = 1 \pm \sqrt{1-4x}$ に $x=0$, $y=1$ を代入したときに成り立つのは複号の－の方である．したがって，求める母関数を表す式は

$$y = \frac{1-\sqrt{1-4x}}{2x} = \frac{1}{2x}\left\{1-(1-4x)^{\frac{1}{2}}\right\}$$

である．これを展開した級数の x^n の係数がカタラン数 c_n である．

$(1-4x)^{\frac{1}{2}}$ の x^n 係数を A_n とおくと $A_0 = 1$ で，$n \geqq 1$ のときの A_n は２項定理により

$$A_n = \frac{1}{2}\cdot\left(\frac{1}{2}-1\right)\cdots\left(\frac{1}{2}-n+1\right)\frac{(-4)^n}{n!}$$
$$= \frac{(-1)(-3)\cdots(3-2n)}{2^n}\cdot\frac{(-4)^n}{n!}$$
$$= \frac{1\cdot 3\cdot\cdots\cdot(2n-3)}{n!}(-1)^{2n-1}2^n \qquad (n \geqq 1)$$

分子に2, 4, …, $(2n-2)$ を補って $(2n-2)!$ を作れば

$$A_n = -2\frac{(2n-2)!}{(n-1)!n!} = -\frac{2}{n}C(2n-2,\ n-1)$$
$$(1-4x)^{\frac{1}{2}} = 1 + A_1 x + \cdots A_{n+1}x^{n+1} + \cdots$$

したがって

$$y = \frac{1}{2x}(-A_1 x - \cdots - A_{n+1}x^{n+1} + \cdots)$$
$$= -\frac{A_1}{2} - \frac{A_2}{2}x - \cdots - \frac{A_{n+1}}{2}x^n - \cdots$$

x^n の係数は c_n に等しいから

$$c_n = -\frac{A_{n+1}}{2}$$

したがって

$$c_n = \frac{1}{n+1}C(2n,\ n)$$

これが c_n の値を計算する式で，オイラーの公式と呼ばれている．$n=1,\ 2,\ 3$ の場合を計算しておく．図で確かめてほしい．

$$c_1 = \frac{1}{2}C(2,\ 1) = \frac{1}{2}\cdot\frac{2}{1!} = 1$$

$$c_2 = \frac{1}{3}C(4,\ 2) = \frac{1}{3}\cdot\frac{4\cdot 3}{2!} = 2$$

$$c_3 = \frac{1}{4}C(6,\ 3) = \frac{1}{4}\cdot\frac{6\cdot 5\cdot 4}{3!} = 5$$

求めた公式を具体例によってテストすることも，数学の学び方としては大切である．

31. カタラン数再考

カタラン数に関係のある問題を２つ取り挙げてみる.

多角形を三角形に分割

多角形をその内部で交わらない対角線によって三角形に分割することを試みよう. ５角形の分割は単純で, 対角線がＶ字形になるもの５通りに限る.

６角形では, １頂点から引いた３本の対角線によって分割するものが６通り, 対角線がＮ字形になるものが６通り, 対角線のみで三角形を作るもの２通り, 合計 14 通りである.

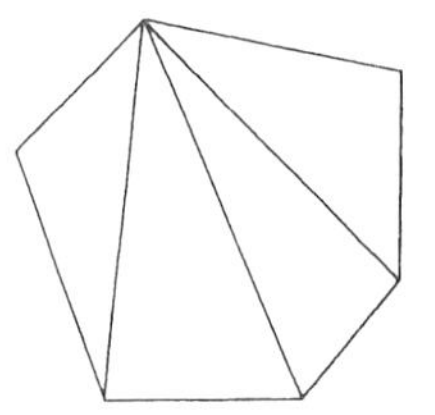
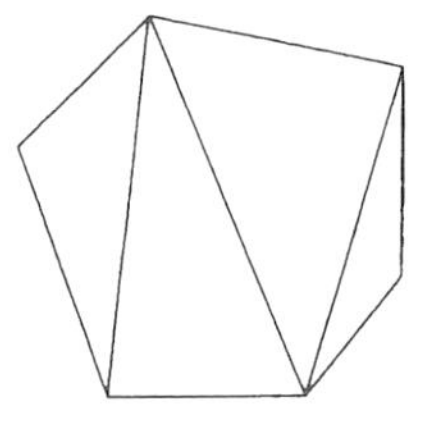
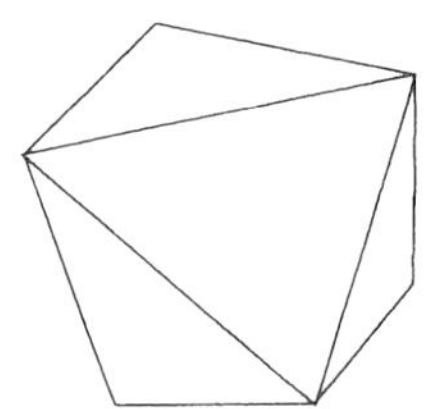

以上の方法は, ここで行き詰まる. n 角形にも当てはまり, 漸化式を導くのにも役に立つような名案がほしい.

例題　n 角形をその内部で交わらないような対角線によって三角形に分割する仕方の総数 f_n を求めよ.

分割の仕方によっては, ある対角線は用いられたり, 用いられなかったりするが，もとの多角形の辺はどの辺もつねに用いられる．そこで，1つの辺に目をつけ，それを1辺とする三角形によって分割の仕方を分類してみよう．7角形$A_1A_2\cdots A_7$で試みる．目をつける辺としてA_6A_7を選ぶ．

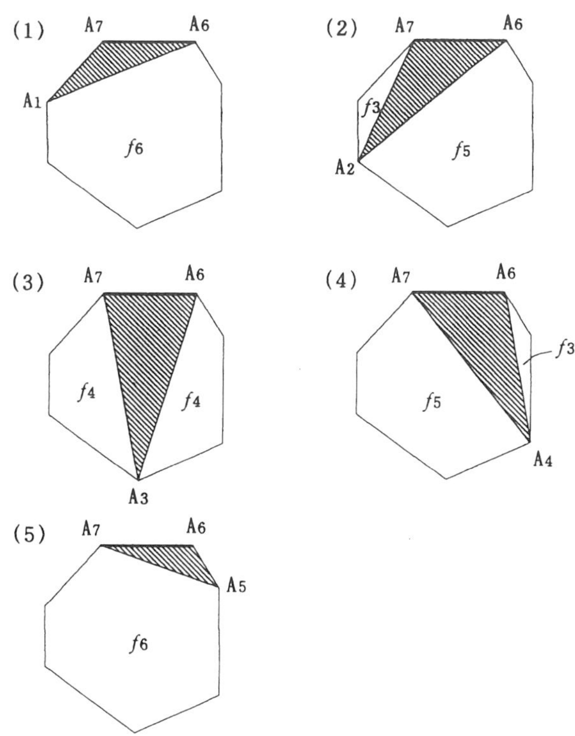

（1） $\triangle A_1A_6A_7$を含む分割の仕方残りの6角形の分割の仕方の数f_6に等しい．

（2） $\triangle A_2A_6A_7$を含む分割の仕方残りの3角形と5角形の分割の仕方を組み合わせたもので，その数はf_3f_5である．

（3） $\triangle A_3A_6A_7$を含む分割の仕方同様にして，分割の仕方の数f_4f_4．

（4），（5）も同様である．

これらすべての分割の仕方を合せると，もとの7角形の分割の仕方になるから，次の等式が成り立つ．

$$f_7 = f_6 + f_3f_5 + f_4f_4 + f_5f_3 + f_6$$

はじめに求めた値 $f_3 = 1,\ f_4 = 2,\ f_5 = 5,\ f_6 = 14$ を代入して

$$f_7 = 14 + 1 \times 5 + 2 \times 2 + 5 \times 1 + 14 = 42$$

以上の求め方は８角形，９角形，…と順に応用可能．一般化すれば次の漸化式になる．

$$f_n = f_{n-1} + f_3f_{n-2} + f_4f_{n-3} + \cdots + f_{n-1}$$

f_2 は意味をなさないが，$f_2 = 1$ と約束しておけば，上の式はさらに形が整う．

$$f_n = f_2f_{n-1} + f_3f_{n-2} + f_4f_{n-3} + \cdots + f_{n-1}f_2$$

これは明らかにカタラン数の漸化式と同じ型のものである．前の節で取り扱った c_n の漸化式とくらべて下つきの数が少しズレているに過ぎない．f_n は C_{n-1} に等しいので次の定理が成り立つ．

定理１　n 角形をその内部で交わらない対角線で三角形に分割する仕方の数は

$$\frac{1}{n-1}\,{}_{2n-4}C_{n-2}$$

念のため $n = 6$ のときの値を求めてみると

$$\frac{1}{5}\,{}_8C_4\;3\frac{1}{5}\cdot\frac{8\cdot7\cdot6\cdot5}{5\cdot4\cdot3\cdot2} = 14$$

この数は６角形で実際に試みた結果と一致する．

カッコのつけ方

カッコの用法は多様であるが，ここでが１種類の演算を含む式で，演算

の順序を示す場合を考えてみる．

たとえば，演算を加法とすると，２数の場合 $a+b$ は $(a+b)$ だけの１通り．通常はこの外側のカッコは省略するが，１回の演算に対して１組のカッコをつけると約束すれば，このカッコも略すべきでない．

３数の式 $a+b+c$ では，演算が２回あるからカッコは２組必要で，そのつけ方は次の２通りある．

$$((a+b)+c),\ (a+(b+c))$$

４数の式 $a+b+c+d$ では，３組のカッコが必要．そのつけ方は次の５通り．

$$(((a+b)+c)+d),\ ((a+(b+c))+d),\ ((a+b)+(c+d)),$$
$$(a+((b+c)+d)),\ (a+(b+(c+d)))$$

５数の式 $a+b+c+d+e$ となると，かなり複雑で，無方針では行き詰まる．もれるものなく，重複するものもないようにするには，明確な方針が必要である．

×　　　　×

たとえば７つの数の加法の式にカッコをいれたもの

$$((a+(b+c))+(d+(e+f)+h)))$$

において，最後に行った演算で左右２つに分けてみる．同時に外側に最後につけた１組のカッコも除くとみやすい．

$$(a+(b+c))+(d+((e+f)+h))$$
$$\uparrow$$
$$\underline{a+b+c}+\underline{d+e+f+h}$$
$$\uparrow$$

これをみると左右の２式のカッコのつけ方は無関係である．したがって左の式で自由に，右の式でも自由にカッコをつけ，両者を組合せれば，↑のところが最後の演算になるようなカッコのつけ方がすべて得られる．この方法をすべての＋について試みれば，与えられた式のカッコの求め方がすべて分かる．

×　　　　×

以上の方法はカッコのつけ方の総数を求めるのに一層効果的である．

n 個の数を加法でつないだ式のカッコのつけ方の総数を p_n で表わすことにし，p_0 を求めてみよう．↑は最後の加法の位置を表わす．

$$\underline{a}+\underline{b+c+d+e+f}$$
$$\uparrow$$

左側ではカッコ不要，右側では p_5 通り．

計　p_5 通り

$$\underline{a+b}+\underline{c+d+e+f}$$
$$\uparrow$$

左側では p_2 通り，右側では p_4 通り．

計　p_2p_4 通り

$$\underline{a+b+c}+\underline{d+e+f}$$
$$\uparrow$$

左側では p_3 通り，右側でも p_3 通り．

計　p_3p_3 通り

以下同様である．

$$\underline{a+b+c+d}+\underline{e+f}\qquad p_4p_2 \text{ 通り}$$
$$\uparrow$$

$$\underline{a+b+c+d+e}+\underline{f}\qquad p_5 \text{ 通り}$$
$$\uparrow$$

以上を合わせると p_6 になる．

$$p_6 = p_5 + p_2 p_4 + p_2 p_3 + p_4 p_2 + p_5 p_1$$

p_1は無意味であるが，この式の形を整えるためには$p_1 = 1$と約束すればよい．

$$p_n = p_1 p_{n-1} + p_2 p_{n-2} + \cdots + p_{n-2} p_2 + p_{n-1} p_1$$

×　　　　　　　　　　　　　　　　　　　　×

上の式から一般化の道が開ける．

$$p_n = p_1 p_{n-1} + p_2 p_{n-2} + \cdots + p_{n-2} p_2 + p_{n-1} p_1$$

現れたのはカタラン数を求める漸化式そのものであり，次の定理が得られた．

定理２　n個の加法の式

$$a_1 + a_2 + a_3 + \cdots + a_n$$

に$n-1$組のカッコのつけ方の数p_nは

$$p_n = \frac{1}{n}\,{}_{2n-2}C_{n-1}$$

定理では加法にしてあるが，どんな演算でもよい．

p_5を求めてみる．漸化式によれば

$$\begin{aligned} p_5 &= p_1 p_4 + p_2 p_3 + p_3 p_2 + p_4 p_1 \\ &= 1\times 5 + 1\times 2 + 2\times 1 + 5\times 1 = 14 \end{aligned}$$

定理２によれば

$$p_5 = \frac{1}{2}\,{}_8C_4 = \frac{8\cdot 7\cdot 6\cdot 5}{5\cdot 4\cdot 3\cdot 2\cdot 1} = 14$$

多角形の分割とカッコ

定理１と２を比べてみよ．共にカタラン数である．nの値は１だけズレてはおるが．５角形を３角形に分割する仕方は５通りで，４数を加える式にカッコをつける仕方も５通りである．

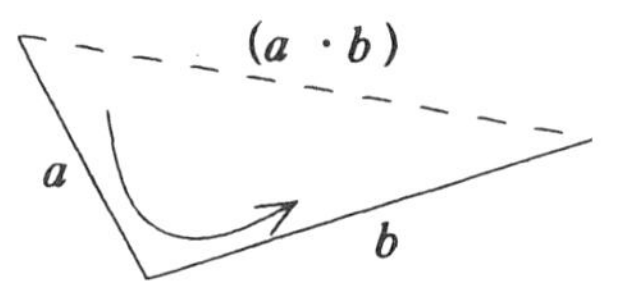

６角形を３角形に分割する仕方は14通りで，５数を加える式にカッコをつける仕方も14通りである．

多角形の分割とカッコとの間に予期しない関係が期待される．

１端を共有する２つの線分 a，b があれば，それに対応して１つの線分が定まる．これは a，b の演算とみて (a, b) で表わすことにしよう．ただし (b, a) と表わすこともできるから表現の一意性を保つために，前もって a，b に順序をつけておくことにする．

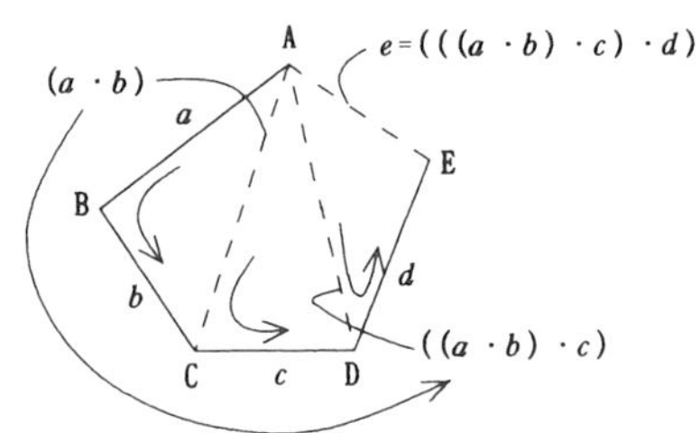

第２図

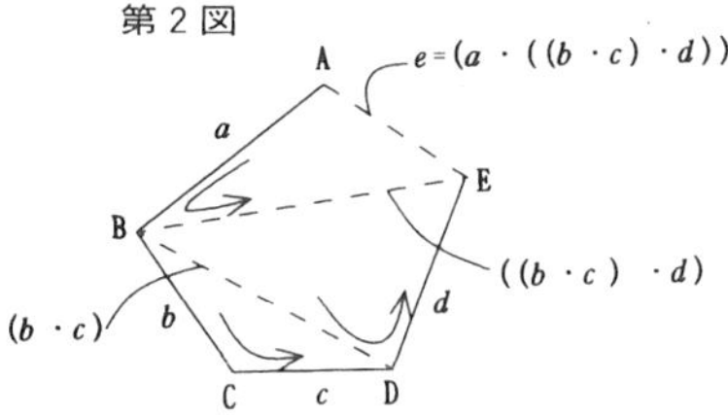

$a \to b$ ならば $(a \cdot b)$ で表わす．
$a \leftarrow b$ ならば $(b \cdot a)$ で表わす．

この表現法を５角形の分割に当てはめてみる．辺を a，b，c，d，e で表わし，この順に順序をきめておく．第１図の分割でみると，対角線 AC は $(a \cdot b)$ で表わされ，それを用いて対角線 AD は $((a \cdot b) \cdot c)$ と表わされる．最後は対角線でないが，最後の辺 AE も a，b，c，d で表わすと

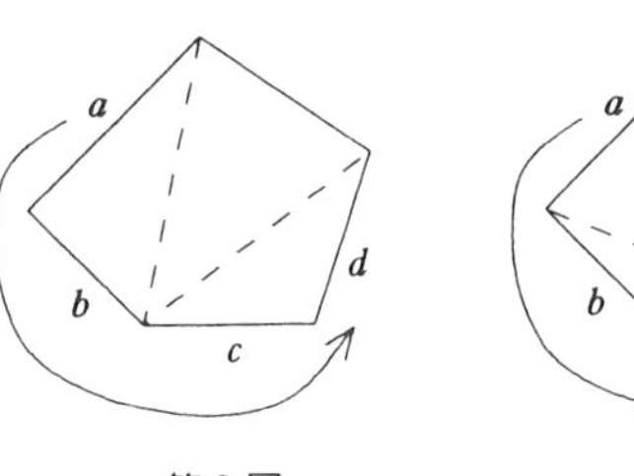

第３図　　第４図

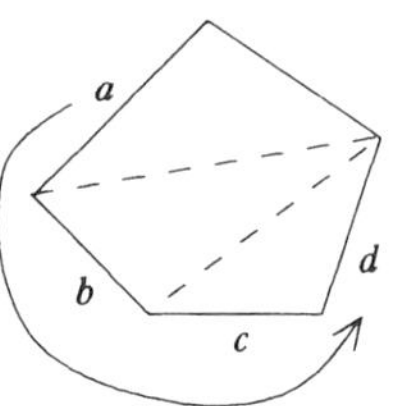

第５図

$$(((a \cdot b) \cdot c) \cdot d)$$

第２図ではBD → BE → AEの順に線分を作り，この順に式を作る．最後の式は

$$(a \cdot ((b \cdot c) \cdot d))$$

第３図では$((a \cdot b) \cdot (c \cdot d))$
第４図では$((a \cdot (b \cdot c)) \cdot d)$
第５図では$(a \cdot (b \cdot (c \cdot d)))$

どの表わし方でも辺eは必要ない．４辺a，b，c，dの式$a \cdot b \cdot c \cdot d$に３組のカッコをつけたもので表わされる，

５角形の分割とカッコ付きの４文字の式との見事な１対１の対応である．これで５角形の分割の仕方の数と，４文字の式にカッコを入れる仕方の数との等しい謎が解けた．

問題　次の６角形の分割を式$a \cdot b \cdot c \cdot d \cdot e$に４組のカッコを入れて表わせ．

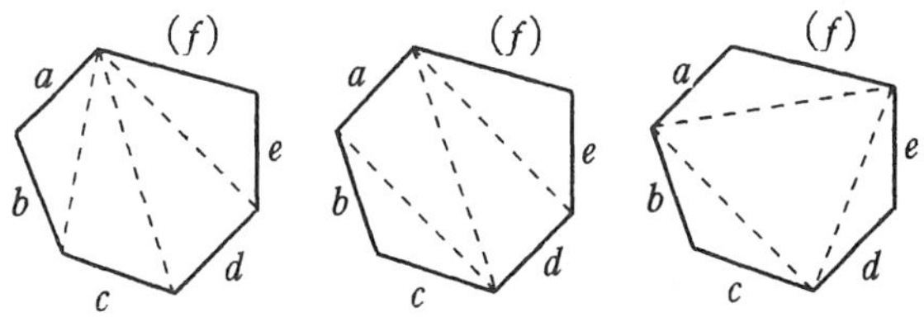

答は次の通り．

（１）$((((a \cdot b) \cdot c) \cdot d) \cdot e)$

（２）$(((a \cdot (b \cdot c)) \cdot d) \cdot e)$

（３）$(a \cdot ((b \cdot c) \cdot (d \cdot e)))$

式抜きのカッコ

カッコのつけ方は，式があるか，ないかによって異なる．

たとえば$a+b+c$にカッコを入れる仕方は２通りあるが，式を抜くと１通りに減る．

$$\left.\begin{array}{l}((a+b)+c)\\(a+(b+c))\end{array}\right\}\to ((\quad))$$

$a+b+c+d$ の場合は５通りあるが，式を抜くと２通りに減る．

$$\left.\begin{array}{l}(((a+b)+c)+d)\\((a+(b+c))+d)\\(a+((b+c)+d))\\(a+(b+(c+d)))\end{array}\right\}\to (((\quad)))$$

$$((a+b)+(c+d))\to ((\quad)(\quad))$$

× ×

さて，それでは，式抜きのカッコの並べ方の数はどうなるのであろうか．実例に当ってみるのが解決の第１歩．n組のカッコの並べ方の数をq_nで表しておく．

１組のカッコのとき　（　）

２組のカッコのとき　（（　）），（　）（　）

３組のカッコのとき　（（（　））），（（　））（　），（　）（（　））

（（　）（　）），（　）（　）（　）　$q_3=5$

僅かの実例ではあるが1, 2, 5, …という数はカタラン数を思い出させる．４組のカッコのときは，おそらく14になるであろうが，確かめるのは煩わしい．発想の転換を試みよう．

× ×

カッコは無制限に並べても正しい並べ方にはならない．したがって正しい並べ方のものを求めるには，正しくない並べ方を求め，それを全体から取り除けばよい．

$$\begin{bmatrix}\text{正しい並}\\\text{べ方の数}\end{bmatrix}=\begin{bmatrix}\text{並べ方}\\\text{全体の数}\end{bmatrix}-\begin{bmatrix}\text{正しくない}\\\text{並べ方の数}\end{bmatrix}$$

では正しい並べ方とは何か．それは左から右へと２種のカッコを数えたとき，つねに

$$\underset{\substack{\uparrow\\\text{開きカッコ}}}{(\text{の数})]}\quad\geqq\quad\underset{\substack{\uparrow\\\text{閉じカッコ}}}{)\text{の数}]}\qquad①$$

が成り立つものである．これに反するのが正しくない並べ方である．

並べるカッコの数を n 組とすると，その並べ方全体の数は

$${}_{2n}C_n=\frac{(2n)!}{n!n!}$$

である．

次に正しくない並べ方の数を求めたい．これにはチョットしたアイデアが必要である．

正しくないものは①に反するところが必ずある．その最初に反した閉ぎカッコは初めから数えて k 番目であるとする．このカッコから右の部分に対し，次の操作 α を行う．

α ：（を）に，）は（に入れかえる操作 α をほどこすと，（の数は $n-1$ 個で，）の数は $n+1$ 個を並べたものに変る．

$$\begin{bmatrix}k-1\text{個の}\ \ (\\k\text{個の}\ \ \ \ \ )\end{bmatrix}+\begin{bmatrix}n-k\text{個の}\ \ \ \ (\\n-k+1\text{個の}\ )\end{bmatrix}=\begin{bmatrix}n-1\text{個の}\ \ (\\n+1\text{個の}\ \ )\end{bmatrix}$$

逆に（が $n-1$ 個で）が $n+1$ 個を並べたものを１つ取り出してみよ．）の数は（の数よりも多いから，①の条件に反するところが必ずある．したがって，これに対しても操作 α を行うことができる．その結果（と）がともに n 個のものに戻る．

以上からカッコの並び方の正しくないものの数は$n-1$個の（と$n+1$個の）の順列の数

$$ {}_{2n}C_{n-1} = \frac{(2n)!}{(n-1)!(n+1)!} \qquad ③ $$

に等しいことがわかる．

したがって正しい並べ方の数は②から③を引いた差である．

$$ \begin{aligned} q_n &= \frac{(2n)!}{n!n!} - \frac{(2n)!}{(n-1)!(n+1)!} \\ &= \left(1 - \frac{n}{n+1}\right)\frac{(2n)!}{n!n!} = \frac{1}{n+1}\,{}_{2n}C_n \end{aligned} $$

定理3　n組のカッコ（　）の正しい並べ方の数をq_nとすると

$$ q_n = \frac{1}{n+1}\,{}_{2n}C_n $$

32. 乱列という名の順列

仲のよい友人同士が品物を持ちより，それをそのままアミダくじで再分配するような遊びはよくある．運悪く，自分の持って来たものが自分に当ることがあって，誰かと交換することになる．分配をやり直してもよいが，運の悪い人がでる公算は意外に大きい．その真相を明らかにするのが，今回の目標である．

乱列とは何か

品物の分配は文字の順序で表すことができる．解明をやさしくするため，友人は４人とし，持ちよった品物を文字 a，b，c，d で表わしておく．

初めに，品物を各自の前におき，その下に分配によって当った品物を置くことにすれば，分配の仕方は４文字の順列そのものである．しかも，当った品が自分のものかどうかを見分けるのもやさしい．

山本	小島	大森	安川	
a	b	c	d	
b	d	c	a	①
c	a	d	b	②

①の配り方では大森君が自分の品が当るが，②の配り方では自分の品が当った人は１人もいない．

この例の②のように，最初の順列と同じ位置の文字のない順列を混乱順列，略して乱列というのである．乱列の考察では，乱列そのものを実際に作ることと，乱列の数を求めることが課題になる．４文字の乱列を樹形図で作ることは説明するまでもないから図を示すにとどめる.

乱列の数の求め方

a	b	c	d	乱列
b	a	d	c	$b\ a\ d\ c$
	c	d	a	$b\ c\ d\ a$
	d	a	c	$b\ d\ a\ c$
c	a	d	b	$c\ a\ d\ b$
	d	a	b	$c\ d\ a\ b$
		b	a	$c\ d\ b\ a$
d	a	b	c	$d\ a\ b\ c$
	c	a	b	$d\ c\ a\ b$
		b	a	$d\ c\ b\ a$

乱列の数の求め方はいろいろ考えられる. 漸化式に頼ることも頭に浮ぶが, はたして漸化式が求まるかどうか分らない. それはあとで考えることにし, 最初に包除の原理によつてみる. 乱列でない順列の数を求め, それを順列の総数からひいて乱列の数を求めるのが包除の原理である. n 個の文字の順列の総数は $n!$ であるから

$$(\text{乱列の数}) = n! - \left(\begin{array}{c}\text{乱列でない}\\ \text{順列の数}\end{array}\right)$$

4 文字では乱列の数を直接求めるのがやさしいが, 一般には, 上の方式によらざるを得ない.

× ×

4 文字 $\{a, b, c, d\}$ の順列で考える. a に a が重なる順列の集合は A_a で表わし, その数は. $|A_a|$ で表すことにする. また, a に a, b に b が重なる順列の集合は A_{ab} で表わし, その数は $|A_{ab}|$ で表すことにする. 他の場合も同様である.

A_a に属する順列は a を動かさず, 残りの b, c, d を並べかえて作ったもので, その数は 3! である. ここで注意すべきことは, b, c, d の中には動かないものがあってよいということである.

A_b, A_c, A_d についても同じであるから,

$$|A_a|+|A_b|+|A_c|+|A_d|={}_4C_1\cdot 3!$$

次に，A_{ab}に属する順列は a，b を動かさず，残りの c，d を並べかえて作ったもので，その数は2!である．この場合にも c，d の中に動かないものが含むことを許す．

a	b	c	d
a	**b**	**c**	**d**
a	**b**	d	c
a	c	b	**d**
a	**d**	b	c
a	c	d	b
a	d	**c**	b

総数 $|A_a|=3!$

b, c, d の順列

A_{ac}, A_{bc} などについても同様であるから

$$|A_{ab}|+|A_{ac}|+\cdots+|A_{cd}|={}_4C_2\cdot 2!$$

A_{abc}, A_{abcd} などについても同様.

$$|A_{abc}|+|A_{abd}|+\cdots+|A_{bcd}|={}_4C_3\cdot 1!$$

ここで包除の原理を用いる．n 文字の乱列の数を d_n で表すと

$$\begin{aligned} d_4 &= 4!-{}_4C_1\cdot 3!+{}_4C_2\cdot 2!-{}_4C_3\cdot 1!+1 \\ &= 24-24+12-4+1=9 \end{aligned}$$

さらに書きかえて

$$d_4=4!\left(1-\frac{1}{1!}+\frac{1}{2!}-\frac{1}{3!}+\frac{1}{4!}\right)$$

式の形は整えてあるから一般化はやさしい.

> n 文字の乱列の数 d_n は次の式で求められる.
>
> $$d_n=n!\left(1-\frac{1}{1!}+\frac{1}{2!}-\frac{1}{3!}+\cdots+(-1)^n\frac{1}{n!}\right)$$

d_5 を計算してみる.

$$d_5 = 5!\left(1 - \frac{1}{1!} + \frac{1}{2!} - \frac{1}{3!} + \cdots + (-1)^n \frac{1}{n!}\right)$$
$$= 60 - 20 + 5 - 1 = 44$$

漸化式へ挑戦

漸化式を作るのはかなり難しい．5文字 a，b，c，d，e で考えてみる．a に着目して，次の分類を試みる．

（1）　a の下に b がくる ｛ ① b の下に a がくる (aとbの入れかえ)　② b の下に a がこない

（2）　a の下に c がくる ｛ ① c の下に a がくる (a と c の入れかえ)　② c の下に a がこない

（3）　a の下に d がくる ｛ ① d の下に a がくる (a と d の入れかえ)　② d の下に a がこない

（4）　a の下に e がくる ｛ ① e の下に a がくる (a と e の入れかえ)　② e の下に a がこない

①と②には共通な順列がないから別々に数を求めて加えればよい．また，（1），（2），（3），（4）は似ているので（1）を調べれば十分である．

（1）の①の場合の乱列　a，b の位置は定っているから，残りの3文字 c，d，e の乱列を作ればよい．その数は $d_3 = 2$ 個

（1）の②の場合の乱列　b の位置は定っているから，残り4文字 a，c，d，e の乱列を作ればよい．その数は $d_4 = 9$

したがって（1）の乱列の数は $d_3 + d_4 = 11$ に等しい．

（1）の②の場合には，b の下に a はこないから，b の下に a を移すと，その a の下には a を置けない．このことは a, c, d, e の乱列では守られることに注意されたい．

$$d_5 = 4(d_3 + d_4) = 44$$

これを一般化したものが求める漸化式である．

(1)—①の乱列

$\boldsymbol{a}\ b\ c\ d\ e$

$\boldsymbol{b}\ \boldsymbol{a}\ d\ e\ c$

$\boldsymbol{b}\ \boldsymbol{a}\ \underbrace{e\ c\ d}_{c,\,d,\,e\ の乱列}$

(1)—②の乱列

$\boldsymbol{a}\dfrac{b\ c\ d\ e}{a\ c\ d\ e}$

$\boldsymbol{b}\ c\ a\ e\ d$

$\boldsymbol{b}\ c\ d\ e\ a$

$\boldsymbol{b}\ c\ e\ d\ a$

$\boldsymbol{b}\ d\ a\ e\ c$

$\boldsymbol{b}\ d\ e\ a\ c$

$\boldsymbol{b}\ d\ e\ c\ a$

$\boldsymbol{b}\ e\ a\ c\ d$

$\boldsymbol{b}\ e\ d\ a\ c$

$\boldsymbol{b}\ \underbrace{e\ d\ c\ a}_{a,\,c,\,d,\,e\ の乱列}$

$$\boxed{d_n = (n-1)(d_{n-1} + d_{n-2})}$$

漸化式を解く

漸化式の解法に親しんでいる方ならば，次の変形が容易に頭に浮ぶはずである．

$$d_n - nd_{n-1} = -\{d_{n-1} - (n-1)d_{n-2}\}$$

数列 $\{d_n - nd_{n-1}\}$ は初項 $d_2 - d_1 = 1$，公比 -1 の等比数列とみることができるから

$$d_n - nd_{n-1} = (-1)^{n-2} = (-1)^n$$

さらに，次の変形もパッと気付くようならお見事．両辺を $n!$ で割って

$$\frac{d_n}{n!} - \frac{d_{n-1}}{(n-1)!} = \frac{(-1)^n}{n!}$$

n を 2, 3, …, n で置きかえて

$$\frac{d_2}{2!} - \frac{d_1}{1!} = (-1)^2 \frac{1}{2!}$$

$$\frac{d_3}{3!} - \frac{d_2}{2!} = (-1)^3 \frac{1}{3!}$$

....

$$\frac{d_n}{n!} - \frac{d_{n-1}}{(n-1)!} = (-1)^n \frac{1}{n!}$$

以上の$n-1$個の式を加え，$d_1 = 0$を考慮すれば

$$\frac{d_n}{n!} = \frac{1}{2!} - \frac{1}{3!} + \cdots + (-1)^n \frac{1}{n!}$$

形を整えるため右辺の初めに$1 - \frac{1}{1!}$を補ってから，両辺に$n!$をかければ

$$d_n = n!\left(1 - \frac{1}{1!} + \frac{1}{2!} - \frac{1}{3!} + \cdots + (-1)^n \frac{1}{n!}\right)$$

となって，先に求めた結果と一致する．

乱列の確率

n文字の順列を１つ無心に作ったとき，それが乱列である確率をp_nで表すと，p_nはd_nを$n!$で割って求められる．

$$p_n = \frac{d_n}{n!} = 1 - \frac{1}{1!} + \frac{1}{2!} - \frac{1}{3!} + \cdots + (-1)^n \frac{1}{n!}$$

nの増加に伴ってd_nは急速に大きくなるが，p_nは次第に一定の数に近づく．その一定の数をpとすると

$$p = \lim_{n \to \infty} p_n = 1 - \frac{1}{1!} + \frac{1}{2!} - \frac{1}{3!} + \cdots$$

この式は，e^xの展開式において，xに－1を代入したものである．したがつて．

$$p = e^{-1} = \frac{1}{e} = 0.367879 \cdots$$

乱列になる確率は意外に大きい．p_1, p_2, p_3, … の近似値（小数第４位まで）を計算し，収束のようすをみておこう．

n	1	2	3	4	5
p_n	0	0.5	0.333	0.3750	0.3667

３個以上のものの順列ならば乱列になる確率はおよそ$\frac{1}{3}$である．つまり順列を３つ作ればそのうちの１つは乱列になりそうだということ．

VI 複素数の意外な動き

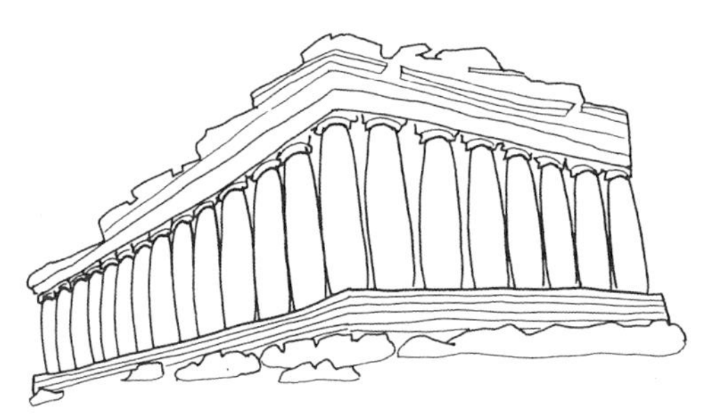

33. ガウス平面という名の直線

タイトルをどうつけるかで迷った，「ガウス平面という名の直線」とすべきか「ガウス直線という名の平面」とすべきか．慣用はガウス平面であるが真相はガウス直線といいたいのが真相とはややこしい．あえて慣用に背いてみたい気持ちの根元は何か．

ベクトルといえば普通，実数を成分とするものが頭に浮かぶ．成分の数には，ベクトルと区別するためにスカラーの名がある．成分は実数とは限らないので，この名が生かされる．スカラーは加減乗除のできる数ならどんな数でもよい．とはいっても初等的数学で頭に浮かぶのは実数，さらに複素数ということになろう．

実数は $a, b, \cdots, x, y, \cdots$ などの英文字で表わし，複素数は $\alpha, \beta, \gamma, \cdots, \lambda, \mu, \nu, \cdots, \omega, \cdots$ などのギリシア文字で表すことにする．

複素数をスカラーとするベクトルは，たとえば２次元のものは (α, β) と，順序をもった２数で表される．これについて，加法，減法，スカラー乗を次のように定める．

$$(\alpha, \beta)+(\alpha', \beta')=(\alpha+\alpha', \beta+\beta')$$
$$(\alpha, \beta)-(\alpha', \beta')=(\alpha-\alpha', \beta-\beta')$$
$$\lambda(\alpha, \beta)=(\lambda\alpha, \lambda\beta)$$

この約束はスカラーが実数の場合とまったく同じであるから，詳しいことは省略し，読者の生来の類推力にゆだねたい．

スカラーが実数であるベクトルを実ベクトルと呼んだことにならい，スカラーが複素数であるベクトルは複素ベクトルと呼べばよい．

ここで問題になるのは，１次元の複素ベクトルである．２次元よりも１

次元はやさしいと思うのが常識，というより健全な思考であろう．だが，そこに盲点がある．１は自然数の最初のもので，極めて特殊なもの．特殊は一般よりわかりやすいわけではない．特殊なものには，退化という不治の病がつきものである．１次元の複素ベクトルでも，先の表し方は保たれているから，括弧付きの(α)で表すことになり，その演算も前と何ら変わりない．

$$(\alpha)+(\alpha')=(\alpha+\alpha')$$
$$(\alpha)-(\alpha')=(\alpha-\alpha')$$
$$\lambda(\alpha)=(\lambda\alpha)$$

しかし，これらの式をじっと眺めていると，何のための括弧ぞという気持ちがうづくのも自然．そこで，思いきって括弧を省いてみると，

$$\alpha+\alpha'=\alpha+\alpha',\quad \alpha-\alpha'=\alpha-\alpha',\quad \lambda\alpha=\lambda\alpha$$

となって，われながらおかしくなる．これはつまり，１次元の複素ベクトルの演算は複素数の演算自身が，そのままで１次元の複素ベクトルになっているということ．退化したものは意外とわかりにくいことの真相である．

１次元複素ベクトルの図示

この１次元複素ベクトルをデカルト方式で図示しようと思っても，直線上の座標ではどうにもならない，直線は座標が１つの実数で表された点で満たされており，その他の点が入り込む余地がない．

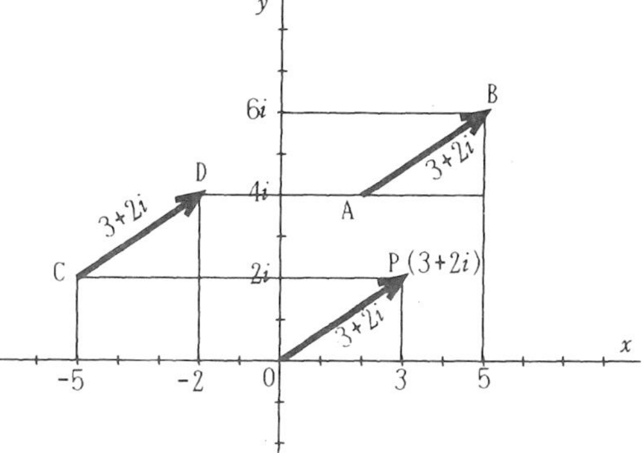

複素数αの正体は$x+iy$で，２つの実数で作られている．したがって，これをデカルト方式で図示しようとすると，どうしても平面上の座標が必要になる．

この平面上で，座標$(3, 2)$

の点 P は複素数 $3+2i$ で表し，このデカルト平面をガウス平面とよぶのが慣例である．しかし，この慣例は複素数を1次元のベクトルとみる場合にはそぐわない．ベクトルにふさわしく，矢線 $\overrightarrow{OP}$, $\overrightarrow{AB}$, $\overrightarrow{CD}$ などもすべて $2+3i$ を表すとみれば実状に合い，しかも視野が広まり，応用も合理的になるのである．

演算はどう表されるか

複素数を矢線で表したとき，演算はどのように表されるかを見よう．例えば，2数 $\alpha=2+3i$, $\beta=4+2i$ の加法は

$$\begin{aligned}\alpha+\beta &= (2+3i)+(4+2i)\\ &= (2+4)+(3+2)i\\ &= 6+5i\end{aligned}$$

は実部と虚部でみると，

$$(2,\ 3)+(4,\ 2)=(2+4,\ 3+2)=(6,\ 5)$$

となって，2次元の実ベクトルの加法とまったく同じで，平行四辺形の原理がそのまま当てはまる．減法でも同様である．

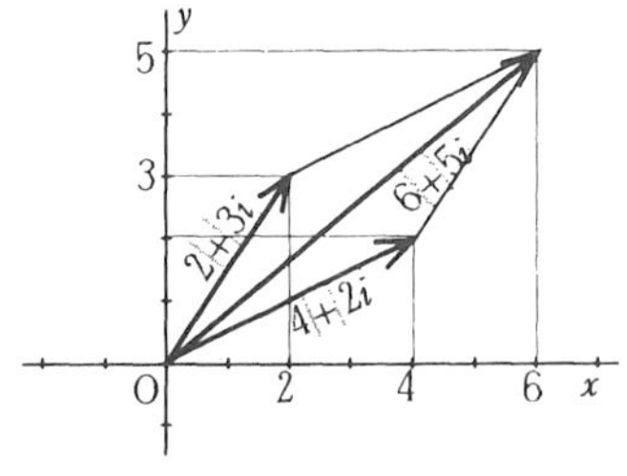

新しい展望の期待できるのは乗法である．しかし，複素数の実数倍には新鮮味がない．例えば，$\alpha=3+2i$ の2倍

$$2(3+2i)=2\cdot 3+2\cdot 2i=6+4i$$

は実ベクトルの計算でみると

$$2(3,\ 2)=(2\cdot 3,\ 2\cdot 2)=(6,\ 4)$$

となって矢線を2倍に伸ばすことである．

では，2つの複素数 $-1+2i$ と $3+2i$ との乗法はどうなるか．このままでかけると

$$(-1+2i)(3+2i)=-7+4i$$

矢線で示したところで，相互の関係は浮かんでこない．

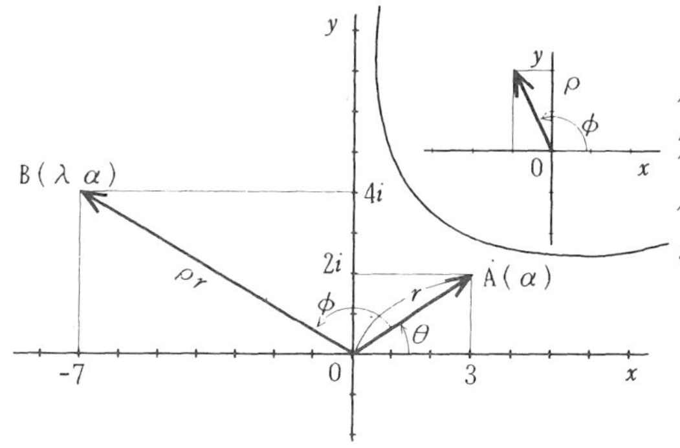

われわれはまだ複素ベクトル同士の乗法は定めてない．定めてあるのは，複素ベクトルにスカラーとしての複素数をかけることである．

したがつて，$-1+2i$ と $3+2i$ との乗法は一方をベクトルとみて他方をスカラーとみたものでなければならない．

そこで，例えば $\alpha=3+2i$ はベクトルで $\lambda=-1+2i$ はスカラーの場合で考える．

前ページの図から，スカラーをかけることは回転と相似に関係の深いことが読みとれる．この変換にふさわしい複素数の表し方といえば極形式である．

ベクトルとスカラーでは身分が，いや役割が違うから，その住み家は別にするのが望ましい．図表示には異なる平面を用いて混乱を避ける．

$\alpha=3+2i$ を表す矢線 OA の長さを r，OA が x 軸の正の向きとなす角を θ とすると，

$$\alpha=r(\cos\theta+i\sin\theta)$$

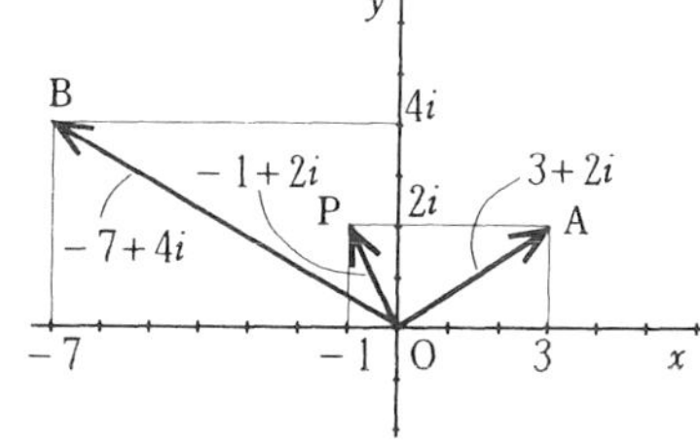

と表される．r を複素数 α の絶対値といい，$|\alpha|$ で表し，θ を偏角といい，$\arg\alpha$ または $\mathrm{amp}\,\alpha$ で表すことは周知であろう．

スカラー $\lambda=-1+2i$ においては絶対値を ρ，偏角を ϕ とすると，

$$\lambda=\rho(\cos\varphi+i\sin\varphi)$$

これらの表示を用いて $\lambda\alpha$ を計算すれば

$$\lambda\alpha = \rho r(\cos(\varphi+\theta)+i\sin(\varphi+\theta))$$

となって，極めて正体の見やすい結果になる．$\lambda\alpha$ の絶対値は α の絶対値の ρ 倍で，$\lambda\alpha$ の偏角は α の偏角に ϕ を加えたもの．これは重要な成果であるからまとめておく．

> ベクトル α にスカラー λ をかけると，ベクトル α の向きを $\arg\lambda$ だけ変え，長さを $|\lambda|$ 倍に伸縮したベクトル $\lambda\alpha$ が得られる．

ベクトルを代表する矢線は平面上のどこへ示してもよい．図においてベクトル α の代表は $\overrightarrow{\mathrm{PQ}}$ で，ベクトル $\lambda\alpha$ の代表は $\overrightarrow{\mathrm{PR}}$ である．

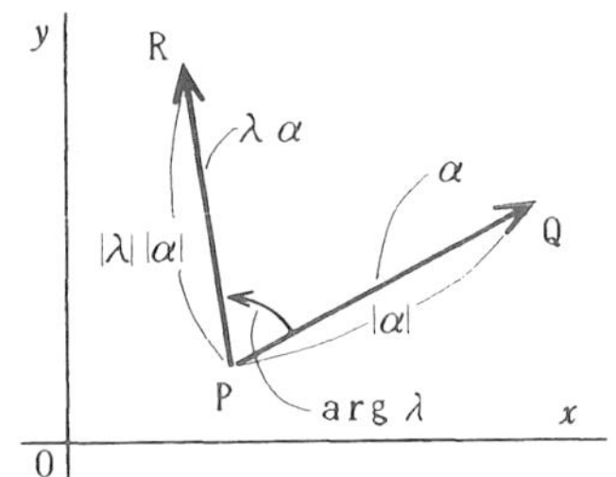

われわれが通常ガウス平面とよんでいる平面は1次元の複素ベクトルで満たされている空間であって，ガウス直線とよぶべきものである．同じ平面であっても，実数でみれば2次元，複素数でみれば1次元ということになる．

34. ある恒等式をめぐって

はじめに

「よく，まあ，何十年もあきずに数学をやっていますね」と，尊敬とも笑いともつかない言葉に接することがある．「記号づくめの数学のどこがおもしろいのか」という素直な疑問と受けとれないこともない．数学にとって記号は，内容というよりは方法というべきだろう．記号は数学の内容を適確に表現し，数学の研究を容易にするための用具で，自国語を第一言語，外国語を第二言語とみれば，記号は第三の言語であって，人類にとって，もっとも普遍的な言語といえそうである．この第三言語の底を音もなく流れているのが数学の内容である．数学の魅力，おもしろさは，記号表現の巧みさもさることながら，つきつめれば，底流としての内容にある．

地上を歩むわれわれにとって，地下水は姿なく音なき流れである．かつて，十勝岳の噴火口をめざし，あえぎながら登っていたとき，ふと耳にした地底の水の音を，いまも忘れない．その神秘な大地のささやき，私はわれを忘れ，耳を大地にあて，しばし動こうとしなかった．

数学の魅力とはそんなものであろうか．その魅力を，私は，あえて数学の芸術性と呼んでみた．たしかにキザッぽくはあるが，このシリーズによって，この気持を少しでも理解して頂けたら，私としてはこの上ない幸福である．初歩的数学の中にも，ここで取り挙げたような魅力ある内容は，みち溢れていよう．それをみつけ出し，自分自身の耳で確かめる．それが，「哲学とは哲学すること」にあやかるなら「数学とは数学すること」となろう．本稿の願いはそこにある．

ある式の内容は，その中の文字がどんな数を表わすか，つまり，どんな空間の中でみるかによって異なるものである．そんな例として，簡単な恒

等式

$$(a-b)(c-d)+(b-c)(a-d)+(c-a)(b-d)=0$$

を取り挙げてみる．これが恒等式であることは，中学生でも，バラバラに展開して証明できよう．この平凡な等式に，どんな幾何学的意味がかくされているか．それを探るのが今回の課題である．

この式の特徴をみる

この等式の左辺は４文字について多項式で，しかも，４文字について全く平等である．この事実は式を見ただけでは分るまい．１つの文字について整理してみると鮮明に浮び上るから不思議である．たとえば，d について整理してみよ．

$$(\boldsymbol{d}-a)(b-c)+(\boldsymbol{d}-b)(c-a)+(\boldsymbol{d}-c)(a-b)=0$$

左辺の３つの式は，a，b，c についてサイクリックにできている．このことは他の文字についても同じこと，たとえば a について整理すると

$$(\boldsymbol{a}-b)(c-d)+(\boldsymbol{a}-c)(d-b)+(\boldsymbol{a}-d)(b-c)=0$$

となって，左辺の３つの式は b，c，d についてサイクリックである．

×　　　　×

方針をかえ，４文字についての置換との関係に焦点を当ててみる．

４文字の置換は全部で

$$4!=24$$

あって，そのうちの半分は**奇置換**で，残りの半分は**偶置換**である．偶置換の方は，幾何学的にみれば正四面体の合同変換である．正四面体には中心がある．その中心Ｏを動かさない回転のうち，正四面体を自分自身に重ねるものがこの偶置換と一致し，**正四面体群**という．正四面体の頂点を a，b，c，d とし，これらの合同変換を巡回置換で表わしてみよう．

d を通る直線を軸とする回転

$(abc)\ (acb)$

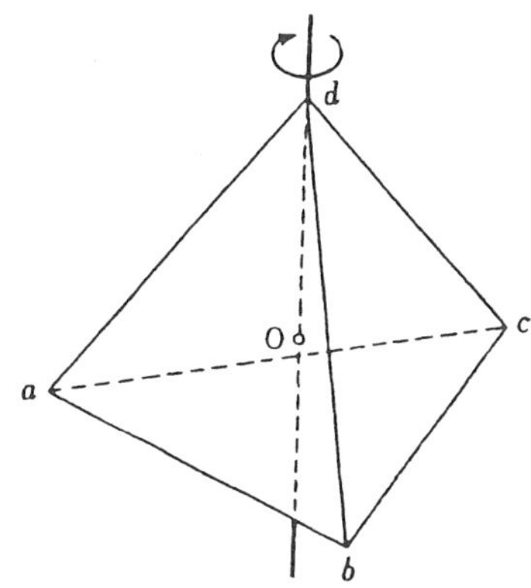

(abc) は $\dfrac{2\pi}{3}$ の回転を，(acb) は $\dfrac{4\pi}{3}$ 回転を表す．(abc) は $(ab)(ac)$ に，(acb) は $(ac)(ab)$ に等しいからあきらかに偶置換である．同様の回転は頂点ごとに２つずつあるから，全体では８つある．正四面体には，このほかに，１組の対辺の中点を通る直線を軸とする回転が３つある．

$(ab)(cd)$，$(ac)(bd)$，$(ad)(bc)$

これらのうち，たとえば $(ab)(cd)$ は，辺 ab, cd の中点を通る直線を軸とする π の回転である．

先の恒等式の左辺

$$P=(a-b)(c-d)+(b-c)(a-d)+(c-a)(b-d)$$

に，以上の置換を行うとどうなるか．置換 (abc) を行えば，項の順序が変わるだけである．このことは (acb), (abd) などの８つの置換についていえる．

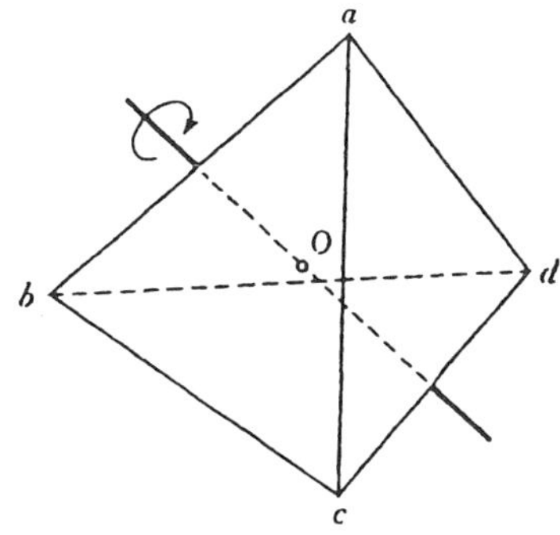

次に $(ab)(cd)$ を行ってみると，P の中の３つの式は全く変わらない．他の２つの置換についても同じこと．つまり，P の中の３つの式は，恒等置換 e を含めた４つの置換

$$e, \quad (ab)(cd), \quad (ac)(bd), \quad (ad)(bc)$$

の不変式である．この４つの置換の集合は，合成に関し群をなし，**クライン群**と呼ばれている．P がクライン群に関し不変な３つの式の和であるとは興味深い．

×　　　　　　　　　　×

P が恒等的に 0 になることは，以上の事実を考慮しながら展開してみると，式が構造的につかめて，見透しを一層よくしよう．

たとえば (abc) について不変であることを考慮するなら，d について整理しながら展開することになろう．

$$\begin{aligned} P &= \{(a-b)c+(b-c)a+(c-a)b\} \\ &\qquad -\{(a-b)+(b-c)+(c-a)\}d \\ &= 0-0\cdot d=0 \end{aligned}$$

一方 $(ab)(cd)$ などについて不変式から成ることを考慮するとすれば，次の展開がしっくりしよう．

$$\begin{aligned} P &= \{(ac+bd)-(ad+bc)\} \\ &\quad +\{(ab+cd)-(ac+bd)\} \\ &\quad +\{(ad+bc)-(ab+cd)\} \end{aligned}$$

このほかに，互換による見方もある．たとえば P に互換 (ab) を行ってみると，符号だけ変わるから，P は a, b についての交代式で $a-b$ を因数にもつ，このことは，どの２文字についてもいえるから

$$P=k(a-b)(a-c)(a-d)(b-c)(b-d)(c-d)$$

と表わされるはず．$k\neq 0$ とすると P が２次式であることに矛盾するから

$$k=0 \quad よって \quad P=0$$

となる．

式の特徴をみるのはこれ位にして，この恒等式の幾何学的内容を読みと

ることにする.

文字が実数のとき

4文字 a, b, c, d がすべて実数であったとすると，先の恒等式は何を表わすか.

数直線上で，a, b, c, d を座標にもつ点をそれぞれ A, B, C, D としてみる.

A(a)　B(b)　C(c)　D(d)

有向線分について $AB=b-a$, $CD=d-c$ などとなるから，等式

$$AB\cdot CD+BC\cdot AD+CA\cdot BD=0$$

が成り立つ.

かきかえれば

$$AB\cdot CD+AD\cdot BC=AC\cdot BD$$

もし，4点 A, B, C, D がこの順にあったとすると，$AB=\overline{AB}$, $CD=\overline{CD}$ などとなるから

(1)　$\overline{AB}\cdot\overline{CD}+\overline{AD}\cdot\overline{BC}=\overline{AC}\cdot\overline{BD}$

これは高校生にも親しまれている等式で，**オイラーの定理**と呼ばれている.

文字が複素数のとき

4文字が複素数であったらどうか. 当然ガウス平面上で，幾何学的意味を読みとることになる. この空間はユークリッド平面と同じだから，ユークリッド幾何学的内容が出るはず.

複素数であることをはっきりさせるため，a, b, c, d を $\alpha, \beta, \gamma, \delta$ にか

きかえる．

$$(\alpha-\beta)(\gamma-\delta)-(\gamma-\beta)(\alpha-\delta)=(\gamma-\alpha)(\delta-\beta)$$

両辺の絶対値をとって

$$\left|(\alpha-\beta)(\gamma-\delta)-(\gamma-\beta)(\alpha-\delta)\right|=\left|(\gamma-\alpha)(\delta-\beta)\right|$$

ところが，一般に，複素数 z_1, z_2 については不等式 $|z_1|+|z_2|\geqq|z_1-z_2|$，等式 $|z_1 z_2|=|z_1||z_2|$ が成り立つから

$|\alpha-\beta|\cdot|\gamma-\delta|+|\gamma-\beta|\cdot|\alpha-\delta|\geqq|\gamma-\alpha|\cdot|\delta-\beta|$ そこで，$\alpha, \beta, \gamma, \delta$ を座標にもつ点をそれぞれ A，B，C，D とすると

（2）$\overline{\mathrm{AB}}\cdot\overline{\mathrm{CD}}+\overline{\mathrm{AD}}\cdot\overline{\mathrm{BC}}\geqq\overline{\mathrm{AC}}\cdot\overline{\mathrm{BD}}$

定理1　平面上の相異なる4点を A，B，C，D とすれば $\overline{\mathrm{AB}}\cdot\overline{\mathrm{CD}}+\overline{\mathrm{AD}}\cdot\overline{\mathrm{BC}}\geqq\overline{\mathrm{AC}}\cdot\overline{\mathrm{BD}}$ が成り立つ．

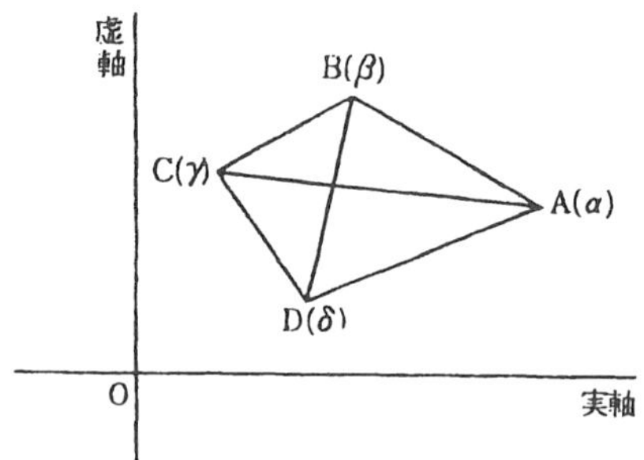

この不等式で興味があるのは，等号が成り立つ場合である．等号が成り立つのは，

$$z_1 = (\alpha - \beta)(\gamma - \delta)$$
$$z_2 = (\gamma - \beta)(\alpha - \delta)$$

とおくと，$|z_1| + |z_2| \geqq |z_1 - z_2|$ において等号が成り立つ場合である．それは次の図から想像できるように，P，O，Q がこの順に1直線上にあるとき，すなわち $\overrightarrow{\mathrm{OP}}, \overrightarrow{\mathrm{OQ}}$ が共線で，かつ反対向きのとき，すなわち

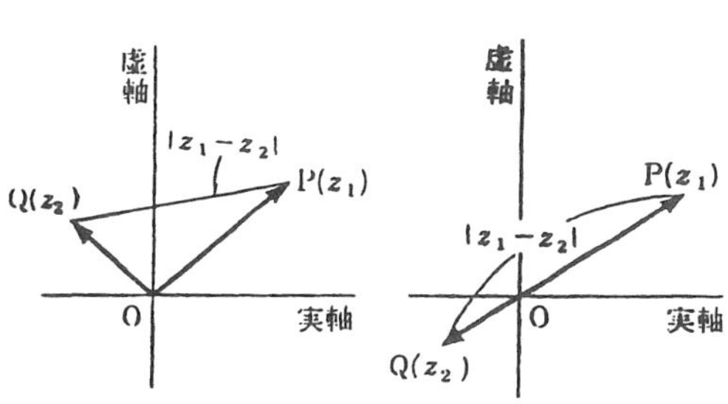

$z_1 = kz_2$ をみたす負の数 k があるときに限る．これを偏角でみれば

$$\arg z_1 \equiv \arg z_2 + \pi \quad (\mathrm{mod}\, 2\pi)$$
$$\arg(\alpha - \beta) + \arg(\gamma - \delta) \equiv \arg(\gamma - \beta) + \arg(\alpha - \delta) + \pi \quad (\mathrm{mod}\, 2\pi)$$

かきかえると

$$\{\arg(\alpha - \beta) - \arg(\gamma - \beta)\} + \{\arg(\gamma - \delta) - \arg(\alpha - \delta) = (2n+1)\pi$$
$$(\overrightarrow{\mathrm{BA}}, \overrightarrow{\mathrm{BC}} \text{の交角}) + (\overrightarrow{\mathrm{DC}}, \overrightarrow{\mathrm{DA}} \text{の交角}\} = (2n+1)\pi \quad ①$$
$$\angle\mathrm{CBA} + \angle\mathrm{ADC} = (2n+1)\pi$$

ここで角は正負を区別している．

さてB，Dが直線AC上にないときを考えると，B，Dは直線ACに関し，同側にあるか，反対側にあるかのいずれかである．

$$\angle\mathrm{CBA} = \theta_1,\ \angle\mathrm{ADC} = \theta_2,\ (0 < \theta_1,\ \theta_2 < 2\pi)$$

とおくと，①から

$$\theta_1 + \theta_2 = \pi,\ 3\pi \quad ②$$

（i）図のときは $0 < \theta_1,\ \theta_2 < \pi$ だから

$$\theta_1 + \theta_2 = \pi$$

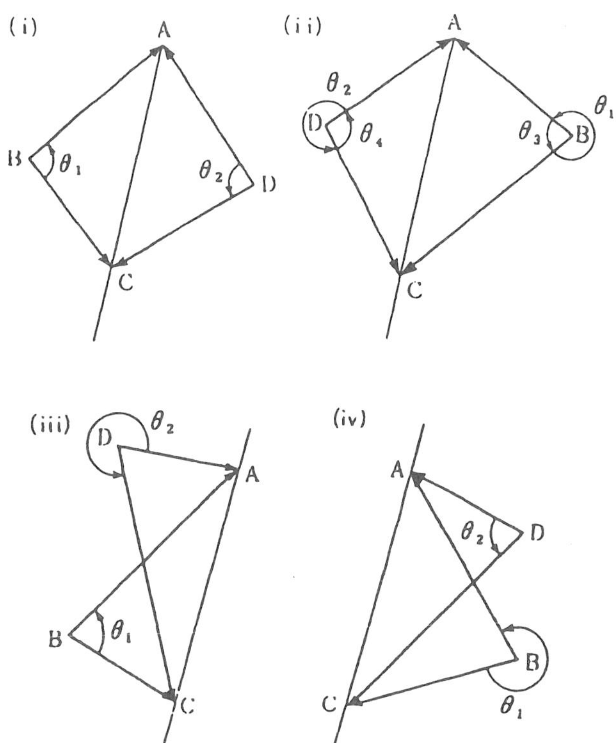

（ⅱ）図のときは $\pi < \theta_1, \theta_2 < 2\pi$ だから

$$\theta_1 + \theta_2 = 3\pi$$
$$(2\pi - \theta_1) + (2\pi - \theta_2) = \pi$$
$$\theta_3 + \theta_4 = \pi$$

（ⅲ）図のときは $0 < \theta_1 < \pi$, $\pi < \theta_2 < 2\pi$ だから $\pi < \theta_1 + \theta_2 < 3\pi$ となって②は不成立.

（ⅳ）図のときも（ⅲ）と同様にして②は不成立.

結局（ⅰ），（ⅱ）の場合だけが起き，このとき4角形 ABCD は円に内接する.

B または D が直線 AC 上にあるときが残っている．このとき $0 \leqq \theta_1, \theta_2 < 2\pi$ とおく．

B が線分 AC 上にあるときは $\theta_1 = \pi$，したがって②，および $0 \leqq \theta_2 < 2\pi$ から $\theta_2 = 0$ となって，D は線分 AC の延長上にあることがわかる．

B が AC の延長上にあったとすると，D は線分 AC 上にある．

結局 A，C と B，D は互いに他を分ける関係にある．そこで次の結論に達した．

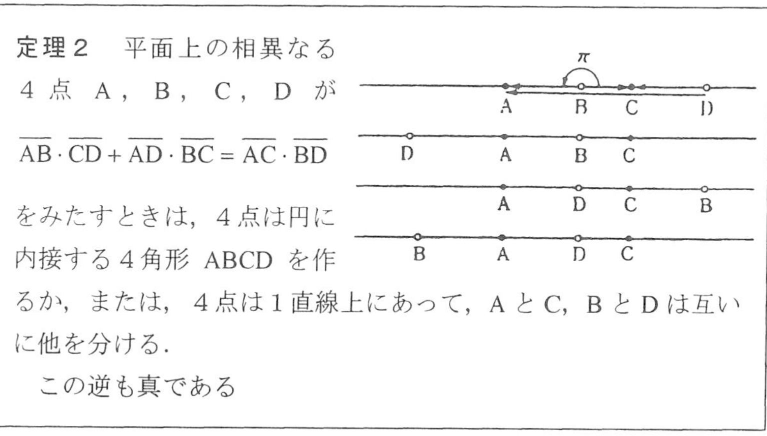

定理２　平面上の相異なる４点 A，B，C，D が

$$\overline{AB} \cdot \overline{CD} + \overline{AD} \cdot \overline{BC} = \overline{AC} \cdot \overline{BD}$$

をみたすときは，４点は円に内接する４角形 ABCD を作るか，または，４点は１直線上にあって，A と C，B と D は互いに他を分ける．

この逆も真である

注　４点が円上にあるときも，１直線上にある場合も，A と C，B と D は互いに他を分けるとまとめられる．

この定理のうち，四角形 ABCD ができて，円に内接する場合は，有名なトレミーの定理である．４点が１直線上にある場合は，前にあきらかにしたオイラーの定理そのものである．

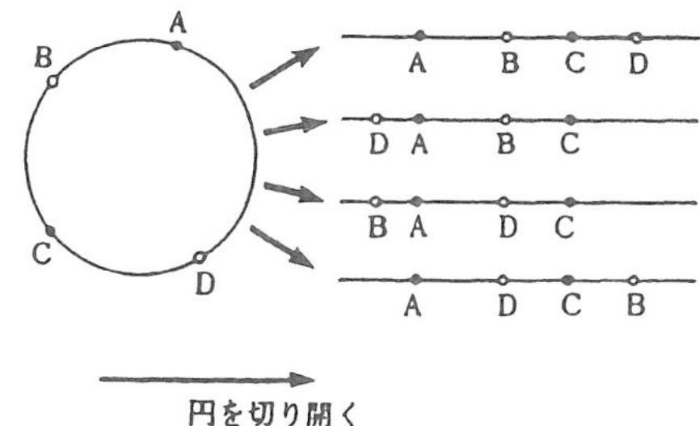

文字がベクトルのとき

４文字 a，b，c，d がベクトルを表わすときは，どうなるだろうか．ベク

トルは成分に分けなければ，次元には関係がなく表わせるから，３次元ベクトルとしておけば，一般的で，２次元の場合も，１次元の場合も包含される．

ベクトルであることを明確にさせるため，太字 $\boldsymbol{a}$，$\boldsymbol{b}$，$\boldsymbol{c}$，$\boldsymbol{d}$ にかきかえておく．

$$(\boldsymbol{a}-\boldsymbol{b})(\boldsymbol{c}-\boldsymbol{d})+(\boldsymbol{b}-\boldsymbol{c})(\boldsymbol{a}-\boldsymbol{d})+(\boldsymbol{c}-\boldsymbol{a})(\boldsymbol{b}-\boldsymbol{d})=0$$

乗法は内積を表わすとみよう．
位置ベクトルを考え，$\boldsymbol{a}$，$\boldsymbol{b}$，$\boldsymbol{c}$，$\boldsymbol{d}$ を座標にもつ点をそれぞれ A，B，C，D とする．

× ×

A，B，C，D が４面体を作るとき $\boldsymbol{a}-\boldsymbol{b}=\overrightarrow{\mathrm{BA}}$，$\boldsymbol{c}-\boldsymbol{d}=\overrightarrow{\mathrm{DC}}$ などであるから，もし

$$\overrightarrow{\mathrm{BA}}\perp\overrightarrow{\mathrm{DC}},\ \overrightarrow{\mathrm{CB}}\perp\overrightarrow{\mathrm{DA}}$$

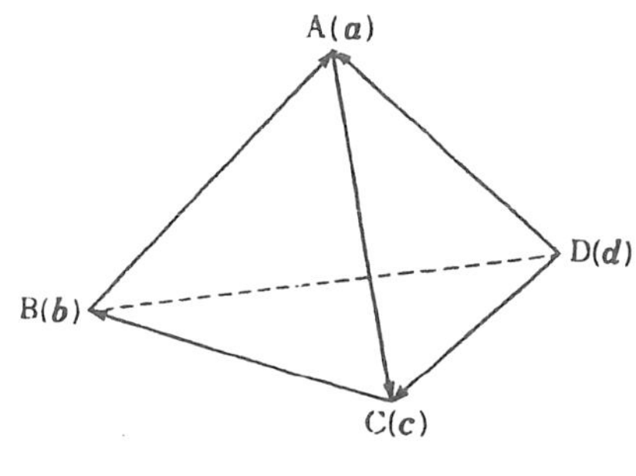

ならば

$$(\boldsymbol{a}-\boldsymbol{b})(\boldsymbol{c}-\boldsymbol{d})=0,$$
$$(\boldsymbol{b}-\boldsymbol{c})(\boldsymbol{a}-\boldsymbol{d})=0$$

よって，上の恒等式から

$$(\boldsymbol{c}-\boldsymbol{a})(\boldsymbol{b}-\boldsymbol{d})=0$$
$$\overrightarrow{\mathrm{AC}}\perp\overrightarrow{\mathrm{DB}}$$

が導かれる．

そこで，次の定理が得られた．

定理３　４面体の２組の対辺が垂直ならば残りの１組の対辺もまた垂直である．

このように，3組の対辺が垂直である4面体を**直辺四面体**というのである．正四面体は直辺四面体の一種である．このほかに，1つの直三面角をもった次の四面体もそうである．

四面体がつぶれて，4点が一平面上にあるようになった場合にも，先の推論はそのまま成り立つ．そこで，もし，3点 A，B，C が三角形を作るとすると

$$\overrightarrow{BA}\perp\overrightarrow{DC},\ \overrightarrow{CB}\perp\overrightarrow{DA}$$
$$\Rightarrow \overrightarrow{AC}\perp\overrightarrow{DB}$$

は，頂点から対辺にひいた3つの垂線は1点で交わることにほかならない．

遂に，次の定理も出た．

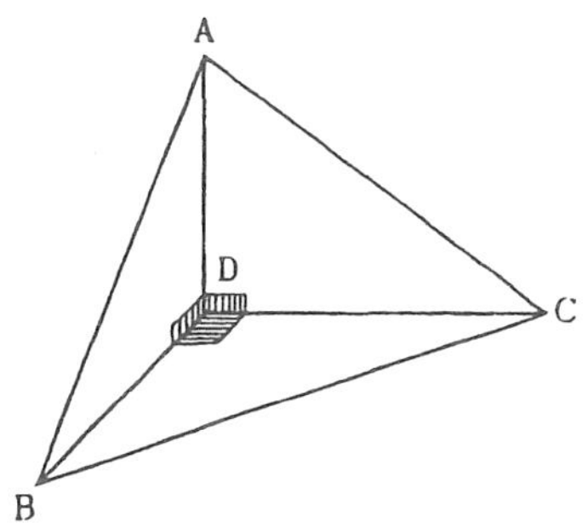

定理4　三角形の頂点から対辺にひいた3つの垂線は1点で交わる．

さて，複素数の場合にならって，絶対値をとったらどうなるだろうか．かきかえて

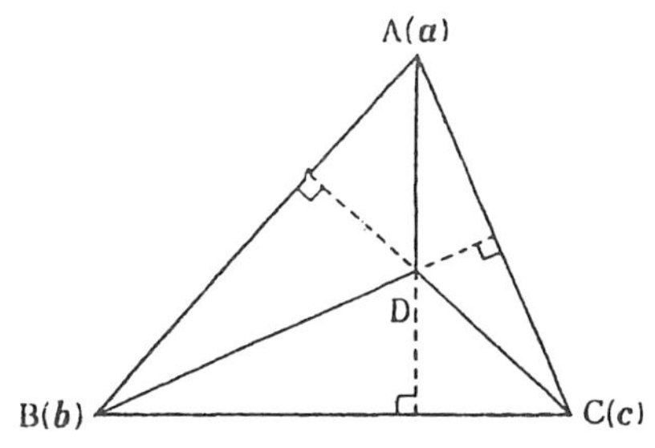

$$(a-b)(c-d)-(c-b)(a-d)=(a-c)(b-d)$$
$$|(a-b)(c-d)-(c-b)(a-d)|=|(a-c)(b-d)|$$

内積は実数だから，不等式$|x_1|+|x_2| \geqq |x_1-x_2|$によって

$$|(a-b)(c-d)|+|(c-b)(a-d)| \geqq |(a-c)(b-d)|$$

ここまでは複素数なみの変形ができたが，これから先で行き詰る．x，y をベクトルとするとき，シュワルツの不等式

$$|\boldsymbol{x}|\cdot|\boldsymbol{y}| \geqq |\boldsymbol{x}\cdot\boldsymbol{y}|$$

が成り立つけれども，これを用いて，上の両辺を同時に書きかえると，大小関係は不明になり，残念ながら定理 1 を導けない．

×　　　　　　　　　　×

人それぞれ個性があるように，数にもそれぞれ個性があることを視覚的に把握できたのは収穫であつた．

35. 3次方程式奇談

方程式の解は実数とは限らないので，ガウス平面が図表示に向いている．もっとも簡単な2次方程式

$$f(z)=az^2+bz+c=0$$

の2つの解を α,β とすると $\alpha+\beta=-b/a$，この右辺の数の2分の1は，実は方程式 $f'(z)=2az+b=0$ の解である．この解を u とすれば，

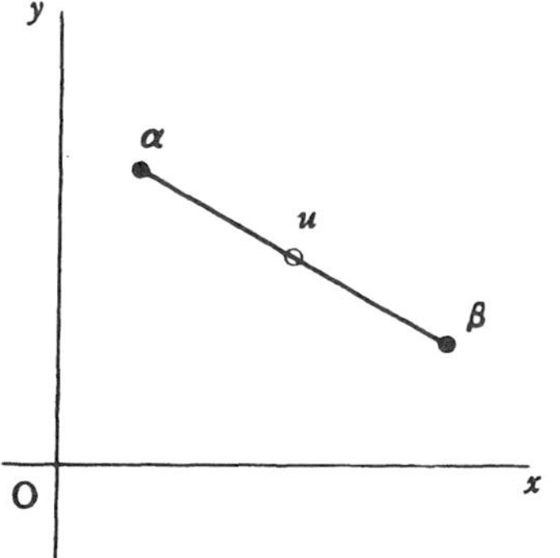

$$\frac{\alpha+\beta}{2}=u$$

点 u は2点 α,β の中点，つまり重心である．

× ×

類似の性質が3次方程式にもあるだろうかと想像するのは健全な思考であろう．

3次方程式

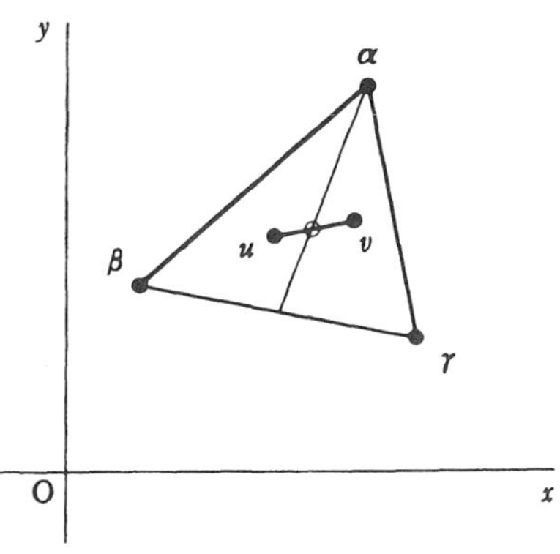

$$f(z)=az^3+bz^2+cz+d=0$$

の3つの解を α,β,γ とすると，解と係数の関係によって

$$\alpha+\beta+\gamma=-\frac{b}{a}$$

つぎに $f'(z)=3az^2+2bz+c=0$ の２つの解を u，v とすると

$$u+v=-\frac{2b}{3a}$$

２式から a，b を消去すると，

$$\frac{\alpha+\beta+\gamma}{3}=\frac{u+v}{2}$$

となって，予想に答える関係が現れた．図形的にみると，３点 α, β, γ の重心は２点 u，v の重心と一致する．

> **定理１**　３次方程式 $f(z)=0$ の３根の表す点の重心は，$f'(z)=0$ の２根の表す点の重心と一致する．

２点 u，v の位置をもっとくわしく知りたい．３点 α, β, γ を頂点とする三角形の外にはみ出すことがあるだろうか．実例に当たってみるのは数学の学び方としては欠かせない．

たとえば

$$f(z)=z^3-9z^2+24z-70=0$$

の解は $7,\ 1\pm 3i$ で

$$f'(z)=3z^2-18z+24=0$$

の解は２，４である．あきらかに２，４の表わす点は $7,\ 1\pm 3i$ の表わす三角形の内部にある．

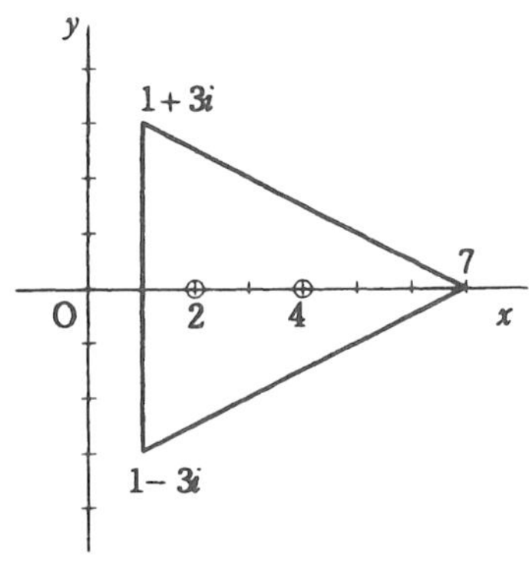

そこで，次の定理を想定し，証明を試みよう．

> **定理2**　3次方程式 $f(z)=0$ の3つの解の作る三角形の内部（周を許す）に $f'(z)=0$ の解がある．

$f(z)=0$ の解と $f'(z)=0$ の解との関係を用いる巧妙な方法は，$f(z)$ を因数分解しておき微分することである．

$$f(z)=a(z-\alpha)(z-\beta)(z-\gamma)$$
$$f'(z)=a\{(z-\beta)(z-\gamma)+$$
$$+(z-\alpha)(z-\gamma)+(z-\alpha)(z-\beta)\}$$

ここで $f'(z)$ を $f(z)$ で割るのは独創的．

$$\frac{f'(z)}{f(z)}=\frac{1}{z-\alpha}+\frac{1}{z-\beta}+\frac{1}{z-\gamma} \qquad ①$$

$f'(z)=0$ の解の1つ δ が $\triangle\alpha\beta\gamma$ の外にあったとすると矛盾に達することを示したい．

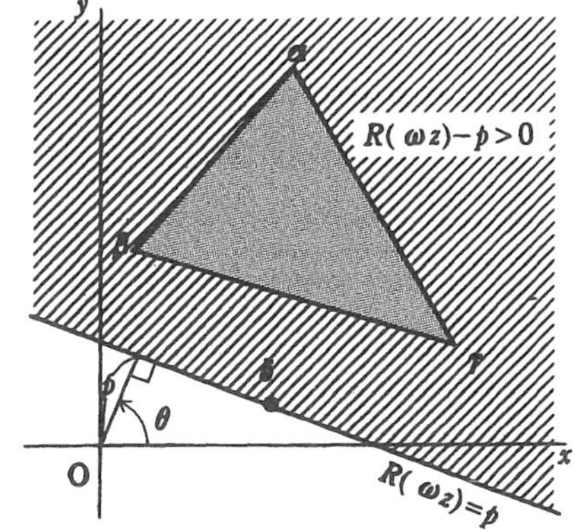

点 δ が $\triangle\alpha\beta\gamma$ の外にあったとすると，点 δ を通って $\triangle\alpha\beta\gamma$ と交わらない直線が存在するから，それを

$$g : x\cos\theta+y\sin\theta=p$$

とする．

これと複素数 $z=x+iy$ と結びつけるには $\cos\theta-i\sin\theta=\omega$ とおいて ωz を計算してみればよい．

$$\omega z=(x\cos\theta+y\sin\theta)+i(y\cos\theta-x\sin\theta)$$

この実部に目をつける．一般に複素数 z の実部を $R(z)$ で表す慣用に従えば，直線 g は次のように簡単に表される．

$$R(\omega z) = p$$

$\triangle\alpha\beta\gamma$ は $R(\omega z) - p$ の正領域か負領域にある．例えば，正領域にあったとすると点 α も同じ領域にあるから

$$R(\omega\alpha) - p > 0$$

一方点 δ は直線 $R(\omega\alpha) = p$ 上にあるから $R(\omega\delta) = p$，これを上の式に代入すると

$$R(\omega\alpha) - R(\omega\delta) > 0$$

実部の線形性（あとで補足）により書き換えれば

$$R\{\omega(\alpha - \delta)\} > 0 \quad \therefore R\{(\omega(\delta - \alpha)\} < 0$$

$$R\left\{\frac{1}{\omega(\delta - \alpha)}\right\} < 0$$

β, γ についても同様の式を導き，それらの３式を加えれば，

$$R\left\{\frac{1}{\omega}\left(\frac{1}{\delta - \alpha} + \frac{1}{\delta - \beta} + \frac{1}{\delta - \gamma}\right)\right\} < 0$$

δ は $f'(z) = 0$ の解であるから，①の式に代入すると，上の式の（　）の中は0になる．

$$\therefore R(0) < 0 \quad \therefore 0 < 0$$

これは矛眉．

$\triangle\alpha\beta\gamma$ が $R(\omega z) - p$ の負領域にあったとしても，同様の矛盾に達する．

複素数の実部の性質

予告しておいた補足は複素数の実部の性質である．複素数 $z = x + iy$ の実部を $R(z)$ とすると

$$R(z) = R(x + iy) = x$$

R は z に x を対応させる写像ともみられる．

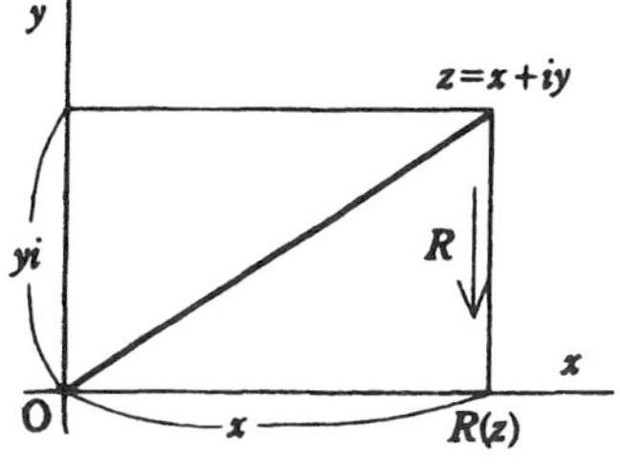

この R に次のような性質のあることは簡単な計算で確かめられる．

(1)　$R(z_1 \pm z_2) = R(z_1) \pm R(z_2)$

(2)　k が実数のとき $R(kz) = k \cdot R(z)$

(3)　$R(\bar{z}) = R(z)$ （$\bar{z}$ は z の共役複素数）

(4)　$R\left(\dfrac{1}{z}\right) = \dfrac{1}{|z|^2} R(z)$,　$(z \neq 0)$

(5)　$R\left(\dfrac{1}{z}\right)$ と $R(z)$ は同じ符号

(5)は(4)から明らか．(4)は $z\bar{z} = |z|^2$ と(3)とから導かれる・証明に用いたのは以上の性質に尽きる．

等角共役点でもある

さらに点 u，v を追いつめると，次の定理を満たすことを発見する．

> **定理３**　３次方程式 $f(z) = 0$ の３つの解の作る三角形において，$f'(z) = 0$ の２つの解は等角共役点をなす

$f(z) = 0$ の解の表す点を A，B，C とし，$f'(z) = 0$ の解の表す点を U，V とする．

U，V が△ABC の等角共役点であるとは，次のように角が等しくなることである．

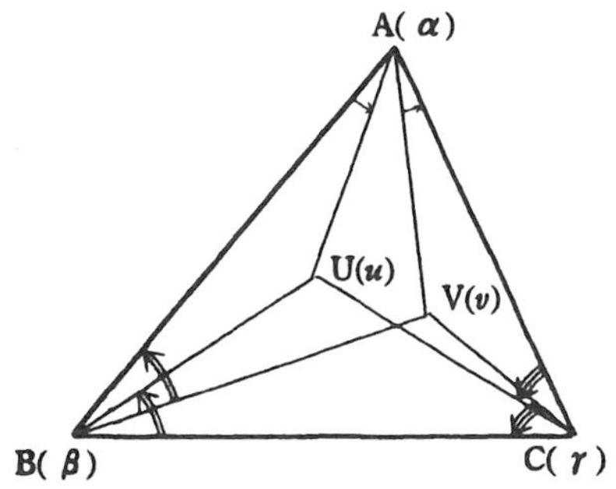

$$\angle \mathrm{BAU} = \angle \mathrm{VAC}$$
$$\angle \mathrm{CBU} = \angle \mathrm{VBA}$$
$$\angle \mathrm{ACU} = \angle \mathrm{VCB}$$

前に導いた式を思い出す.

$$\begin{aligned} f'(z) &= a\{(z-\beta)(z-\gamma)+(z-\gamma)(z-\alpha)+(z-\alpha)(z-\beta)\} \\ &= 3a(z-u)(z-v) \end{aligned}$$

z に α を代入すると,

$$(\alpha-\beta)(\alpha-\gamma) = 3(\alpha-u)(\alpha-v)$$
$$\frac{\beta-\alpha}{u-\alpha} = 3\frac{v-\alpha}{\gamma-\alpha}$$

この式で複素数の偏角にのみ注目すれば

$$\arg\overrightarrow{\mathrm{AB}} - \arg\overrightarrow{\mathrm{AU}} = \arg\overrightarrow{\mathrm{AV}} - \arg\overrightarrow{\mathrm{AC}}$$
$$\therefore\ \angle \mathrm{BAU} = \angle \mathrm{VAC}$$

他の角についても同様である.

内接する楕円の焦点

点 u, v の正体を完全につかまえるの次の定理である.

> **定理4**　3次方程式 $f(z)=0$ の3つの解を作る三角形の3辺の中点で内接する楕円の焦点を表す2数は $f'(z)=0$ の解である.

定理3と同じ表し方による. 証明には次の2つを明らかにすれば十分である.

(1)　BC, CA, AB の中点を L, M, N とすると,

$$\mathrm{LU}+\mathrm{LV} = \mathrm{MU}+\mathrm{MV} = \mathrm{NU}+\mathrm{NV}$$

なる. この条件は U, V を焦点とする一つの楕円が L, M, N を通るこ

とを保証するものである．

(2)　LU，LV は BC と等角をなす．この条件は楕円が L において BC に接することを示すもの．M，N についても同様．

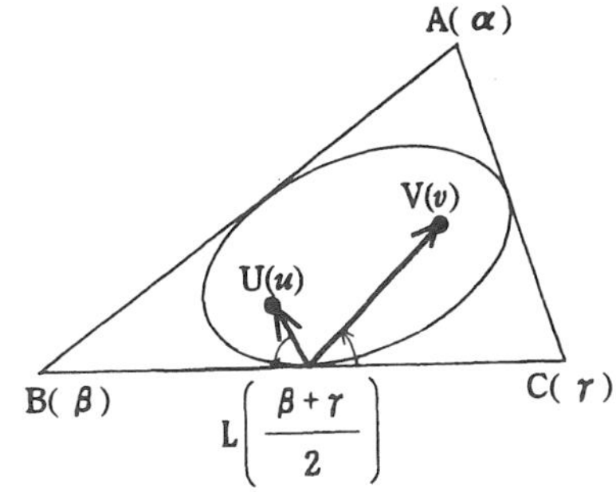

(1) の証明．

点 L を表す複素数を l とすると

$$
\begin{aligned}
(\mathrm{LU}+\mathrm{LV})^2 &= (|l-u|+|l-v|)^2 \\
&= |l-u|^2+|l-v|^2+2|(l-u)(l-v)| \\
&= (l-u)(\bar{l}-\bar{u})+(l-v)(\bar{l}-\bar{v})+\frac{|\beta-\gamma|^2}{6} \\
&= 2\left(l-\frac{u+v}{2}\right)\left(\bar{l}-\frac{\bar{u}+\bar{v}}{2}\right)+\frac{|u-v|^2}{2}+\frac{|\beta-\gamma|^2}{6}
\end{aligned}
$$

ここで $l=\dfrac{\beta+\gamma}{2}$, $u+v=\dfrac{2}{3}(\alpha+\beta+\gamma)$ を代入して計算すれば（G は△ABC の重心）

$$
\begin{aligned}
&= \frac{|\alpha|^2+|\beta|^2+|\gamma|^2}{3}-\left|\frac{\alpha+\beta+\gamma}{3}\right|^2+\frac{|u-v|^2}{2} \\
&= \frac{\mathrm{OA}^2+\mathrm{OB}^2+\mathrm{OC}^2}{3}-\mathrm{OG}^2+\frac{\mathrm{UV}^2}{2} \\
&= \frac{\mathrm{GA}^2+\mathrm{GB}^2+\mathrm{GC}^2}{3}+\frac{\mathrm{UV}^2}{2}
\end{aligned}
$$

これは L に関係のない一定量であり，A，B，C について対称であることから $(\mathrm{MU}+\mathrm{MV})^2$, $(\mathrm{NU}+\mathrm{NV})^2$ も同じ式になることが分かる．したがって L，M，N は U，V を焦点とする同一楕円上にある．

(2)の証明　毎度おなじみの式

$$f'(z)=a\{(z-\beta)(z-\gamma)+(z-\gamma)(z-\alpha)+(z-\alpha)(z-\beta)\}$$
$$=3a(z-u)(z-v)$$

において，右辺の z には l を代入，中辺の z には l に等しい $\dfrac{\beta+\gamma}{2}$ を代入して

$$\frac{1}{12}(\gamma-\beta)(\beta-\gamma)=(l-u)(l-v)$$
$$\frac{u-l}{\beta-\gamma}=\frac{1}{12}\frac{\gamma-\beta}{v-l}$$

偏角に着目すると

$$\arg\overrightarrow{\mathrm{LU}}-\arg\overrightarrow{\mathrm{CB}}=\arg\overrightarrow{\mathrm{BC}}-\arg\overrightarrow{\mathrm{LV}}$$
$$\therefore\quad \angle\mathrm{ULB}=\angle\mathrm{CLV}$$

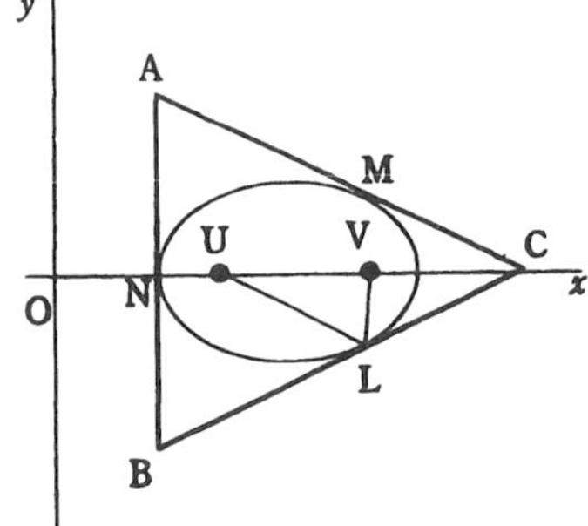

よって，BC は L における楕円の接線である．M，N について同様．

前にとり上げた実例にあてはめてみる．

△ABC に内接する楕円は

$$\frac{(x-3)^2}{4}+\frac{y^2}{3}=1$$

であるから長径の長さは4であって

$$\mathrm{LU}+\mathrm{LV}=4$$

となる．

36. 三角関数を積に分解する

三角関数の２倍角，３倍角の公式をみると，次のように，$\cos\theta$, $\sin\theta$ の整式で表されている．

$$\begin{aligned}
\sin 2\theta &= 2\sin\theta\cos\theta \\
\cos 2\theta &= \cos^2\theta - \sin^2\theta \\
&= 2\cos^2\theta - 1 = 1 - 2\sin^2\theta \\
\sin 3\theta &= 3\sin\theta - 4\sin^3\theta \\
\cos 3\theta &= 4\cos^3\theta - 3\cos\theta
\end{aligned}$$

式の形は不規則で，暗記は容易でない．特に３倍角の公式では高校時代の苦労が思い出される．質問されたので自信ありげに適当に答えたら「よく憶えていた！」などとほめられたのはおかしかった．先生自身の記憶があいまいなのだから，係数の３と４が入れかわっていようと，$\sin\theta$ と $\sin^3\theta$ が入れかわっていようと，わかりっこない．教室では，困ったら要領よく切り抜けるのも，ユーモアがあって楽しい．

不規則に見えるこれらの公式にも，かくされた規則がある．$\sin 4\theta$ の展開式を知りたいときには

$$\begin{aligned}
\sin 4\theta &= \sin(3\theta + \theta) \\
&= \sin 3\theta\cos\theta + \cos 3\theta\sin\theta
\end{aligned}$$

に，すでに分かっている．$\sin 3\theta$, $\cos 3\theta$ の式を代入すればよい．$\cos 4\theta$ についても同様．この帰納的手法を反復すれば θ の何倍角の正弦・余弦でも展開できるが，n 倍のとき公式を導くのは容易でない．

複素数の魔力

複素数にはみられない魔力がかくされていて，$\sin n\theta$, $\cos n\theta$ を一気に展開してしまう．そのときの魔力をあやつる手はオイラーの等式である．

$$\begin{cases} e^{\theta i} = \cos\theta + i\sin\theta \\ e^{-\theta i} = \cos\theta - i\sin\theta \end{cases}$$

これを $\cos\theta$, $\sin\theta$ について解き，さらに θ を $n\theta$ で置きかえれば，

$$\cos n\theta = \frac{e^{n\theta i} + e^{-n\theta i}}{2}, \quad \sin n\theta = \frac{e^{n\theta i} - e^{-n\theta i}}{2i}$$

有り難いことに，これらの式の右辺は２項定理によって容易に展開できる．

$$e^{n\theta i} = (e^{\theta i})^n = (\cos\theta + i\sin\theta)^n$$

これらを展開した式で i の符号をかえれば $e^{-n\theta i}$ を展開した式になる．これから先の計算は略し，結果を挙げておく．

$$\cos n\theta = \sum_k (-1)^k {}_n\mathrm{C}_{2k} \cos^{n-2k}\theta \sin^{2k}\theta$$
$$\sin n\theta = \sum_k (-1)^k {}_n\mathrm{C}_{2k+1} \cos^{n-2k-1}\theta \sin^{2k+1}\theta$$

ここの Σ は $k=0$ から出発し，第１式では $2k$ が n を越えない限り続け，第２式では $2k+1$ が n を越えない限り続けることを略式ながら表している．

ガウス記号を用いれば，もっとまともになる．

第１式　k は 0 から $\left[\dfrac{n}{2}\right]$ まで．

第２式　k は 0 から $\left[\dfrac{n-1}{2}\right]$ まで．

説明を読むより実例に当たってみるのが早道であろう．例えば $\sin 5\theta$ を展開してみる．

$$\left[\frac{5-1}{2}\right]=2 \quad \therefore\ k=0,\ 1,\ 2$$

$$\begin{aligned}\sin 5\theta &= {}_5C_1\cos^4\theta\sin\theta - {}_5C_3\cos^2\theta\sin^3\theta + {}_5C_5\sin^5\theta \\ &= 5\cos^4\theta\sin\theta - 10\cos^2\theta\sin^3\theta + \sin^5\theta\end{aligned}$$

以上は前奏曲のようなもの．オイラーの等式に親しむための寄り道であった．本論はこれからである．，

積に分解すること

幾何の問題を三角法で解いていたら，次の式が現れた．

$$\frac{\sin 3\theta}{\sin\left(\theta+\dfrac{2\pi}{3}\right)}$$

これを簡単にしたいのであるが，正弦の３倍角の公式として

$$\sin 3\theta = 3\sin\theta - 4\sin^3\theta$$

を知るのみの身としては，予期しない苦労を味わうことになった．もし公式として

$$\sin 3\theta = 4\sin\theta\sin\left(\theta+\frac{\pi}{3}\right)\sin\left(\theta+\frac{2\pi}{3}\right)$$

を知っていたらとくやまれた．

この公式は $\sin 3\theta$ を積に分解してある．同様の式が一般に成り立つのであろうか．真相解明のため $\sin n\theta$ で， $n=2,\ 3$ の場合に当たってみた．

$$\sin 2\theta = 2\sin\theta\cos\theta = 2\sin\theta\sin\left(\theta+\frac{\pi}{2}\right)$$

$$\begin{aligned}\sin 3\theta &= \sin 2\theta\cos\theta + \sin\theta\cos 2\theta \\ &= 2\sin\theta\cos^2\theta + \sin\theta\cos 2\theta \\ &= \sin\theta(2\cos 2\theta + 1) \\ &= 2\sin\theta\left(\cos 2\theta - \cos\frac{2\pi}{3}\right)\end{aligned}$$

$$= 2\sin\theta \cdot 2\sin\left(\theta + \frac{\pi}{3}\right)\sin\left(\frac{\pi}{3} - \theta\right)$$
$$= 4\sin\theta\sin\left(\theta + \frac{\pi}{3}\right)\sin\left(\theta + \frac{2\pi}{3}\right)$$

まだ，一般形が予測できない．$n=4$ の場合にも当たってみる．2倍角の公式をくり返し用いたのでよい．

$$\sin 4\theta = 2\sin 2\theta \sin 2\left(\theta + \frac{\pi}{4}\right)$$
$$= 8\sin\theta\sin\left(\theta + \frac{\pi}{4}\right)\sin\left(\theta + \frac{2\pi}{4}\right)\sin\left(\theta + \frac{3\pi}{4}\right)$$

ここまで来て，ようやく一般形の姿が浮き彫りになった．

$$\sin n\theta = 2^{n-1}\sin\theta\sin\left(\theta + \frac{\pi}{n}\right)\cdots\cdots\sin\left(\theta + \frac{n-1}{n}\pi\right)$$

$\cos n\theta$ に関する式を導くには，上の式の θ を $\theta + \dfrac{\pi}{2n}$ で置きかえればよい．

予想した式を連乗積の記号でまとめておく．

$$\sin n\theta = 2^{n-1}\prod_{k=0}^{n-1}\sin\left(\theta + \frac{k}{n}\pi\right)$$
$$\cos n\theta = 2^{n-1}\prod_{k=0}^{n-1}\sin\left(\theta + \frac{2k+1}{2n}\pi\right)$$

わずかの実例から帰納したに過ぎない．証明はこれからである．

オイラーの等式よ！もう一度

証明はかなり手ごわい．オイラーの等式をうまく使い，証明する式の右辺を指数関数で表してみよ．

$$\sin\theta = \frac{e^{\theta i} - e^{-\theta i}}{2i} = \frac{e^{\theta i}}{2i}(1 - e^{-2\theta i})$$

$\frac{\pi}{n} = \alpha$ とおき，θ を $\theta + k\alpha$ で置きかえ，さら $e^{-2\theta i - 2k\alpha i} = \lambda_k$ とおけば

$$\sin\left(\theta + \frac{k}{n}\pi\right) = \frac{e^{\theta i}}{2i} \cdot e^{k\alpha i} \cdot (1 - \lambda_k)$$

この式の $k = 0$ から $n-1$ までの n 項の積を作り，2^{n-1} をかければ $\sin n\theta$ の右辺になる．

$$\text{右辺} = 2^{n-1}\left(\frac{e^{\theta i}}{2i}\right)^n \cdot P \cdot Q$$

ここの P，Q は次の式を表す．

$$P = e^0 e^{\alpha i} e^{2\alpha i} \cdots e^{(n-1)\alpha i} = e^{\frac{n(n-1)}{2}\alpha i}$$

$$= e^{\frac{n-1}{2}\pi i} = \left(e^{\frac{\pi}{2}i}\right)^{n-1} = i^{n-1}$$

$$Q = (1 - \lambda_0)(1 - \lambda_1)\cdots(1 - \lambda_{n-1})$$

ここの λ_k は n 乗してみれば正体が見えてくる．

$$\lambda_k^n = e^{-2n\theta i - 2nk\alpha i} = e^{-2n\theta i} \cdot e^{-2k\pi i} = e^{-2n\theta i}$$

この結果から λ_0, λ_1, $\cdots$, λ_{n-1} は $e^{-2n\theta i}$ の n 乗根であることがわかつた．しかもこれらの数は相異なるから，n 乗根はこの n 個に尽き，次の恒等式が成り立つ．

$$z^n - e^{-2n\theta i} = (z - \lambda_0)(z - \lambda_1)\cdots(z - \lambda_{n-1})$$

z に 1 を代入したものが Q であるから

$$Q = 1 - e^{-2n\theta i}$$

したがって

$$右辺 = 2^{n-1} \cdot \frac{e^{n\theta i}}{(2i)^n} \cdot i^{n-1} \cdot (1 - e^{-2n\theta i})$$
$$= \frac{e^{n\theta i} - e^{-n\theta i}}{2i} = \sin n\theta$$

楽な証明ではない．いまのところ，これが精一杯の成果．よい証明があるなら御教示願いたい．

著者紹介：

石谷　茂（いしたに・しげる）

大阪大学理学部数学科卒

主　書　教科書にない高校数学
初めて学ぶトポロジー
大学入試　新作数学問題 100 選
∀と∃に泣く
$\varepsilon-\delta$ に泣く
Max と Min に泣く
Dim と Rank に泣く
2 次行列のすべて
入門入門群論
エレガントな入試問題解法集　上・下
数学の本質をさぐる 1　集合・関係・写像・代数系演算・位相・測度
数学の本質をさぐる 2　新しい解析幾何・複素数とガウス平面
数学の本質をさぐる 3　関数の代数的処理・古典整数論
（以上 現代数学社）

初学者へのひらめき実例数学　―― 幾何・代数・個数の処理 ――

2021 年 7 月 21 日　初版第 1 刷発行

著　者　　石谷　茂

発行者　　富田　淳

発行所　　株式会社　現代数学社
〒 606-8425 京都市左京区鹿ヶ谷西寺ノ前町 1
TEL 075 (751) 0727　FAX 075 (744) 0906
https://www.gensu.co.jp/

装　幀　　中西真一（株式会社 CANVAS）

印刷・製本　　亜細亜印刷株式会社

ISBN978-4-7687-0563-6　　2021 Printed in Japan

● 落丁・乱丁は送料小社負担でお取替え致します.

● 本書のコピー、スキャン、デジタル化等の無断複製は著作権法上での例外を除き禁じられています。本書を代行業者等の第三者に依頼してスキャンやデジタル化することは、たとえ個人や家庭内での利用であっても一切認められておりません。

Ⓒ Shigeru Ishitani